Biotechnology and Patent Law

生物科技與專利法

陳文吟　著

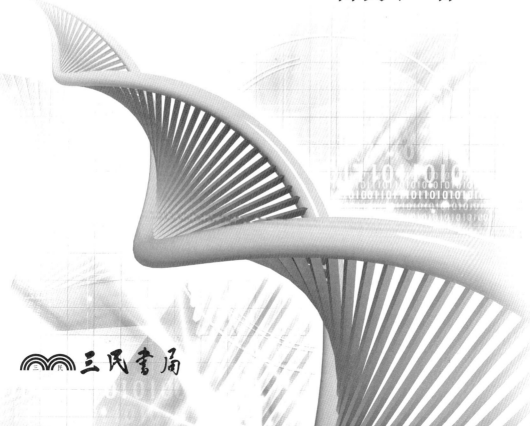

三民書局

國家圖書館出版品預行編目資料

生物科技與專利法 / 陳文吟著.－－初版一刷.－
－臺北市: 三民, 2011
面；　公分

ISBN 978－957－14－5564－8　（平裝）

1.專利法規 2.生物技術

440.61　　　　　　　　　　　　　　100016741

© **生物科技與專利法**

編 著 者	陳文吟
責任編輯	王怡婷
美術設計	陳宛琳
發 行 人	劉振強
發 行 所	三民書局股份有限公司
	地址　臺北市復興北路386號
	電話　(02)25006600
	郵撥帳號　0009998-5
門 市 部	(復北店) 臺北市復興北路386號
	(重南店) 臺北市重慶南路一段61號
出版日期	初版一刷　2011年9月
編　　號	S 586050

行政院新聞局登記證局版臺業字第〇二〇〇號

有著作權·不准侵害

ISBN　978-957-14-5564-8　（平裝）

http://www.sanmin.com.tw　三民網路書店

謹以此書獻給

最敬愛的母親大人

林玉霞女士

序　文

　　智慧財產權法向為個人研究重心，其中尤以專利法制為最。西元 1990 年 Moore v. University of California 以及 1987 年美國 PTO 核准首件動物專利，則引起個人對生物科技的研究興趣。自民國 86 年起，陸續就涉及生物科技之專利議題發表文章。期間歷經相關法規及客觀環境的異動。

　　本書以專利保護客體及專利要件為主軸，收錄六篇已發表及兩篇尚未發表的文章。並將已發表的文章配合現今規範及時勢予以修訂。

　　本書的完成，歸功於家母的一再鼓勵與支持，因此，首要感謝家母。其次要感謝二姊文惠，工作之餘，犧牲假日，負責我個人所有著作的文書處理。

　　當然，也要感謝三民書局，不計成本、發行此等可預期不暢銷的書籍；並感謝所有參與編輯校稿工作的同仁。

陳文吟

民國 100 年 9 月

目　錄

一、探討美國 Moore v. Regents of the University of California 對生物科技之影響*

---

*　探討美國 Moore v. Regents of the University of California 對生化科技之影響，原
　載於智慧財產權與國際私法，曾陳明汝教授祝壽論文集，頁 221〜249，民國 86
　年 3 月。

摘　要

生物科技的發展，已一日千里，以人體細胞、人體基因為研究對象已非罕事，專利保護客體亦隨之日益擴大。其間引發多項爭議，諸如：動物保育、人道精神、環保、人類健康等，分別支持與反對擴張專利保護客體。

美國加州最高法院於西元 1990 年 *Moore v. Regents of the University of California* 乙案（以下簡稱 Moore Case）所作的判決，又給予生物科技研究者相當的警惕。Moore Case 中，被告就細胞系暨其培殖方法取得專利，如加州法院所言，以人工方式維持細胞的生命，並培殖其細胞系，是非常艱辛的工作，絕非自原告取得細胞即可完成。惟，原告（在不知情的情況下）所提供的不只是被告靈感的來源，甚且包括長期的研究材料（包括手術時及經後數年）。本文以為原告應有被告知的權利。固然大多數人在接受治療，切除細胞、組織或器官時，只關心健康是否能復原、及切除物的良性或惡性，而從未詢問該些切除物的去處或處理方式，但顧及患者接受完善治療的權益，無論患者是否詢問，均應據實告知，俾免患者淪為廉價的研究材料。事實上，大多數患者應不反對切除的細胞等，除病理分析外，被移作研究之用，只是，被告知暨作決定的權益應受到尊重，正如加州最高法院所言：任何人都有自主的權利。再者，告知義務的行使，亦可避免少數醫師以研究為目的而濫行手術，罔顧患者確實的最佳治療方式。

Moore Case 的紛爭當可警醒醫師，勿僅為致力醫學研究而忽視患者權益。

關鍵詞：Moore case、切除細胞、強占、告知義務、專利保護客體、利益衝突、財產權之侵害

ABSTRACT

Since 1980, biotechnology has been growing progressively, human cells, genes have become research objects quite often, which raised issue whether they can be patented.

In 1990, Moore v. UCLA raised another issue: whether physician may use patient's tissue for study without informing patient? The answer is 'No'.

Moore case taught us that no matter what physician's motive is, she/he must respect patient's dignity and obtain informed consent before using patient's tissue for study.

Keywords: Moore case, Conversion, Informed Consent, Patentable Subject Matter, Conflict of Interest

　　生物科技的發展，日新月異，專利保護客體亦隨之有擴大的趨勢。過去，多數國家均不予微生物新品種專利，迄今，則多採肯定立場；以美國為例，更進而保護動物專利❶，甚且有以人體基因組的發現申請專利者❷。其間引發多項爭議，諸如：動物保育、人道精神、環保、人類健康等，分別支持與反對擴張專利保護客體。除此，美國加州最高法院於西元 1990 年 *Moore v. Regents of the University of California*❸乙案（以下簡稱 Moore Case）所作的判決，又給予生物科技研究者相當的警惕。本文以 Moore Case 為主，先介紹其案由，進而探討其所衍生的相關議題、美國法的適用，並就我國法探討可能的解決方法。

壹、Moore Case

　　原告 John Moore 因罹患血癌（白血球過多症，leukemia），於西元 1976 年 10 月到被告 (UCLA) 醫學中心接受治療，主治醫師為被告 David Golde（以下簡稱 Golde）。Golde 建議原告進行脾臟切除手術，以避免生命危險，原告同意並簽署「脾臟切除手術同意書」，手術於 10 月 20 日進行。Golde 與另一名被告研究人員 Shirley Quan（以下簡稱 Quan）已事先安排取得原告

---

❶　世界首件動物專利，係於西元 1988 年由美國專利商標局 (Patent and Trademark Office，以下簡稱 ‘PTO’) 核准予 Leder 與 Stewart 發明內容為體內基因已改變的老鼠，二人嗣將專利權移轉予哈佛大學，故多以「哈佛老鼠」(Harvard mouse) 稱之。

❷　首件人體基因組發現的專利申請案，係於西元 1992 年由美國國家衛生研究院 (National Institues of Health，簡稱 NIH) 提出，但遭 PTO 核駁，NIH 提出再審申請，又遭核駁，當時，因該案引起社會輿論批評，NIH 遂於西元 1994 年宣布不再向聯邦高等法院提起上訴。是以，人體基因組的發現是否可列為專利保護客體，斯時並無定論。（按：時至今日，以基因序列申請並獲准專利者，所在多有。）

❸　793 P.2d 479 (Cal. 1990).

的部分脾臟組織，俾從事與治療原告無關的研究工作；事實上，Golde 分別於 10 月 18 日暨 19 日以書面指示，將切除的脾臟部分組織送到研究部門供研究使用。Golde 並未將前揭事實告知原告。手術後（西元 1976 年）至西元 1983 年間，原告遵從 Golde 指示，多次回到 UCLA 接受追蹤檢查，Golde 每次均為其抽取血液、血清、骨髓等樣本。Golde 於西元 1979 年確立了 T 淋巴細胞 (T-lymphoryte) 的細胞系 (cell line)❹，UCLA 於西元 1981 年 1 月 30 日據該細胞系申請專利，並包括數種製造淋巴腺的方法。西元 1984 年 3 月，美國 PTO 核准專利❺，以 Golde 及 Quan 為發明人，UCLA 為專利權之受讓人。UCLA 與 Golde 因此與遺傳研究中心合作，開發細胞系為商業用途，除取得可觀的報酬金外，Golde 成為該中心的顧問，並獲得 7500 股普通股份。Moore 在知悉 Golde 等人利用其體內細胞進行研究並取得專利牟利後，將 Golde、Quan、UCLA 及專利被授權人列為被告，提起訴訟，主張十三項訴因 (causes of action)❻。原審法院准許被告的異議；原告提起上訴，高等法院廢棄原判決，最高法院重審該案，維持部分高等法院見解並廢棄部分判決。最高法院就「強占」(conversion) 及「違反告知暨誠信義務」（以下以「告知義務」乙詞稱之）各別討論之。

---

❹　T 淋巴細胞可製造淋巴腺，控制免疫系統，具有治療的價值；一旦製造淋巴腺的遺傳物質得以確定，便有可能以 DNA 重組的技術大量製造淋巴腺。793 P.2d at 481 n.2.

❺　U.S. Patent No. 4438032 (March 20, 1984).

❻　十三項訴因包括：㈠強占 (conversion)；㈡欠缺告知後同意 (informed consent)；㈢違反「忠誠義務」(fiduciary duty)；㈣詐欺 (fraud and deceit)；㈤不當得利 (unjust enrichment)；㈥準契約 (quasi-contract)；㈦惡意違反「默示條款暨公平交易」(implied covenant of good faith and fair dealing)；㈧故意引起精神傷害 (intentional infliction of emotional distress)；㈨過失的不實陳述 (negligent misrepresentation)；㈩故意干預預期的經濟利益關係 (intentional interference with prospective advantageous economic relationships)；㈠產權毀謗（或稱「詆毀物權」）(slander of title)；㈡會計 (accounting)（按：指被告因其侵權行為所得利益）；以及㈢確認之訴救濟程序 (declaratory relief)。793 P.2d at 482 n.4.

一、強　占

　　原告主張對自身的細胞擁有所有權，且該所有權不因細胞切除、與人體分離而消滅，因此有權決定切除後的細胞用途，而被告未徵得其同意，擅自取用其細胞從事有經濟利益的醫學研究，顯已構成「強占」；原告進而主張，對所有因其細胞或細胞系專利所衍生的成果，享有財產上的權益❼。

　　「強占」的成立，其前提要件為原告對該標的物有所有權或占有的權利。法院遂以原告對切除細胞有無任何權利為討論重點。法院根據下列三項依據提出見解。

㈠司法案例

　　過去從未有司法案例，認定患者對已切除的細胞等部分享有任何權利。倘若採肯定立場，將加諸醫學研究人員過重的負擔（每次研究時，均須多方查證研究標的物之來源是否經合法同意取得），阻礙醫學研究的發展❽。

㈡加州法規

　　加州法規並未明文規定患者對其切除細胞有何權利。與切除細胞有關的相關規範為衛生安全法，該法明定任何解剖的人體部分、人類細胞、組織或感染的病毒等，供做科學利用 (scientific use) 後，均應掩埋、焚燬或以其他法定方式處理，俾保護公眾衛生與安全❾。法院認為，立法機關係基於維護公眾衛生暨安全，特明文規範，除在確保危險生化廢物的妥善處理外，並完全限制病患對該些物質的權利主張❿，將病患與該些切除物質的

---

❼　793 P.2d at 487.

❽　793 P.2d at 487 & 489.

❾　Cal. Health & Saf. Code §7054.4, 793 P.2d at 491.

❿　793 P.2d at 491～492. 按病患若得對切除的組織、細胞等主張權利，則有權決定任何處置方式，如此，又與法規之嚴格規定處置方式之立法目的不合。

關係，排除在普通法的財產規範之外 ❶。換言之，病患不得對切除組織、細胞等主張任何權利 ❷。

(三)專利保護客體

加州最高法院指出，專利制度所保護者，為藉由人類智慧所發明或發現的物質或方法，至於與生俱有的器官組織，則非保護之客體；被告取得專利之細胞屬前者，原告的切除脾臟細胞等則屬後者 ❸。法院進而指出，以人工培養人體細胞，是一項艱難的工作，成功的可能性很低，被告之所以取得專利，主要在於培殖方法的創作性，而非單純的自然物質的發現；本案專利保護內容既非自原告切除之細胞組織等，原告自不得主張對該專利享有任何權利 ❹。現今有關人類細胞系的專利案多達數千件，每件專利之專利權人均依規定將細胞系寄存於寄存機構、供其他研究人員取得使用，目的在促進研究材料的交換流通，對科學研究成果有相當正面的價值；設若取自患者的細胞，均視為患者的財產，致使醫學研究人員負「強占」之侵權行為責任，自將嚴重阻礙醫學研究的發展 ❺。

原告也主張其隱私權受到侵害，相當於財產權益受到侵害，故得主張

---

❶　793 P.2d at 491～492.

❷　793 P.2d at 492.

❸　793 P.2d at 492～493.

❹　793 P.2d at 493.

❺　793 P.2d at 494～495. Broussard 法官認為本案中原告對於切除細胞的財產權益，應指切除前原告對其切除後之用途有決定權，而非以切除後是否具有財產權為斷。793 P.2d at 501. Broussard 法官並舉例說明切除細胞之財產性質：倘儲藏於 UCLA 實驗室之細胞被外人偷走，此時 UCLA 必能對行竊者主張「強占」，法院既然允許 UCLA 主張對切除細胞享有所有權，卻否定患者對自身切除細胞的權益，頗有疑義。同上。又，加州衛生安全法固然限制患者對切除細胞的處置，但並未因此使醫生對該切除細胞擁有多於患者的權利，再者，法院所謂「專利保護客體為細胞系等與原告切除之細胞非同一」乙節，與原告對切除細胞得否主張權利並無關連。793 P.2d at 503.

被告「強占」❶❻。法院指出，依據案例法可知任何人對自己的肖像擁有財產權益，他人未經其同意使用其肖像的行為，均構成侵權行為，但此並不意謂該些行為與財產法有關；事實上，在該些案例中，法院均強調不宜將肖像權歸類於財產法範疇❶❼。換言之，隱私權雖為財產權，但非屬「強占」之客體，原告自不得主張由於隱私權受侵害而構成「強占」。

二、告知義務

原告主張，Golde 未事先告知其切除細胞之經濟價值及 Golde 從事之研究工作，因此 Golde 違反其忠誠義務暨取得同意前之告知義務❶❽。

法院引用三項原則：⑴心智健全的成人有權利決定是否接受醫療；⑵患者有效的同意必須建立在有事先告知的前提下；⑶醫生在取得患者的同意時，須盡忠誠義務，告知所有足以影響患者決定的事實❶❾。根據前揭原則，法院作成下列結論：⑴醫生應將無關乎患者健康之事項一併告知後者，包括醫生個人的研究或經濟利益，蓋因該些事項可能影響醫生個人之醫療診斷；⑵醫生未為前揭告知，將構成未盡忠誠義務暨告知義務❷⓪。

加州最高法院便以 Golde 違反忠誠暨告知義務，判決原告勝訴。

---

❶❻　793 P.2d at 487.

❶❼　793 P.2d at 490.

❶❽　793 P.2d at 483.

❶❾　Id.

❷⓪　793 P.2d at 483～485. Golde 主張，對於原告細胞之利用，係在切除自原告人體之後，亦即，已脫離原告身體，因此，不可能影響到醫療診斷暨品質。法院指出，倘 Golde 為原告進行切除手術時尚無研究意圖，則 Golde 的主張便可成立；反之，Golde 便有告知之義務。793 P.2d at 484.

貳、美國法上之「強占」暨「告知義務」

加州最高法院於 Moore Case 中分別就「強占」暨「告知義務」予以討論。該案的判決結果，使得該二項議題被重新探討、界定。

一、強　占

強占乙詞，最早見於西元 1554 年 *Lord Mounteagle v. Countess of Worcester* [21]。該案原告之起訴書中提及：原告無意間遺失了原先占有的物／動產 (chattel)，為被告所拾獲，被告非但未歸還給原告，反將其「占為己有」(...converted them to his own use.)。不同於財產的侵害 (trespass)，「強占」一旦成立，便形成「強迫買賣」(forced sale)，原告得拒絕接受動產的返還，而要求相當該物價格的損害賠償金 [22]。

至於「強占」的構成要件有：(1)原告對系爭動產有所有權或占有的權利；(2)被告須為故意；(3)被告對該物行使支配或控制的行為；(4)被告的行為嚴重干預占有人或所有權人的支配權利 [23]。

Moore Case 的爭議有二：(1)已切除的細胞是否為「動產」，以及原告對該「動產」有無所有權或占有的權益；(2)隱私權是否為動產。

加州最高法院並未討論切除細胞得否為動產，惟基於醫學研究的必要性，及加州法規對切除後組織器官處置方式的嚴格限制，認定病患對切除細胞不得主張財產權 [24]。而正如 Broussard 法官所言，切除細胞若不具財產

---

[21] 73 Eng. Rep. 265 (1554)，轉引自 W. PAGE KEETON ET AL., PROSSOR AND KEETON ON THE LAW OF TORTS 89 (5th ed. 1984).

[22] 反之，「財產的侵害」訴訟，被告返還財產，並就其損害程度，負擔賠償責任。

[23] RESTATEMENT (Second) of Torts §222A (1965).

權，何故被告卻得對之主張所有權；再者，器官的捐贈、移植，又何嘗未將切除後的器官、組織視為具有財產權益㉕。

　　本文以為切除後的細胞或組織是否為動產，可依當初自人體切除的目的為何以為斷：

㈠倘目的在治療該患者的本身疾病，如診療病情所作的切片、防止病毒的擴散而截肢或切除部分器官、組織等，依一般常理，實難謂病患於切除前後，對該些切除的細胞、組織或器官等有繼續持有的意圖，更何況，配合法規對處置切除器官的方式有嚴格限制，亦不得任由病患自行處理；換言之，病患無法對該切除細胞等主張任何權益。惟加州最高法院之判決並未否定切除細胞為物，設若如此，本文以為研究單位得對切除之細胞主張財產權：按細胞切除後，被置於擬加以處理掉的容器時，其已為廢棄物，無人對其有所有權，研究單位對其並無任何財產權益；反之，當研究單位對該切除細胞的保存，已加以管理，置於適溫處所，使其不致死亡，亦即由於該單

㉔　George 法官於加州上訴法院的反對意見中，更指出，切除細胞一如脫離人體的毛髮、指甲，均為廢棄物 (refuse)。249 Cal. Rptr. 494, 535 (1988).

㉕　Note, *Toward the Right of Commerciality, Recognizing Property Rights in the Commercial Value of Human Tissue*, 34 UCLA L. REV. 207, 216～218 (1986). 更有主張細胞組織應可為買賣標的並主張 Moore Case 之原告應可取得權利金者，如 Brett Trout, *Patent Law—A Patient Sells a Portion of the Biotechnological Patient Profits in Moore v. Regents of the University of California*, 17 J. CORP. L. 513 (1992); Maureen Dorney, *Moore v. The Regents of the University of California: Balancing the Need for Biotechnology Innovation Against the Right of Informed Consent*, 5 HIGH TECH. L.J. 333 (1990). 不過，另有作者主張，切除細胞不具財產權益。Allen Wagner, *Human Tissue Research: Who Owns the Results?*, 3 SANTA CLARA COMPUTER & HIGH TECH. L.J. 231, 240～241 (1987). 按：無論聯邦或加州法規，均明文禁止器官買賣，如：聯邦器官移植法 (The National Organ Transplantation Act), 42 U.S.C. §§273～275 (1995)；統一解剖贈與法 (The Uniform Anatomical Gift Act), 42 U.S.C. §275e(a) (1995)；加州刑事法典，Cal. Penal Code §367f(a) (1995).

位的努力，使細胞得以繼續存活，顯示其占有該細胞的意圖，該單位即就原無財產權益的切除細胞取得財產權❷。

㈡倘目的在移植到另一患者，俾救助其生命，或者，在加以培殖以救助更多人生命時，其自脫離人體時，即為動產，亦得為捐贈之標的物，任何人不法取得其占有，均應構成「強占」。只是，就其具有救人生命的意義而言，該「動產」的價值是無限的；又基於公益的考量，其雖具動產性質，卻不得為買賣之標的物。

隱私權首次揭示於西元 1890 年 Warren 與 Brandeis 所著的文章中❷，惟至西元 1903 年方為紐約州所採行，明定於法規中❷，嗣於西元 1905 年 *Pavesich v. New England Life Ins. Co.*❷乙案中，喬治亞州法院判決，被告保險公司未經原告同意、使用其照片廣告已侵害原告隱私權，應負損害賠償責任。迄今，個人隱私權已是當然受保護的權益，至於侵害隱私權的態樣，主要有四：⑴為營利而占有 (commercial appropriation)❸；⑵不當的侵犯

---

❷　相當於我國民法之「先占」。民法第 802 條。

❷　Samuel Warren & Louis Brandeis, *The Right of Privacy*, 4 HARV. L. REV. 193 (1890).

❷　前揭 Warren 等文章發表後首件案件為 *Roberson v. Rochester Folding-Box Co.*, 64 N.E. 442 (N.Y. 1902)，被告未經原告同意使用其照片廣告自己製造的麵粉，紐約法院以四比三票判決原告敗訴，理由為原告主張的權益過於抽象不宜保護；亦即否定 Warren 等所主張的無形權利。由於該判決廣受批評，紐約州遂於隔年（西元 1903 年）立法保護隱私權。N.Y. Sess. Laws 1903, 轉引自 Keeton et al., *supra* note 21, at 850 n.13.

❷　50 S.E. 68 (Ga. 1905).

❸　Keeton et al., *supra* note 21, at 851～854; Restatement, *supra* note 23, §652C. Moore Case 中，原告所主張者，為前揭㈠「為營利而占有」。793 P.2d at 490. 其構成要件除了被告的意圖外，尚包括⑴被告為個人的商業利益；⑵占有他人姓名、肖像；⑶並加以使用等。原告認為個人既對自己的姓名、肖像有財產權益，對自己的切除細胞亦有之，因此，無論何者受到侵害，均足以構成隱私權的侵害。法院並不否定隱私權的重要，但認為不宜以財產法的觀念去探討它，如於本案中，有隱私權受侵害之情事，亦宜以被告有無違反告知義務探討之。*Id.*

(unreasonable intrusion)❸；⑶私人事件的公開 (public disclosure of private facts)❸；⑷不實的說明 (false light)❸。

　　本文以為，隱私權的侵害是否構成「強占」，宜就保護隱私權之目的為何以為斷。隱私權的保護，其目的主要在使個人得免於受干擾 (to be let alone)❸；進而保護所有個人事務以及財產不受干預❸；保護個人免於受到精神上的痛苦，其係基於對人格的尊重❸。既如此，隱私權自不得如一般財產權移轉或拋棄，例如，個人對自己的姓名、肖像，有絕對的權利決定如何使用，不容他人介入。不過美國見解多以隱私權為財產權，故得授權他人使用其姓名、肖像等❸。惟個人固得允許他人使用其姓名、肖像，但該同意權的行使，充其量僅使後者取得使用的權利，而非所有權；換言之，基於與個人關係的密不可分，姓名權、肖像權等不得拋棄或移轉。至於「強占」之適用，雖已由過去有形的動產，擴及至無形的動產，惟所謂無形的動產仍須依附於有形的物體方可，例如股份的股票、債權的借據；反之如大學教授的任期或終身職 (tenure)，則無法適用「強占」之規定❸。本文以為縱使視隱私權為財產權，亦因其屬無形且無所依附，致其受侵害，不宜適用侵害財產權之「強占」。

---

❸　Keeton et al., *supra* note 21, at 854～856; Restatement, *supra* note 23, §652B.

❸　Keeton et al., *supra* note 21, at 856～863; Restatement, *supra* note 23, §652D.

❸　Keeton et al., *supra* note 21, at 863～866; Restatement, *supra* note 23, §652E.

❸　"The right to be let alone" 最早為 Cooley 法官所提出，COOLEY, TORTS, at 29 (2d ed. 1888)，轉引自 Keeton ct al., *supra* note 21, at 849; BLACK'S LAW DICTIONARY 1195 (6th ed. 1990).

❸　*Id.*

❸　請參閱 BLACK'S LAW DICTIONARY, *id.* at 823.

❸　62 AM JUR 2D *Privacy* §72; Restatement, *id.* §652, cmt.a. Moore Case 中加州最高法院亦認同隱私權為財產權。793 P.2d at 490.

❸　18 AM JUR 2D *Conversion* §7.

二、告知義務

在醫療過程中，醫師有義務將醫療可能產生的危險或傷害告知病患，使後者得以在瞭解成效與危險後，決定是否接受治療，而如此醫師所取得的同意方為合法 ❸。不過，縱使醫師未告知危險，但能證明即使告知，患者亦同意接受治療，則不須負未告知之責任 ❹。Moore Case 將告知的內容，擴及醫師因醫療行為所衍生的其他行為，包括無營利的研究及有營利的研發暨專利的取得，蓋因該些行為對治療患者疾病，並無任何益處，而卻有可能影響醫師診斷，醫師與患者間因此存在著「利益衝突」(conflict of interest)❹；為顧及患者權益，自有告知之必要。誠如作者 Perley 所言，加諸醫師告知義務，目的不只在保護患者的身體免於不必要的傷害，同時也在維護患者的自主權 (autonomy) 暨尊嚴 ❹。

事實上，醫師對於研究對象比對患者，更應盡到告知義務 ❸，理由為：(1)實驗的危險無法預估；(2)研究的目的在於探索新的科學知識，而非著眼於患者的權益；(3)患者與研究人員的利益衝突，因為醫師可能為研究實驗，

---

❸　61 AM JUR 2D *Physicians, Surgeons, etc.* §190.

❹　*Id.* §191; Judith Prowda, *Moore v. The Regents of the University of California: An Ethical Debate on Informed Consent and Property Rights in a Patient's Cells,* 77 J. PAT. & TRADEMARK OFF. SOC'Y 611, 628～629 (1995).

❹　Patricia Martin & Martin Lagod, *Biotechnology and the Commercial Use of Human Cells: Toward An Organic View of Life and Technology,* 5 COMPUTER & HIGH TECH. L. J. 211, 231 (1989). 並請參閱下一段有關以人體為研究對象之討論。

❹　Sharon Nan Perley, *Note, From Control Over One's Body to Control Over One's Body Parts: Extending the Doctrine of Informed Consent,* 67 N.Y.U.L. REV. 335, 358 (1992).

❸　Richard Delgado & Helen Leskovac, *Informed Consent in Human Experimentation: Bridging The Gap Between Ethical Thought and Current Practice,* 34 UCLA L. REV. 67 (1986).

而未將全部實驗過程告知患者❹❹。因此如紐倫堡法典 (Nuremberg Code)❹❺
所規定，任何從事人體試驗的研究人員對受試驗者有告知的義務暨責任。
美國亦於西元 1974 年於聯邦法規❹❻明定，被研究的對象有被告知的權利。
人體試驗的成果固然對醫學有相當的貢獻，但無論如何均不宜因此犧牲任
何個人的權益❹❼。Moore Case 中原告的身體雖未被直接用作研究試驗的對
象，但部分作者仍認為，一旦患者涉及醫學研究便屬於人體試驗的範疇，
而有前揭相關法規的適用；是以，無論 Moore Case 中被告對研究「切除細
胞」的成果有無牟利，既於手術前即有研究之意圖，自有告知原告之義務。
本文固然贊同醫師應有告知之義務，惟「人體試驗」是否涵蓋切除細胞之
利用，有待聯邦進一步立法或法院判決的確定，似不宜過於擴張解釋。

參、我國法上之「財產權之侵害」與 「告知義務」

---

❹❹ Delgado et al., *id.* at 88～92.

❹❺ 紐倫堡法典係首部規範以人體為研究對象的法規，共十條，美國籍醫生 Leo
Alexander 提出六條，其餘四條係紐倫堡戰犯審判法庭所增列。Delgado et al.,
supra note 43, at 71 n.14.

❹❻ 46 C.F.R. §46 (1988). 實務上，醫師以患者為試驗對象而未事先告知者亦非少
數，例如 Hyman v. Jewish Chronic Disease Hosp. 乙案中，三名醫師在未告知癌
症患者的情況下，對其注射活體癌細胞，以瞭解癌症患者的人體免疫機能對該
類癌細胞的排斥期間長短，醫師雖主張該試驗對癌症患者不會有任何不利影
響，因此未予告知。法院仍以該案醫師違反告知義務而維持其被停止執業一年
的處分。251 N.Y.S. 2d 818 (1964). 又如 Mink v. University of Chicago，芝加哥
大學附設醫院使孕婦們（原告）服用 DES 以避免流產，惟事先並未告知原告
們 DES 仍在臨床試驗階段，一、二十年後臨床試驗證實，服用 DES 所產下的
女嬰罹患癌症的機率相當高；法院以被告違反告知義務致其行為構成「毆打」
（battery，或稱「暴行」）。460 F.Supp. 713 (1978) *aff'd*, 727 F.2d 1093 (7th Cir.
1984).

❹❼ Martin et al., *supra* note 41, at 230.

　　美國法上有關「強占」、「告知義務」等，均為普通法 (common law) 的產物，我國則賴成文法規範之。揆諸我國法規，並無相同於「強占」名詞之法律，只得依性質相近之「財產權之侵害」探討之；並仍以「告知義務」乙詞，探討醫師對病患之義務。此外，本文擬就我國專利法探討原告有無主張救濟之可能。

一、財產權之侵害

　　為配合 Moore Case，本文將探討有關「切除細胞」與「隱私權」是否得為財產權侵害之標的。

　　我國民法，將侵權行為分為一般侵權行為❹與特殊侵權行為❹，後者係因行為人的人數為一人以上，或因其特殊身分，而有特別之規定；前者則為一概括性之規範，涵蓋大多數侵權行為，有關財產權之侵害亦包含之。其構成要件為：⑴行為人之行為為不法；⑵行為人有責任能力；⑶行為人為故意或過失；⑷侵害他人權利或利益；⑸有損害之發生；⑹有因果關係。

　　其中，受侵害之權利便已包括財產權暨人格權；而財產權又可包括物權、準物權、無體財產權、債權等。Moore Case 中，原告所主張美國法上之「強占」，即相當我國民法上財產權中之物權受到侵害。揆諸我國民法物權編，物權包括所有權、地上權、農育權、不動產役權、抵押權、質權、典當權暨留置權。物又可分為「動產」與「不動產」。「切除細胞」被醫師逕自供作研究之用，倘原告擬主張物權之侵害，則應為「動產所有權」之侵害。若是，首應探討者，「切除細胞」得否為物？為動產？按，凡附著於人體者，均不得為法律上之物，此因人格權使然❺。惟，當其與人體分離時，則可為物、為動產❺；例如捐血的血袋、捐贈的器官、眼角膜等，不

---

❹　民法第 184 條。

❹　民法第 185 條至第 191 條。

❺　史尚寬，民法總則釋義，頁 212（民國 62 年 8 月臺北重刊）；劉得寬，民法總則，頁 151（民國 71 年 9 月修訂初版）。

過，該些「物」均有一共同條件，即，具有特定利益——挽救他人生命、健康用，須由本人或其家屬事前同意而為之❺❷。至於自患者身上所切除之對人體無益的細胞，或產生病變的組織、器官等，是否為「物」? 尤其，患者得否對之主張所有權，則有待進一步探討。

按切除後之細胞、組織或器官等業經立法明定其後續步驟: 我國醫療法第 47 條明定❺❸:「醫院對手術切取之器官，應送請病理檢查，並應就臨床及病理診斷之結果，作成分析、檢討及評估。」醫療法並未進一步明定，切除器官於作成病理檢查報告❺❹後的處置方式，不過依人體器官移植條例第 13 條❺❺:「經摘取之器官，不適宜移植者，依中央衛生主管機關所定之方法處理之。」同條例施行細則第 9 條，明定處理之方法有二❺❻⁻¹: ⑴具傳染性病源的器官，應予以焚燬，並作完全消毒; ⑵不具傳染性病源的器官，得提供醫學院校、教學醫院或研究機構作研究之用，或予以焚燬。由前揭規定可知，切除之器官除移植外，或供病理檢驗，或供研究，或予以焚燬; 此外，並無其他作用。顯然其立法原意，並未考量患者得否就其切除器官

---

❺❶　史尚寬，同上; 劉得寬，同前註，頁 152; 何孝元，民法總則，頁 87 (李志鵬修訂，民國 72 年 1 月修訂初版); 鄭玉波，民法總則，頁 192 (民國 79 年 8 月 8 版)。

❺❷　有關器官捐贈之要件暨目的，請參閱我國「人體器官移植條例」。

❺❸　其目的在減少誤診比率。醫療法案，法律案專輯，第 99 輯，頁 16 (民國 76 年 3 月初版)。(按: 民國 94 年 2 月修正公布之醫療法 (以下簡稱現行醫療法) 將第 47 條移列第 65 條: 醫療機構對採取之組織檢體或手術切取之器官……。)

❺❹　醫療法施行細則第 43 條明定，醫院應將手術切取之器官送請病理檢查，由病理專科醫師作成報告，並將該報告連同病歷保存，製作病理檢查紀錄。(按: 前揭規定見於民國 95 年 6 月修正發布之醫療法施行細則第 48 條第 2 項: 醫療機構……將手術切取之器官或……切片檢體……。)

❺❺　其主要因器官或組織得來不易，而明定處理方式，儘予利用，如，無傳染性者可供作研究之用，俾提高國內醫學水準。人體器官移植條例案，法律案專輯，第 107 輯，頁 150～151 (民國 76 年 6 月初版)。

❺❻⁻¹　(按: 第 9 條規定見於民國 92 年 3 月修正發布之人體器官移植條例施行細則第 11 條。)

主張所有權。本文以為，前揭規定實已否定患者就其切除器官主張所有權之可能，同理，亦適用於切除細胞。又揆諸該些規定，醫院既有義務對切除器官作病理檢查，又有權利對之進行研究；醫院對於切除之細胞、組織亦應有相同的義務與權利。因此患者不得對切除細胞主張任何財產權。

又，關於「隱私權的侵害」，我國民法已將其界定為非財產權之人格權❺❻，縱有侵害之事實，亦非得據以主張財產權受侵害。是以，依我國法，Moore Case 之原告，理當無法主張醫師使用其切除細胞從事研究之行為，對其構成財產權之侵害。

二、告知義務

我國有關醫療上之告知義務，係於醫療法中加以規範。主要應履行告知義務之事由有三：施行手術、施行人體試驗以及診斷治療。茲分述如下。

㈠施行手術

醫院於進行手術前，倘非情況緊急，須由醫師向病人或配偶、親屬或關係人說明手術原因、手術成功率或可能發生之併發症及危險，經其同意並簽署手術及麻醉同意書後，方得為之❺❼。

㈡施行人體試驗

教學醫院❺❽施行人體試驗❺❾時，應先取得接受試驗者之同意，受試驗

---

❺❻　史尚寬，同註50，頁32～33；何孝元，同註51，頁25；鄭玉波，同註51，頁190。

❺❼　醫療法第46條第1項。按手術具危險性，故為免濫行手術特定規定。醫療法案，同註53，頁227～228。（按：現行醫療法將前揭規定移列於第63條第1項：醫療機構實施手術，應向病人或其法定代理人、配偶、親屬……。但情況緊急者，不在此限。）

❺❽　按「非教學醫院不得施行人體試驗」為醫療法第56條第2項所明定。（按：現行醫療法將前揭規定移列第78條第2項。）至所謂教學醫院，則指「……其教

者為限制行為能力人或無行為能力人時，應得其法定代理人之同意❻。取得同意前，教學醫院應告知受試驗者或其法定代理人：⑴試驗目的及方法；⑵可能產生之副作用及危險；⑶預期試驗效果；⑷其他可能之治療方式及說明；以及⑸受試驗者得隨時撤回同意❻。

㈢診斷治療

醫療機構❻於治療病人時，應向病人或其家屬告知病情、治療方針及癒後情形❻。

Moore Case 中，原告同意進行手術，惟，對於切除之細胞及往後數年間被抽取細胞，供研究之用乙事，並不知情，而主張醫師有告知義務。依我國醫療法之「告知義務」，醫院於手術前，僅須告知手術之原因、成功率暨可能之危險；至於診治時，亦僅須告知病情、診治方針等（甚且，毋庸提及治療之危險性、後遺症暨副作用❻₋₁），又揆諸人體器官移植條例施行

學、研究、訓練設施，經依法評鑑，可供醫師或其他醫事人員接受訓練及醫學院、校學生臨床見習、實習之醫療機構」，同法第 6 條。（按：現行醫療法將第 6 條略做文字修正，移列為第 7 條。）

❺❾ 所謂人體試驗，「係指醫療機構，依醫學理論於人體施行新醫療技術、藥品或醫療器材之試驗研究」。醫療法第 7 條。（按：現行醫療法將前揭條文移列為第 8 條。）

❻⓪ 醫療法第 57 條。按以人體試驗具相當之危險性，為保障被試驗者生命安全及身體健康，並尊重其意願，除須盡醫療上必要之注意義務，且須先行取得其同意。醫療法案，同前註，頁 231。（按：現行醫療法將前揭條文移列為第 79 條第 1 項，並明定應取得書面同意。）

❻ 凡此，為醫療法施行細則第 52 條所定同意書應載明之事項，既為同意書之內容，應足以確定其為醫院取得同意前須告知之事項。（按：現行醫療法將前揭規定移列本法第 79 條第 2 項，並明定應於受試驗者同意前先行告知。）

❻ 按醫療機構泛指供醫師執行醫療業務的機構。醫療法第 2 條。

❻ 醫療法第 58 條。（按：現行醫療法第 81 條規定：醫療機構診治病人時，應向病人或其法定代理人、配偶、親屬或關係人告知……、處置、用藥、……預後情形及可能之不良反應。）

細則第 9 條第 2 款明定，醫師得將不具傳染性疾病之不適宜移植的器官，提供教學醫院等作研究之用；本文以為，依本國法，醫師未於手術前或治療過程中，告知其切除之細胞另供研究之用，並不違反告知義務❻❹。

至於人體試驗乙節，Moore Case 中，原告之切除細胞供作研究之用，與前揭告知事由之「施行人體試驗」並不相同；前者僅就自人體切除的細胞，進行研究；後者則以人體為試驗對象，以擬定的治療方法等為之，因其療效及安全性未經證實，故其施行須申請審查，報請中央衛生主管機關核准❻❺。是以，不若施行人體試驗，類似 Moore Case 中醫師就有關切除細胞供研究之事宜，並無告知患者之義務。

三、專利法上之規定

Moore Case 中，被告係因切除細胞之研究而取得專利，我國民法暨相關法規，既無法提供原告救濟方式，本文擬試圖就專利法探討可能之救濟。

㈠受雇人利用雇用人資源

按專利制度之目的，在藉由鼓勵、保護發明以提昇產業科技水準。是以，為鼓勵、保護發明，專利法明定，依法得申請專利之人，應為發明創作人，或依法承繼其權利者；除此，為兼顧僱傭關係中經濟上弱勢之受雇人權益，及提供資源、設備等研究成本之雇用人權益，專利法特明定僱傭關係中，受雇人發明之專利權益歸屬❻❻。至於專利法所未規範之權益歸屬事宜，則仍依一般民法之規定，如以下㈡發明人之利用他人資源。

❻❹-1　（按：依現行醫療法第 81 條，醫療機構將有此告知義務。）

❻❹　此係適用我國醫療法所不可避免的結論；本文以為，為確保患者權益，醫師實有告知其個人研究之必要，正如加州最高法院於 Moore Case 中的見解，無論醫師的研究有無經濟利益，都將影響其對於治療的判斷。

❻❺　請參閱醫療法施行細則第 2 條、第 3 條暨第 50 條。（按：相關規定見於現行醫療法施行細則第 2 條暨第 54 條。）

❻❻　專利法第 7 條至第 10 條。

　　舉凡受雇人職務上之發明創作，除非契約另有約定，否則，其專利申請權及專利權均屬於雇用人❻。反之，受雇人非職務上之發明創作，其專利申請權及專利權屬於受雇人❻。又，縱為非職務上之發明，倘受雇人曾利用雇用人資源或經驗，雇用人得於支付合理報酬後，於該事業實施該發明❻。其係基於衡平原則，蓋以受雇人既利用雇用人之資源、經驗，完成其發明，自應給予雇用人適當之利潤，只是其立法係採強制授權的方式，由雇用人決定是否要利用該發明，若是，則於給付合理報酬❼後，即可實施該發明，受雇人不得拒絕。Moore Case 中原告與被告醫師間並無僱傭關係，自難以適用專利法上有關受雇人利用雇用人資源完成發明之規定。

㈡發明人之利用他人資源

　　發明人完成發明，係利用他人（二者無僱傭關係）之資源、經驗時，由於發明人與該第三人間並無僱傭關係，非專利法第 8 條第 1 項但書所得規範，因資源、經驗為無形的財產權，只得依民法第 184 條主張財產權之侵害，要求損害賠償。

　　Moore Case 中，被告 Glode 醫師以原告之切除細胞為研究對象，「切除細胞」對被告的重要固然可見，只是原告對切除細胞，既無法主張任何財產權益❼，自無法將其視為「資源」，因此原告無法就民法主張任何權利。

---

❻　專利法第 7 條第 1 項。

❻　專利法第 8 條第 1 項。

❻　專利法第 8 條第 1 項但書。

❼　所謂「合理報酬」，本法施行細則第 44 條，雖明定其估定應注意之事項，本文以為，除其列舉之事項外，應以發明之價值扣除雇用人資源、經驗之價值，俾決定合理報酬之額度。又，設若雇用人不擬實施該發明，本文以為雇用人應有權要求受雇人，以其所利用的資源、經驗的價值為限，就其實施發明所得利潤給付雇用人，亦即，受雇人給付的額度，決定於資源、經驗的價值暨實施發明的利潤，倘若受雇人若無利潤，則不需給付。（按：前揭施行細則第 44 條業於民國 91 年刪除。）

❼　請參閱前揭參、「我國法上之『財產權之侵害』與『告知義務』」。

肆、結　語

Moore Case 中，原告的切除細胞，在未被告知的情況下，被用以作為研究的客體，本文以為，Moore Case 並非類似情形之首例，只是在此之前，未曾有患者發現該等情事。加州各級法院對該案件有不同的見解，尤其對於「強占」的訴因，高等法院以「切除細胞」為原告的動產，而肯定「強占」的成立，但最高法院則分別以「切除細胞」不具財產權、以及隱私權雖屬財產權但非財產法所規範，否定「強占」的主張。不過，對於「告知義務」乙節，二者均採相同見解，即，顧及患者權益，除了與患者有關的治療、手術等事宜外，醫師亦應將其個人研究（與患者疾病有關，但無關其治療者）告知患者，並取得同意。甚且部分作者將 Glode 醫師的行為歸類為人體試驗，而主張依法應予告知。

依我國法，原告並無任何救濟方式，既無法將「切除細胞」定位在物之「動產」❼❷，原告自無法主張財產權之侵害；又在鼓勵醫學研究的前提下❼❸，以及法律所加諸醫院暨醫師有限的告知義務，原告亦無主張被告違反告知義務之可能。有關受雇人發明之權益歸屬，原可以民法之僱傭契約訂定即可，惟，因顧及雙方權益，而於專利法中明文規定；只是患者既已無法依民法等主張其權益，對於藉鼓勵、保護發明以提昇產業科技的專利制度，自更未能賦予患者任何權益。

Moore Case 中，被告就細胞系暨其培殖方法取得專利，如加州法院所言，以人工方式維持細胞的生命，並培殖其細胞系，是非常艱辛的工作，絕非自原告取得細胞即可完成。的確，構想的產生至構想的實現（即發明

---

❼❷　同上。

❼❸　此揆諸醫療法第 28 條、第 34 條暨第 72 條，及人體器官移植條例施行細則第 9 條第 2 款甚明。（按：相當於現行醫療法第 29 條、第 46 條暨第 97 條；現行人體器官移植條例施行細則第 11 條第 2 款。）

的完成），其間有相當大的差距，此何故僅是「構想」尚不足以取得專利；惟，就 Moore Case 而言，原告（在不知情的情況下）所提供的不只是被告靈感的來源，甚且包括長期的研究材料（包括手術時及經後數年）。本文固不贊同 Moore Case 中原告要求專利權權利金的作法，但仍認為原告應有被告知的權利。固然大多數人在接受治療，切除細胞、組織或器官時，只關心健康是否能復原、及切除物的良性或惡性，而從未詢問該些切除物的去處或處理方式，但顧及患者接受完善治療的權益，無論患者是否詢問，均應據實告知，俾免患者淪為廉價的研究材料。

　　如前言所揭示，生化科技的研究已一日千里，以人體細胞、人體基因為研究對象已非罕事，為避免國內類似 Moore Case 的紛爭發生，並警醒醫師，勿僅為致力醫學研究而忽視患者權益。依我國現行醫療法人體試驗的內容並無法涵蓋 Moore Case 之事由，本文以為，醫療法中有關告知義務之內容❼，應包括「凡足以影響醫師診斷或病人行使同意權之事由」或明文增訂「醫師目前從事或將來擬從事相關之研究」。事實上，大多數患者應不反對切除的細胞等，除病理分析外，被移作研究之用，只是，被告知暨作決定的權益應受到尊重，正如加州最高法院所言：任何人都有自主的權利。再者，告知義務的行使，亦可避免少數醫師以研究為目的而濫行手術，枉顧患者確實的最佳治療方式。

　　本文並未能就專利制度的角度，提供任何建言，以避免類似 Moore Case 的情事發生，惟希冀藉由本文，提醒從事生化科技（尤其是醫學）的研究者，對患者自主權益暨生命、身體的尊重，更期待立法者對醫療法中的告知義務，能有較明確的規範，俾保護患者權益，如此，自可免除如 Moore Case 的相關紛爭。

---

❼　應於醫療法第 46 條暨第 58 條中定之。（按：即現行醫療法第 63 條暨第 81 條。）

 參考文獻

中文文獻：

1. 人體器官移植條例案，法律案專輯，第 107 輯，立法院秘書處印行（民國 76 年 6 月初版）。
2. 史尚寬，民法總則釋義（民國 62 年 8 月臺北重刊）。
3. 何孝元，民法總則，三民書局股份有限公司（李志鵬修訂，民國 72 年 1 月修訂初版）。
4. 劉得寬，民法總則，五南圖書出版公司印行（民國 71 年 9 月修訂初版）。
5. 鄭玉波，民法總則，三民書局股份有限公司（民國 79 年 8 月 8 版）。
6. 醫療法案，法律案專輯，第 99 輯，立法院秘書處印行（民國 76 年 3 月初版）。

外文文獻：

1. Delgado, Richard & Helen Leskovac, *Informed Consent in Human Experimentation: Bridging The Gap Between Ethical Thought and Current Practice*, 34 UCLA L. REV. 67 (1986).
2. Dorney, Maureen, *Moore v. The Regents of the University of California: Balancing the Need for Biotechnology Innovation Against the Right of Informed Consent*, 5 HIGH TECH. L.J. 333 (1990).
3. KEETON, PAGE W. ET AL., PROSSOR AND KEETON ON THE LAW OF TORTS (5th ed. 1984).
4. Martin, Patricia, & Martin Lagod, *Biotechnology and the Commercial Use of Human Cells: Toward An Organic View of Life and Technology*, 5 COMPUTER & HIGH TECH. L.J. 211 (1989).
5. Note, *Toward the Right of Commerciality, Recognizing Property Rights in*

the Commercial Value of Human Tissue, 34 UCLA L. Rev. 207 (1986).

6. Perley, Sharon Nan, Note, *From Control Over One's Body to Control Over One's Body Parts: Extending the Doctrine of Informed Consent*, 67 N.Y.U.L. REV. 335 (1992).

7. Prowda, Judith, *Moore v. The Regents of the University of California: An Ethical Debate on Informed Consent and Property Rights in a Patient's Cells*, 77 J. PAT. & TRADEMARK OFF. SOC'Y 611 (1995).

8. Restatement (Second) of Torts (1965).

9. Trout, Brett, *Patent Law─A Patient Sells a Portion of the Biotechnological Patient Profits in Moore v. Regents of the University of California*, 17 J. CORP. L. 513 (1992).

10. Wagner, *Human Tissue Research: Who Owns the Results?*, 3 S.C. COMPUTER & HIGH TECH. L.J. 231 (1987).

11. Warren, Samuel & Louis Brandeis, *The Right of Privacy*, 4 HARV. L. REV. 193 (1890).

12. Hyman v. Jewish Chronic Disease Hosp., 251 N.Y.S. 2d 818 (1964).

13. Mink v. University of Chicago, 460 F.Supp. 713 (N.D.Ill. 1978) *aff'd.*, 727 F.2d 1093 (7th Cir. 1984).

14. Moore v. The Regents of the University of California, 793 P.2d 479 (Cal. 1990).

15. Paversich v. New England Life Ins. Co., 50 S.E. 68 (Ga. 1905).

16. Roberson v. Rochester Folding-Box Co., 64 N.E. 442 (N.Y. 1902).

17. Cal Penal Code §367f(a) (1995).

18. 46 C.F.R. §46 (1988).

19. The National Organ Transplantation Act., 42 U.S.C. §§273～275 (1995).

20. The Uniform Anatomical Gift Act., 42 U.S.C. §275e(a) (1995).

21. U.S. Patent No. 4,438,032 (March 20, 1984).

22. 18 AM JUR 2D *Conversion*.

23. 61 AM JUR 2D *Physicians, Surgeons*, etc.

24. 62 AM JUR 2D *Privacy*.

25. BLACK'S LAW DICTIONARY (6th ed. 1990).

二、從美國核准動物專利之影響評估動物專利之利與弊*

＊　從美國核准動物專利之影響評估核准動物專利之利與弊，本篇係國科會補助之
　　研究計畫：從美國核准動物專利之影響評估核准動物專利之利與弊，
　　NSC85-2414-H-194-002。原載於臺大法學論叢，第26卷，第4期，頁173～
　　231，民國86年7月。

摘　要

　　美國專利法並未就發明之客體予以限制，惟生物技術之發明得否予以專利，郤迭有爭議，直至西元 1980 年 Diamond v. Chakrabarty（有關微生物發明案件）中方予確定；美國聯邦最高法院指出專利保護客體包括「陽光下任何人為的事物」(Anything under the sun that is made by man)，而不將發明限於無生命的領域。西元 1987 年，美國專利商標局公布：所有非自然產生之非人類的多細胞存活組織（包括動物等），均可為專利保護客體。時隔一年，西元 1988 年，即出現首宗動物專利案例。

　　動物專利有其正面意義存在：對疾病及藥物的研究（如癌症、愛滋病……等）有極大的助益——此可證諸於「哈佛老鼠」的發明。然而，無可避免地，其亦可能衍生負面效應，致使美國部分人士及團體（如經濟學家、環境保護團體、動物保護團體等）極力反對；主要原因為：一、造成經濟懸殊——准予動物專利將促使生物科技研究發明之業者大發利市（如：股票價格的飆漲）；相對地，農民須負擔鉅額權利金，以便使用較先進的技術培育新品種。結果，拉長了原本已存在於二者間的經濟差距。二、違反環保理念——以人為方式決定及淘汰動物品種，嚴重違反自然界生態平衡。三、違反人道精神——准予動物專利，無非鼓勵人們以各種動物從事各項實驗，嚴重違反人道精神。

　　美國係世界各國中首度給予動物專利的國家，其爭議迄今仍持續中；諸多因應而生的法案均無法順利通過，其現行法規又無法杜絕可能的爭議。我國是否開放動物專利自宜審慎評估。

　　生物科技是一國產業發展的必然趨勢，而利用 DNA 重組技術的動物發明又是現階段生物科技領域中的領先科技。在專利制度係以提昇產業科技水準為目的的前提下，在可預見的未來，我國亦將開放動物專利。惟，在促進人類健康的同時，亦須兼顧前揭動物專利弊端的因應之道。探討我國與美國科技環境和相關法規之差異，可知，我國倘開放動物專利，除善加運用現行專利法之特許實施制庶保護農民權益外，亦應及早另行研擬法案禁止不人道的研發，包括其過程暨結果。如此當能於我國核准動物專利之際，從容因應其可能衍生的疑慮。

關鍵詞：生物科技、動物發明、動物專利、哈佛老鼠、DNA 重組技術、特許實施

ABSTRACT

Ever since U.S. PTO issued the first animal patent—Harvard mouse, a variety of debate has been raised on the issue "whether the animal invention should be rendered patent protection". The reasoning of pros and cons are: *Pros* focused the issue on the better human life and health; *Cons* pointed out the harm the animal patent may cause — 1. economic problem: the enterprise getting richer and the farmers getting poorer; 2. environmental problem: the animal patents alter the natural environment as well as the natural selection; 3. ethical problem: a variety of animals would be sacrificed in the experimental station due to human greed for the profits of the animal patents.

Though our nation is about to grant animal invention the patent protection in the near future due to the the world tendency, there isn't lots of research in this field; it is time to evaluat the animal patent and decide the measures to enforce it. And, it is important to learn lessons from the U.S. experiences.

In my opinion, to protect the animal invention with patent system is necessary, but, in the meantime, we have to deal with the problems the animal patents may cause. Compulsory licensing is not a new system but is useful, we may enforce the system to protect the small farmers. We also need to draft a bill to prevent scientists from unethical as well as human-like inventions.

Keywords: Biotechnology, Animal Invention, Animal Patent, Harvard Mouse, Micro organization, Recombinant DNA Technology, Compulsory Licensing

壹、前　言

　　科學家們運用科技取得史前蚊子化石中的恐龍 DNA（按蚊子叮過恐龍，恐龍的血液尚存在蚊子體內），配合青蛙的 DNA，以人為方式製造了已絕跡的史前動物——恐龍。然而，由於不肖之徒的介入及恐龍的自行繁殖，使得原擬觀賞恐龍的人們成為恐龍獵殺的對象，致使多人喪命，一連串的驚險之後，總算有數人得以倖存離開公園……。這不是事實的報導，而是電影「侏羅紀公園」(Jurassic Park) 的情節，在戲院裏隨著劇情的驚悚而尖叫連連的觀眾，走出戲院即又恢復了談笑，與同伴們討論著劇中的恐龍，因為那只是一齣虛構的戲。但是，如果有一天，人類能夠發明動物，而動物又自行繁殖，脫離人類的掌控，侏羅紀公園裏的情節是否會因此成真？

　　美國專利商標局（Patent and Trademark Office，以下簡稱 'PTO'）於西元 1988 年 4 月核准了史上首件動物專利——「哈佛老鼠」。美國專利法並未就發明之客體予以限制，惟生物技術之發明得否予以專利，卻迭有爭議，直至西元 1980 年 Diamond v. Chakrabarty（有關微生物發明案件）中方予確定；美國聯邦最高法院指出專利保護客體包括「陽光下任何人為的事物」(Anything under the sun that is made by man)，而不將發明限於無生命的領域。西元 1987 年，美國專利商標局公布：所有非自然產生之非人類的多細胞存活組織（包括動物等），均可為專利保護客體。時隔一年，西元 1988 年，即出現首宗動物專利案例。

　　動物專利有其正面意義存在：對疾病藥物的研究（如癌症、愛滋病……等）有極大的助益——此可證諸於「哈佛老鼠」的發明。然而，無可避免地，其亦可能衍生負面效應，致使美國部分人士及團體（如經濟學家、環境保護團體、動物保護團體等）極力反對；主要原因為：㈠造成經濟懸殊——准予動物專利將促使生物科技研究發明之業者大發利市（如：股票價

格的飆漲）；相對地，農民須負擔鉅額權利金，以便使用較先進的技術培育新品種。結果，拉長了原本已存在於二者間的經濟差距。㈡違反環保理念——以人為方式決定及淘汰動物品種，嚴重違反自然界生態平衡。㈢違反人道精神——准予動物專利，無非鼓勵人們以各種動物從事各項實驗（包括不必要者），嚴重違反人道精神。

　　在可預見的未來，我國亦將開放動物專利，如何在促進人類健康的同時兼顧前揭弊端的因應之道，著實有研究的必要。美國係世界各國中首度給予動物專利的國家，其爭議迄今仍持續中；甚至引起其他國家的關注。本文以美國為研究對象，從法律角度探討美國生物科技發展——主要著重於動物專利對各界之衝擊，及其因應措施，各國所持立場……等；評估准予動物專利之利弊。並探討我國與美國科技環境和相關法規之差異；以及，我國倘開放動物專利，應如何因應可能面臨的困難？進而提出具體建議，希冀對我國未來准予動物專利，相關法規之修訂等因應事宜能有助益。本文除前言及結語外，將各別探討下列內容：一、美國法上之專利保護客體暨專利要件；二、生物科技的發展與動物專利；三、動物專利的影響；四、我國核准動物專利的可行性。

貳、美國法上之專利保護客體暨專利要件

　　任何發明之得以獲准專利，必其為專利法所擬保護之客體，且符合法定專利要件。茲就美國專利法，探討其所保護之客體暨專利要件。

一、專利保護客體

　　專利法所保護之發明，就型態而言，不外乎方法發明及物品發明，美國亦然。美國專利法的制定，源於聯邦憲法所賦予聯邦國會的立法權限：

國會有權賦予發明人於特定期間內享有排他性權利，俾促進技術的發展❶。國會據以制定專利法❷，現行專利法係於西元 1952 年所制定。其中第 101 條❸明定：任何新穎、實用的方法 (process)、機械 (machine)、製成品 (manufacture)、組合物 (composition of matter) 的發明或發現，或前揭事項之改良 (improvement)，均可獲得專利。換言之，方法、機械、製成品、組合物等均得為專利保護客體，其中除第 1 項發明屬方法發明外，其餘均歸類為物品發明。美國專利法並未就發明領域予以設限，是以，任何新發展的研究領域得否申准專利之保護，端賴 PTO 與聯邦法院之實務見解。本節將先行探討依美國法所謂方法發明與物品發明所涵蓋之範疇。

(一)方法發明

　　方法發明者，係指一種操作方式，或可達到實用成果的一連串步驟。早於西元 1853 年 *Corning v. Burden*❹乙案中，聯邦最高法院即開始探討方法發明之定義。該案中，原告取得專利之內容為一部改良的機械，利用該機械的不斷旋轉，可有效去除鑄鋼中的雜質，較傳統方式節省人力及時間，效率顯著提高。被告以不同的機械但卻類似的操作方式作業。原告主張被告侵害其專利權而提起告訴。聯邦地方法院判決原告勝訴，理由為原告的發明專利為方法專利，被告雖使用不同機器，但操作方式與原告專利相同，因此，被告侵害原告方法專利。被告不服、上訴，聯邦最高法院以原告之專利非屬方法發明而廢棄原判決，理由為：所謂方法發明，係指以化學方法或自然力量、元素等的運用達到特定成果，亦即形式、方式或操作方法，是也。惟揆諸原告之發明內容，其效果之增進，係因操作其所改良之機械

---

❶　U.S. Const. Art. 1 §8 Cl. 8.

❷　首部專利法係於西元 1790 年制定，Act of Apr. 10, 1790, Ch. 7. §1.1 Stat. 109；其後有多部修正版本，其中最主要為西元 1836 年制定之 Act of July 4, 1836, Ch. 357, §6, 5 Stat. 117，及西元 1952 年所制定之美國聯邦法規第 35 篇，Title 35 of the United States Codes，此亦為美國現行專利法版本。

❸　35 U.S.C. §101.

❹　56 U.S. (15 How.) 252 (1853).

所致，換言之，原告之發明內容為機械，而非方法❺。

聯邦最高法院於 *Cochrane v. Deener*❻乙案中，更進一步闡明方法發明的定義。該案原告擁有專利之發明內容為製造麵粉的改良方法，原告以一連串的篩狀捲筒覆蓋有極細篩孔的布，當粗麥粉經過篩筒，篩孔外即有大量風吹，藉此方式，可篩選出精緻的麵粉、含雜質的及帶麩的粗麥粉，後者可再以同樣方式，篩選出精緻的麵粉。被告係使用扁平漏斗製造麵粉，但方式與原告的方式雷同。聯邦最高法院指出原告的專利係方法發明：方法，是特定物質的處理方式，俾達到特定效果，它是對特定標的物的一項動作，或一連串的動作，使其轉換成為不同的形態或事物❼。又，方法發明未必以特定器具為之，故，若其未指明使用特定之具時，任何使用不同工具而卻以相同方式運作時，均足以構成侵害方法發明專利❽。

比較 Corning 案與 Cochrane 案，可知，當發明的效果係操作特定機械的必然結果時，則非屬方法發明；反之，發明內容著重於處理過程或方式，且未必使用特定或新的器具，則為方法發明。不過，此並不意謂發明人不能同時取得方法與機械之發明專利。聯邦最高法院於 *Gottschalk v. Benson*❾中，指出方法專利必與特定機械或器具結合，或足以改變物品、物質的形態或性質方可。

方法發明除了化學方式、處理方式等等，尚包括新用途 (new use)。新用途發現不易取得專利，主要為：(1)既非方法亦非物品；(2)具新用途之物品已非新穎；(3)非新穎之物品難謂仍符合進步性要件。基於新用途之不易符合專利要件，Learned Hand 法官提出「些微改變」原則 (doctrine of slight change)，使發明人得就業經些微改變的物品取得新用途發現專利。該原則

---

❺ 56 U.S. at 267～268.

❻ 94 U.S. 780 (1877).

❼ 94 U.S. at 787～788.

❽ *Id.*

❾ 409 U.S. 63, 70 (1972). Benson 與 Tabbot 申請專利之發明內容為，將十進位數字改以「0」和「1」表示，以便於電腦程式之使用，聯邦最高法院認為，此種轉換方式並非方法專利所保護之範圍。

雖由 Learned Hand 法官所提出，不過在此之前已有案例可循。聯邦最高法院於 *Topliff v. Topliff* ❿中指出：原物品專利經些微變更後具有不同的功能時，倘熟習該項技術之人士，於該物變更前並不知其可有不同功能，則該變更便非顯而易見之情事，換言之，應具進步性。另於 *Potts v. Creager* ⓫乙案中，聯邦最高法院指出原物與變更後之物品的功能不同，甚且使用於不同工業，並具有相當的利用價值，足使其符合新穎性等要件❿。又，於 *Hobbs v. Beach* ⓭乙案中，聯邦最高法院則以新用途發明的重點在於改變功用的可能，而非物品的機械上改變。歸納前揭案例，可知聯邦最高法院均在強調，新用途發現的發明技術係其前後功用的差異，且新的功能並非原物品發明人或使用人當初所思及者，至於前後物品是否有重大改變則非考量因素。

Learned Hand 法官遂據以提出「些微改變」原則。例如 *Trarted Marble Co. v. U.T. Hungerford Brass & Copper Co.* ⓮，Learned Hand 法官便指出：倘物品本身較之原物品已有些微構造上的新的改變，且其所預期的功能係運用創作思想所成者，自可取得專利。新用途發現的判斷標準為其功能用途的發現與使用，而非單純的形式或物質改良⓯。

---

❿　145 U.S. 156 (1892). 該案中，發明人在車上裝置一種設備，可使車子在乘客上車時仍保持平衡，該設計與先前另一項用以維持車子前後輪轉動平衡的專利設計相當類似。不過，前揭技術之功能，既非先前專利發明人所能預見，則仍應予其「用途發明」專利。

⓫　155 U.S. 597 (1895). 該案中，發明人將木製成品打蠟器之玻璃棒改為鋼製棒，並在其表面加裝旋轉輪，用以分解、研磨黏土。

❿　155 U.S. at 606.

⓭　180 U.S. 383 (1900). 該案中，發明人於紙箱四周角落附加加強紙條，其作法與黏貼地址標籤於信箱並無太大差異。

⓮　18 F.2d 66 (2d Cir. 1927).

⓯　18 F.2d at 68.

㈡物品發明

所謂物品發明，係包含所有的有形物體或器具，即組合物、機械及製成品。不同於方法發明的特性——無形的技術，物品發明本身的有形技術，使其較無定義上的困擾，申請人在申請專利時，亦毋需強調其所申請者為機械、製成品或組合物 ❶ 。

1. 機　械

美國聯邦最高法院在 Corning 案 ❶ 中區別方法與機械時，指出：凡能據以操作，產生特定功用之機械設計或其組合，均為機械 ❶ 。在 *Coup v. Weather* ❶ 乙案，聯邦上訴法院認為，機械未必是自動的 (automatic)，例如鋼琴。舉凡使用於工業或藝術的工具，或其改良品，均為機械 ❷ 。

足見機械，係指各種工具或器具 ❷ ，不論自動或非自動工具，且未必為一部完整的工具，因此，如零件或工具的一部分亦可包括在內 ❷ ；不過，若僅將先前技術 (prior art) 加以組合，雖因而產生不同的功能，則未必能符合進步性要件，因此有無法取得專利之虞 ❷ 。再者，操作工具所使用的原

---

❶　1 DONALD CHISUM, PATENTS §1.02 (Supp. 2003, 2d ed. 1994).

❶　同註4。

❶　56 U.S. at 267.

❶　16 F. 673 (D.R.I. 1883) *rev'd on other ground*, 147 U.S. 322, 13 S.Ct. 312, 37 L. Ed.188 (1893).

❷　16 F. at 675.

❷　Walker 主張，機械乙詞不若器具得以更明確涵蓋所有可專利的工具。1A ANTHONY DELLER, WALKER ON PATENTS 119 (2d ed. 1964).

❷　Clifford 法官認為機械發明可包含四種態樣：⑴整部機械；⑵機械的一部分或數個部分；⑶機械新的部分及新組合的已知部分；⑷整部機械的所有部分均為舊的，但為全新組合，且因此產生新的功能。Union Sugar Refinery v. Matthiesson, 24 F. Cas. 686 (D. Mass, 1865).

❷　Ex Parte Kice, 211 U.S.P.Q. 560 (P.O.Bd.App. 1980).

料等，並不視為工具的一部分，它的新穎或習性均不影響工具之得否取得專利**❷**。

2.製成品

美國專利法第 101 條雖明定為「……製造……」(...manufacture...)，但實際上應指「製成品」(article of manufacture)，人為製造之物品，此原出自於英國西元 1623 年之「防止壟斷條例」(Statute of Monopolies)，該條例明定保護之內容包括「任何新的製成品」(any manner of new manufacture)**❷**。Robinson 教授認為，「製成品」係指除了機械、組合物以外，由人類發明的物品**❷**。此外，製成品之取得專利，必其本身具備新的或特別的形式、品質或性質**❷**。反之，任何製造過程中的細微或不經意的改變，對產品的功能性質等並無顯著改變者，自無獲准專利的可能。

3.組合物

組合物者，舉凡兩種以上物質的組合，不論物質為氣體、液體固體、粉狀或化學品等均可，至於組合方式，亦不問其為化學方式、機械方式的組合**❷**。原則上，自然界存在的物質不具可專利性，但將發現的自然物質加以組合，完成後，該組合物在符合專利要件的前提下，仍可受專利制度的保護**❷**。

---

❷ In re Casey, 370 F.2d 574, 580 (C.C.P.A. 1967).

❷ 1 PETER ROSENBERG, PATENT LAW FUNDAMENTALS §6.01[2][6] (2d ed. rev. 1996).

❷ 1 W. ROBINSON, THE LAW OF PATENTS FOR USEFUL INVENTIONS 270 (1890).

❷ American Fruit Growers, Inc. v. Brogdex Co., 283 U.S. 1, 11 (1931).

❷ Robinson, *supra* note 26, at 278～279; Deller, *supra* note 21, at 126～127. Shell Dev. Co. v. Watson, 49 F. Supp. 279, 280 (D.D.C. 1957).

❷ Schering Corporation v. Gilbert, 153 F.2d 428 (2d Cir. 1946).

二、專利要件

正如美國已故聯邦最高法院 Fortas 大法官所言「專利權並不是乙紙狩獵執照」(A patent is not a hunting license.)❸；專利權是為了達到提昇產業科技水準目的，所賦予發明人之「獨占性」權利，因此，所鼓勵保護者，須為符合專利要件之創新、實用技術，即新穎性 (novelty)、進步性 (inventive step) 或「非顯而易見性」(non-obviousness)，以及實用性 (utility or usefulness) 等三大專利要件，此為各國所採行，美國亦然。茲就美國專利法所定之「新穎性」、「實用性」，及「非顯而易見性」探討之。

(一)新穎性

美國專利法第 101 條條文中「任何新穎實用的……」(any new and useful...) 已出現「新」乙字，但有關新穎性的規定主要揭示於專利法第 102 條「專利要件、新穎性暨專利權利的喪失」(Conditions for patentability; novelty and loss of right to patent)❸；該條明列不予專利之事由：(1)發明於申請前業為國內已知或經他人使用者，或於國內外已取得專利或見於刊物；(2)發明於申請前一年前有下列情事之一者：(a)已於國內外取得專利或見於刊物，(b)於國內公開使用或販賣者；(3)申請人拋棄該項發明；(4)申請人或其代理人於申請前十二個月前，已向他國申准或申請專利或取得發明人證書；(5)申請前已有他人所持揭示該項發明之專利存在，或已有他人依專利法第 371 條提出國際申請案；(6)申請人非發明人；(7)相同發明於國內業為他人完成在先，且未經其拋棄、隱匿者，至於技術思想的產生至形成可實施的發明的日期，以及先有技術思想而較晚完成發明者，所盡的合理努力，均為決定孰應取得專利的因素。

Chisum 教授認為前揭(2)、(3)暨(4)三項屬「法定不予專利」(statutory bar)

---

❸　Brenner v. Manson, 383 U.S. 519, 536 (1966).

❸　35 U.S.C. §102.

事由❸，蓋以其除申請人自行拋棄外，係因申請人怠於特定事由發生後十二個月內申請專利之故❸；其餘方屬喪失新穎性之事由❸，包括申請已公開，或取得專利，或有相同之發明完成在先（此項事由係配合美國之採先發明主義）。

決定是否具備新穎性的主要因素為「先前技術」(prior art)。凡已為先前技術所揭露之技術，或可由先前技術預期之技術內容，均視為喪失新穎性。至於發明人是否知悉先前技術的存在，甚或全由其個人思考所及之技術，則在所不問❸。

㈡實用性

發明必須具備實用性，方可取得專利。所謂「實用」(useful)，首見於美國憲法之「實用技術」(useful arts)，繼而為專利法第 101 條之「……新且實用的……」(...new and useful...)。專利法第 112 條第 1 項❸亦明定:「說明書應詳載發明內容、製造暨使用方式、步驟，使熟習該項技術者得據以製造、使用……」。

一般而言，PTO 在審查實用性時，會先做肯定的假設，不過，一旦有任何疑問時，則會要求申請人證明其發明之實用性。例如 In re Chilowsky❸乙案中，關稅暨專利上訴法院（Court of Customs and Patent Appeals，以下簡稱 'CCPA'）分析三種不同案例，以說明申請人舉證責任之所在❸:(1)發明的操作方式，係已知物理或化學原理;(2)發明的操作方式，與已知科學原理有衝突矛盾之情事;(3)發明的技術，無法運用任何已知科學原理加以測試。在此三種事由中，(1)之申請人毋須證明其發明之實用性，反之，(2)

---

❸　Chisum, *supra* note 16, §3.01.

❸　依我國專利法，此仍為喪失新穎性之事由。

❸　*Id.*

❸　Mast-Foos v. Stover, 177 U.S. 485, 494 (1900); Rosenberg, *supra* note 25, §7.01.

❸　35 U.S.C. §112.

❸　229 F.2d 457 (C.C.P.A. 1956).

❸　229 F.2d at 462.

與(3)之申請人則須證明之 ❸。

任何一項發明均應具有某種特定功能 ❹，非但可實施，且實施後可達到預期功能。因此，發明內容有不法或不道德或純屬有害者，均不得予以專利 ❶。不過，亦有作者以道德標準因時代而異，以不道德為由核駁申請案者，均非現今之案例 ❷，因此主張道德與否,已非准否專利之考量因素 ❸。對特定發明技術，PTO 亦進一步考量其安全性。

CCPA 亦認為審查實用性的步驟有二：(1)一般知悉該項技術之人是否質疑該項發明之實用性；倘若是，則(2)申請人有無提供證據證明其實用性。

除了道德與合法性外，聯邦最高法院於西元 1873 年 Mitchell v. Tilghman ❹乙案指出，製法發明雖足以達到預期結果，但該製法在操作過程中，卻極可能發生爆炸、傷及工作人員的事，顯然不應予以專利。蓋國會賦予發明排他性權利，以保護其發明的同時，並無意圖鼓勵具有危險的發明 ❺，換言之，實用性要件中也包括「安全性」的考量 ❻。

---

❸ *Id.*

❹ Anderson v. Natta, 480 F.2d 1392 (C.C.P.A. 1973).

❶ ARTHUR MILLER & MICHAEL DAVIS, INTELLECTUAL PROPERTY, PATENTS, TRADEMARKS AND COPYRIGHT 66 (2d ed. 1990)；正如 Chisum 教授所言，發明之具備實用性，必須符合三項基準：(1)發明必須是可操作且可使用的，且可達到所預期的功能；(2)發明必須能達到與人類些許聯的目的；(3)所擬達成的目的，不得為不法、不道德或違反公共政策。Chisum, *supra* note 16, §4.01.

❷ 請參閱 Meyer v. Buckley Mfg. Co., 15 F. Supp. 725 (N.D.Ill, 1936); Reliance Novelty v. Dworzek, 80 F. 902 (N.D.Cal. 1897); National Automatic Device Co. v. Lloyd, 40 F. 89 (N.D.Ill, 1889).

❸ Rosenberg, *supra* note 25, §8.04. Ex parte Murphy, 200 U.S.P.Q. 801 (Bd. App. 1977).

❹ 86 U.S. (19 Wall) 287 (1873). 該案係有關脂肪酸及甘油的製造方法。

❺ 86 U.S. at 396～397.

❻ 在 Ex parte Drulard 乙案中，訴願委員會 (Board of Appeals) 則認為安全性不是可否專利的要件；況且許多發明，如醫藥品，均有其危險性存在，因此，只有當發明技術的使用在任何情況下均會導致死亡 (immediate death) 時，或可認定

㈢非顯而易見性（進步性）

發明必須具備進步性方可取得專利，無疑。揆諸西元 1952 年之前的美國專利法並未明定該要件，不過，早於西元 1850 年，聯邦最高法院便於 *Hotchkiss v. Greenwood* ❹乙案中指出：即使是新的物品發明，倘其技術為一般技術人士所知悉者，則仍無法獲准專利。其用意在確定發明技術確有取得專利的價值存在。而在案例的主導下，美國國會在西元 1952 年專利法中，第 103 條明定發明之獲准專利，必須具備「非顯而易見性」要件；亦即，該發明對於熟習該項技術領域者而言，並非顯而易見的技術，相當於其他國立法例之「進步性」。

決定「非顯而易見性」的步驟有三 ❹：⑴檢索先前技術的範圍暨內容；⑵審查發明與先前技術的差異；⑶決定該項技術領域的一般標準。所謂「先前技術」，係指所有與發明技術相關之技術而言，而非侷限於與其相同之領域。至於發明與先前技術的差異暨技術標準的認定，主要係依其功能定之，而非改變的層次，換言之，性質上的發明性方為其要點。因此，即使是普通的結構改變，亦有可能因其意想不到的特殊功能而具「非顯而易見性」❹。

至於該項技術領域的一般標準，則取決於下列因素：⑴發明人的教育程度；⑵該項技術所面臨的問題；⑶過去的解決方式；⑷發明的完成速度；

其缺乏實用性；如果發明的使用僅具某程度上的危險性，則 PTO 無權據以核駁其專利。按國會並未賦予 PTO 以拒絕給予具危險性發明專利的方式來保護大眾安全的責任。223 U.S.P.Q. 364, 366 (O. Bd. App. 1983).

❹　52 U.S. (11 How) 248 (1850). 本案系爭專利內容為陶土／瓷土製把手，不同於過去以金屬或木頭製造的把手，前者成本較低且較美觀。原告主張被告侵害其專利權，而對之提起告訴。聯邦最高法院維持一審法官對陪審團的「說明」(instruction) 指出，門把手並非新的發明，至於金屬或木製改為陶土／瓷土，僅為材料的改變，而陶土／瓷土亦非新的質料，是以系爭專利之發明缺乏創造力。

❹　35 U.S.C. §103; Miller et al., *supra* note 41, at 81; Rosenberg, *supra* note 25, §9.02.

❹　*Id.* at 84.

⑸技術的複雜性；⑹從事該項技術領域人士的教育程度❺⓿。

　　而在前揭步驟無法確認發明技術之進步性時，則有可能進一步探討其經濟效益，以決定是否給予專利❺①，不過，多數法院仍持保守態度，惟恐過度強調市場經濟利益，以致將專利權益賦予技術上缺乏進步性的發明❺②。

三、小　結

　　美國專利法第 101 條雖明定方法發明、物品發明（包括機械、製成品及組合物）均可為專利保護客體，惟並未進一步規範准否專利的技術領域，以致多賴聯邦法院判決定之，此可由參「生物科技的發展與動物專利」之探討中得之。其固然使得專利保護客體為何未臻明確，不過，卻可避免頻頻修改專利法，開放專利保護客體以配合科技發展之繁複。而縱使為專利保護客體，得否取得專利，仍應視其是否符合專利要件而定。專利法第 101 條至第 103 條，甚至第 112 條，雖已明定專利要件為新穎性、實用性暨「非顯而易見性」，PTO 於專利審查作業手冊（The Manual of Patent Examining Proceeding，簡稱 'MPEP'）亦訂有審查基準，然而，據以審查的原則，甚至步驟，仍多賴聯邦法院判決定之。換言之，除了聯邦專利法規以外，聯邦法院對於專利保護客體暨專利要件的定奪，扮演著極重要的角色；本文以為，此緣於美國法制上係普通法系 (Common Law) 國家，遂承襲其案例法 (case law) 色彩之故。

---

❺⓿　Buildex, Inc. v. Kason Indus., Inc., 665 F.Supp. 1021 (E.D.N.Y. 1987); Rosenberg, *supra* note 25, §9.02. 不過，並非每一相關案件均須考量前揭六項因素。參閱 Environmental Designs, Ltd. v. Union Oil Co., 713 F. 2d. 693, 696 (C.A.F.C. 1983), *cert. denied*, 464 U.S. 1043 (1984).

❺①　請參閱 Graham v. John Deere Co. of Kansas City, 383 U.S. 1 (1966).

❺②　Miller et al., *supra* note 41, at 90.

參、生物科技的發展與動物專利

　　"Biotechnology"，即「生物科技」是也，然，其意義為何？或謂任何利用生物（或其部分）從事製造或改變物品、改良動植物，甚至研發新的微生物品種供特定用途等之技術，即統稱生物科技；或謂生物科技是指西元 1970 年至 1980 年間發展出具有商業價值的新興生物學技術 ❸，其定義不一而足。簡言之，生物科技係指一門製造、改變生物基因組織的科學。人類自數千年前就已使用微生物釀造及烘焙食物，更藉由基因改良植物及家畜品種。甚至早於西元 1873 年，法國科學家路易士巴斯德便因酵母菌的培育方法，取得美國專利，之後，美國 PTO 亦核准多件有關生物的發明專利，肯定生物發明是人類研究暨創造力的成果。不過，PTO 對於生物的培育方法專利並非漫無限制，凡屬於自然界的當然結果，便不得獲准專利。生物科技於二十多年前進步到以細胞、分子改變生物的階段 ❹，自此，生物科技方開始迅速發展。西元 1980 年有了首件微生物專利，嗣於西元 1988

---

❸　THOMAS WIEGELE, BIOTECHNOLOGY AND INTERNATIONAL RELATIONS 21 (1991).

❹　即 Stanley Cohen 與 Herbert Boryer 兩位教授於西元 1973 年發明 DNA 重組（recombinant DNA，即 rDNA）的基本技術。他們從一個生物體（以下稱生物 I）的 DNA 上切取出一個基因，將其與另一生物體（以下稱生物 II）之細胞中，如此，便將生物 I 基因的特性植入生物 II 中。Yusing Ko, *An Economic Analysis of Biotechnology Patent Protection*, 102 YALE L.J. 777, 783 (1992). 固然，DNA 重組技術是促成生物科技發展的直接因素，不過，沒有 DNA 的發現，又如何有前揭技術的發明。DNA 全名 deoxyribonucleic acid，譯為「去氧核醣核酸」（由『去氧核醣』deoxyribose 與『核酸』nucleic acid 組成），有關它的研究，須溯至西元 1869 年，由德國佛德瑞米歇爾 (Friedrich Miescher) 博士首度發現，之後歷經八十多年的時間，及許多位科學家的致力研究，到西元 1953 年，才由 James Watson 及 Francis Crick 建立 DNA 構造的模型，對 DNA 有了較具體的認識。至今，DNA 的研究工作仍在持續進行。

年 PTO 又核准動物專利。茲各別探討生物科技、微生物專利暨動物專利俾瞭解其發展暨重要性。

一、生物科技的發展

　　西元 1973 年 DNA 重組技術的發明，促使生物科技開始蓬勃發展，第一件利用 DNA 重組技術的例子為西元 1983 年上市的 DNA 重組胰島素 (DNA-recombinant insulin) 的製造❺❺。科學家自人體胰臟細胞切取胰島素基因，將其與細胞質體 (plasmid)❺❻結合，再將改變的細胞質體植入微生物，使微生物因而具生產製造胰島素的功能。依此，科學家得以低廉的成本、有效率地製造大量胰島素。其他如治療癌症的「干涉病毒蛋白素」(interferon)、治療腦垂體侏儒症的「人體成長荷爾蒙」、溶解血凝塊的「解蛋白酵素」(proteolytic enzymes)❺❼等均為利用重組技術的成功例子。低成本高效率的 DNA 重組技術因此被廣泛地運用在醫藥界、農業及其他產業。

　　儘管「生物科技」乙詞是近二十多年來的新興名詞，不過，正如前所言，人類早於數千年前便已知道利用生物的可行性。本文並不擬追蹤那段沿革，而就與成文法規有關之近代科技探討之。本文以為近代生物科技的發展，可分為(1)植物發展（發現）；(2)單細胞生物（微生物）；及(3)多細胞生物（動物）三階段。至於其受到專利制度之保護，則分別因成文法規、聯邦最高法院判決或 PTO 之政策所致。茲於本項探討(1)植物專利與(2)微生物專利；至於動物專利，因係本文重點所在，故於第二項探討之。

---

❺❺　在發明重組技術之前，糖尿病患者所服用的胰島素，係取自牛或豬的胰臟。

❺❻　細胞質體為染色體外的遺傳物質，可不受染色體的影響逕行繁殖，在分子無性繁殖研究 (molecular cloning) 中扮演重要角色。孫克勤譯，F. H. Portugal & J. S. Cohen，DNA 世紀之回顧——遺傳物質構造及功能的研究發展史，頁 371（民國 78 年）。

❺❼　ORGANIZATION FOR ECONOMIC CO-OPERATION AND DEVELOPMENT, BIOTECHNOLOGY: ECONOMIC AND WIDER IMPACTS 23 (1989)，轉引自 Ko, *supra* note 54, at 784.

㈠植物專利

　　美國國會基於促進農業發展的考量，於西元 1930 年制定「植物專利法」（Plant Patent Act，以下簡稱 'PPA'），提供農業工作者與其他工業者同樣的機會，享受專利制度的利益；藉此鼓勵從事農業研發者❺❽。依植物專利法，發明或發現以無性方式繁殖而成的植物新品種（非以傳統球莖繁殖者），均可申請專利保護，保護內容為植物本身。西元 1952 年，國會制定專利法時，便將其以專章納入其中，成為專利法第 161 條至第 164 條❺❾。不過，一般仍以「植物專利法」稱之。依植物專利法申請專利者，應否具備專利要件，依專利法第 161 條：除另有規定者外，本篇（即 Title 35）有關發明專利之規定，均應適用於植物專利之情事。就新穎性而言，並無疑義，蓋以前揭條文已明定，植物品種須為新的。至於非顯而易見性，則有存疑。依前揭條文，理應有「非顯而易見性」的適用，然而，在符合植物專利法之新穎、顯著 (distinctiveness) 等要件的前提下，該新品種的發明或發現，絕非一般技術所能完成❻⓪，似無另行認定其進步性之必要。西元 1970 年，國會又制定一套保護植物種苗的法律，即「植物品種保護法」(Plant Variety Protection Act，以下簡稱 'PVPA')　❻❶。該法的目的在鼓勵研發有性繁殖植物的新種（包括發現、育種，均得申請保護其權利），俾提昇農業發展❻❷。依 PVPA，主管機關為植物種苗保護局 (Plant Variety Protection Office)，屬於聯邦農業

---

❺❽　S. Rep. No. 315, 71st Cong., 2d Sess. (1930). 聯邦高等法院於 In re Bergy, 596 F.2d 952 (C.C.P.A. 1979) 乙案中，將國會立法目的歸納為三項：⑴刺激農業的發展；⑵規避「自然產物」(nature of product) 不得為專利保護客體的司法見解；⑶植物發明技術難以符合一般專利申請程序中以書面說明技術的要件。*Id.* at 982～984.

❺❾　35 U.S.C. §§161～164.

❻⓪　Yoder Brothers. Inc. v. California-Florida Plant Corp., 537 F.2d 1347, 1379 (5th Cir. 1976).

❻❶　82 Stat. 1542, 7 U.S.C. §§2321 et seq.

❻❷　*Id.* at preamble.

局 (United States Department of Agriculture) 下的一個單位，任何具有穩定性、遺傳性的新品種❻，均得申請保護，不過，仍須符合新穎性及顯著性。

西元 1985 年，美國 PTO 專利訴願暨衝突委員會（Board of Patent Appeals and Interferences，以下簡稱 'BPAI'）在 Ex parte Hibberd❻乙案中，又將實用專利 (utility patent)（相當於其他國家之發明專利）保護客體的範圍擴及植物發明。在該案中，Hibberd 申請專利的內容為培育玉蜀黍的技術，包括玉蜀黍本身、玉蜀黍種子及其組織培養法 (maize tissue culture)，依該方式培育出的玉蜀黍或種子將含有高度的色氨基酸 (tryptophan)。專利審查委員核駁該件專利申請案，理由為：有關植物的發明係 PPA 暨 PVPA 之保護範圍，故不得再依專利法第 101 條申請專利❻。換言之，通過該二法規之寓意 (implicity) 即為排除植物受專利法第 102 條保護之可能❻。BPAI 反對前揭核駁理由。BPAI 引用聯邦最高法院於 *Diamond v. Chakrabarty*❻乙案中之見解，國會制定 PPA 與 PVPA 的目的，在使過去無法受到保護的植物發明，得以受到專利或「類似專利」(patent-like) 的保護，而非將其保護受限於 PPA 與 PVPA❻。因此，植物發明在符合專利要件的

---

❻ PVPA 明文排除對微菌、細菌及第一代混合種的保護：微菌及細菌有時雖被歸類為植物，但 PVPA 並未採該見解；至於第一代混合品種多較不穩定，故亦不予保護。1 DONALD CHISUM, PATENTS §1.05[2] n.14.

❻ 227 U.S.P.Q. 443 (Bd. Pat. App. & Int. 1985).

❻ *Id.* at 446.

❻ *Id.* at 445.

❻ 447 U.S. 303 (1980). 有關此案之討論，詳見㈡微生物專利。

❻ *Id.* 聯邦最高法院於 Chakrabarty 中曾指出，植物發明在過去難以受到專利保護，主要原因有二：⑴對於植物的誤認，以為凡為植物，無論是否為人工培育，均屬自然產物；⑵植物的發明，無法如其他發明技術般，符合專利法之「書面說明」(written description) 要件。Chakrabarty, 447 U.S. at 310～312. 按，申請專利的程序中，須依法於申請書中，將發明技術詳細敘述。BPAI 並強調立法的基本原則——不得以默示的方式廢除現行法律，又，規範同一標的之不同法律，原則上仍併存，除非二者有完全抵觸的情況 (irreconcilable)。揆諸，PPA 與 PVPA，二者僅就保護範圍有所差異，並無抵觸之情事。

前提下，仍得依專利法申請專利保護。

　　PTO 隨即於同年（1985 年）公布將受理審查有關植物本身或其組織、細胞、種子等之專利申請案❻。

㈡微生物專利

　　微生物發明得否為專利保護客體？在 In re Bergy❼中，雖引起廣泛的重視，但仍未取得專利。該案中，申請人以所培育的黴菌申請專利，該黴菌擬用以製造林可黴菌 B (lincomycin B) 抗生素。PTO 以其為自然物不予專利❼；BPAI 則以生物非專利保護客體，而不予專利❼。關稅暨專利上訴法院（Court of Customs and Patent Appeals，簡稱 'CCPA'）雖不同意 BPAI 的見解，但仍以其不符專利要件不予其專利❼。

　　在 DNA 重組技術之發明公開前，微生物學家 Ananda Chakrabarty 便以細菌的新菌種申請專利，時為西元 1972 年。Chakrabarty 利用遺傳工程改變了「帚形菌屬」(Pesudomonas) 的菌種，改變後的帚形菌屬細胞可吞噬原油的複合成分，對於控制漏油有相當的功效。專利審查委員核准了培育細菌的方法發明，但核駁細菌本身的發明專利申請，核駁理由為：⑴微生物為自然產物，不得予以專利；⑵依專利法第 101 條規定，生物並非專利保護客體❼。Chakrabarty 就核駁部分向 BPAI 提起訴願。BPAI 同意審查委員第二項核駁理由，而維持原處分❼。Chakrabarty 因此上訴到 CCPA。CCPA 依

---

❻　1060 Off. Gaz. Pat. Office 4 (Oct. 8. 1985).

❼　197 U.S.P.Q. 78 (Bd. Pat. & Intf. 1976).

❼　*Id.* at 80.

❼　*Id.* at 79.

❼　563 F.2d 1031, 1035 (C.C.P.A. 1977).

❼　引自 Diamond v. Chakrabarty, 447 U.S. 303, 306 (1980).

❼　引自 Chakrabarty 案, *id.* at 306. BPAI 雖認定系爭微生物並非自然產物，但依據西元 1930 年之植物專利法 (1930 Plant Patent Act) 的立法緣由，BPAI 指出國會制訂植物專利法的目的在將專利保護擴及無性繁殖的植物，且專利法第 101 條所保護者並未涵蓋有生命的物體。

據 In re Bergy 廢棄原決定❼。PTO 向聯邦最高法院申請核發 certiorari❼。嗣經 CCPA 撤銷判決重新審議，但仍為准予專利之判決❼，PTO 又再度向聯邦最高法院申請核發 certiorari。聯邦最高法院終於西元 1980 年同意受理 PTO 上訴案，俾對生物發明是否為專利法第 101 條所保護之客體予以討論❼。

　　PTO 依據兩套植物保護法規❽，主張國會制定專利法的原意，即在排除對任何生物的專利保護❽。聯邦最高法院反對前揭主張，最高法院探討當年國會立法資料，指出：國會在制定專利法第 101 條時係採廣義的見解，此可由「陽光下任何人為的事物」(...anything under the Sun that is made by man.)❽乙句得知。最高法院進而指出物品發明是否具可專利性，取決於其究係為「自然產物」(products of nature) 抑或「人造的發明」(human-made invention)，至於物品本身是否有生命，是否存活，則在所不問❽。因此，微生物符合專利法第 101 條所明定保護之「製成品」或「組合物」❽。反

---

❼　In re Chakrabarty, 571 F.2d 40, 43 (1978).

❼　certiorari 意指下級法院發出移送案件的命令。為普通法系 (Common Law) 國家所採行。以現今美國聯邦法院為例，訴訟當事人不服聯邦上訴法院判決，擬上訴時，須先向最高法院提出發 certiorari 的聲請（即 writ of certiorari），倘聯邦最高法院認為該案有審理之必要性，且其爭議性有待解決時，方同意核發 certiorari，令上訴法院將案件移到最高法院，由後者審理之。倘最高法院認為沒有審理的必要性，得拒絕核發 certiorari，原上訴法院對該案之判決便臻確定。

❼　596 F.2d 952 (1979).

❼　Diamond v. Chakrabarty, 444 U.S. 1028 (1980).

❽　即 PPA 之保護無性繁殖的植物，與 PVPA 之保護有性繁殖的植物，並排除對細菌的保護。

❽　Chakrabarty, 447 U.S. at 310～314.

❽　S. Rep. No. 1979, 82d Cong., 2d Sess. 5 (1952); H.R. Rep. No. 1923, 82d Cong., 2d Sess. 6 (1952)，轉引自 Chakrabarty, 447 U.S. at 309.

❽　Id. at 313.

❽　Id. at 309. 在判決結果五比四票的情況下，反對意見 (Justices Brennan, White, Marshall and Powell) 指出「多數意見」(the majority) 曲解國會制定植物保護法

對意見指出國會立法之初，無意使「製成品」或「組合物」包含有生命的物體；多數意見不以為然並主張，「製成品」及「組合物」在現今的意義，理應涵蓋所有有生命的人造微生物——亦即人類創造的物品❽。

　　在 Chakrabarty 乙案判決後，生物科技更為加速發展，或謂此係因聯邦最高法院的確定生物得為專利保護客體，使得從事生物科技發展的企業為之劇增❻。

二、動物專利

　　在聯邦最高法院核准微生物專利前，動物發明一直因其為生物而被視為自然產物。西元 1975 年，In re Merat❼乙案中，發明人自雞的身上發現一種基因，可用以製造出身材短小的母雞，此類母雞食量小（因此所需的飼料少），與正常公雞交配後所產出的蛋可孵出正常且多肉的雞隻（以下稱第二代）。申請人以第二代雞隻及其育成方法申請專利❽。PTO 與 BPAI 均以前揭育成方法不符合專利法第 101 條之方法發明，以及第二代雞隻屬自然產物非製成品，不予其專利。關稅暨專利上訴法院更避重就輕地，以該

的原意，再者，法院不應踰越權限，擴張專利法的適用範圍；如此攸關公共利益的事項應屬國會權責。*Id.* at 321～322.「多數意見」亦同意應由國會界定可專利性的範圍，不過，既然專利法第 101 條已明白規定，並無不明確的情事，自應由法院依權責說明法律的內容為何。*Id.* at 315.

❽　*Id.* at 309.

❻　Elizabeth Hecht, Note, *Beyond Animal Legal Defense Fund v. Quigg: The Controversy Over Transgenic Animal Patent Continues*, 41 AM. U. L. REV. 1023, 1033 (1992). Diamond v. Chakrabarty 乙案判決後迄西元 1988 年，前後約八年期間內，PTO 便核准約 200 件改變基因的細菌。Robert Kambic, *Note, Hindering the Progress of Science: The Use of the Patent System to Regulate Research on Genetically Altered Animals*, 16 FORD. URB. L.J. 441, 442～443, 452 n.113 (1988)，轉引自 Hecht, *id.* at 1033 n.61.

❼　519 F.2d 1390 (C.C.P.A. 1975).

❽　*Id.* at 1392.

申請案不符合專利法第 112 條之實用性為由不准其專利，而未對其是否為專利保護客體予以探討❽。西元 1980 年，聯邦最高法院核准微生物專利後，隔了七年，PTO 審查委員雖仍維持動物發明為自然產物的見解，BPAI 則已改變立場，認為人造生物屬專利法第 101 條之製成物或組合物，可予以專利。西元 1987 年，Ex Parte Allen❾乙案中，Allen 以製造牡蠣的方法及依該方法製成的牡蠣申請專利。Allen 係以特定強度的水壓加諸於牡蠣的卵，一定的時間後，便可加速其成長，因此法產生的牡蠣較其他牡蠣大許多。更由於該種牡蠣在繁殖過程中不致如一般牡蠣喪失體重，因此，係終年可食❑。專利審查委員核駁該申請案的理由為：㈠牡蠣係屬生物，非專利法所保護之客體；㈡不符合「非顯而易見性」，因該牡蠣與其他方式所產生者並無太大區別❒。BPAI 雖同意核駁理由中有關「非顯而易見性」的部分，而維持核駁的處分❓；但仍就牡蠣是否為專利法所保護乙節，加以反駁。BPAI 指出聯邦最高法院已於 Chakrabarty 乙案中，確定專利法亦保護人造的生物，是以，牡蠣即非自然產生的「製成物」或「組合物」，自為專利法第 101 條所保護之客體❔。

　　在 BPAI 就 Ex parte Allen 作成決定後四天，PTO 局長在專利公報上發布一則公告❕，其中，除引述 BPAI 對 Ex parte Hibberd 與 Ex parte Allen 兩案之決定理由外，並宣稱 PTO 認同非自然產生的非人類多細胞生物（包括動物）為專利法第 101 條所保護之客體，並將受理審查該類發明之專利申請案❖。

---

❽　*Id.* at 1396.

❾　2 U.S.P.Q. 2d 1425 (Bd. Pat. App. & Int. 1987), *aff'd*, 846 F.2d 77 (Fed. Cir. 1988).

❑　*Id.* at 1425～1427.

❒　*Id.* at 1426.

❓　*Id.* at 1427～1429.

❔　*Id.* at 1426.

❕　1077 Off. Gaz. Pat. Office 24 (1987). 公布日期為西元 1987 年 4 月 7 日。請參閱附件。

❖　該公告引起動物保護團體、農夫、牧農等的反對，並向聯邦地院加州分院對

在前揭 PTO 動物專利的公告公布前，西元 1984 年，Philip Leder 與 Timothy Stewart 便已向美國 PTO 申請專利，發明內容為「基因轉殖的非人類動物」(Transgenic non-Humam Animals)，該動物即為一隻基因轉殖老鼠。所謂基因轉殖的動物 (transgenic animal)，是指動物在胚胎時期被注入另一動物之基因而言，此時，外來的基因就稱為 transgene。注入後將使該動物的生殖細胞產生永久性的變化，首件基因轉殖的動物是隻老鼠，約於西元 1980 年所完成，但因基因的改變，導致過量的人體荷爾蒙，以致老鼠體形太過肥胖，而不具有商業價值 ❼。不過，它們的存在至少可確定，基因轉殖是可行的。至於 Leder 與 Stewart 申請專利的老鼠具有對癌症的敏感性，主要供研究乳癌之用。由於經由繁殖，下一代的老鼠會有所改變，因此會更易於感染癌症，而癌細胞的快速成長，可幫助科學家探索使癌細胞成長的基因為何。經過約四年的審查，PTO 於西元 1988 年 4 月 12 日核發首件動物專利 ❽。距 PTO 於西元 1987 年發布之公告，隔一年又五天。

三、小　結

西元 1869 年，德國科學家發現了 DNA 之後，隨著許多科學家陸續投入 DNA 的研究，漸漸揭開其神秘面紗，瞭解到擔任遺傳任務的是存在於染

PTO 局長 Donald Quigg 等提起告訴。Animal Legal Defense Fund v. Quigg, 710 F.Supp. 728 (N.D.Cal. 1989). 原告主張：⑴該公告違反行政程序法（Administrative Procedure Act，簡稱 "APA"）；⑵被告公布該公告係屬踰越權限的行為。Id. at 729. 被告主張原告非適格之當事人，並請求法院不受理本案。法院接受被告的聲請，決定不予受理，理由為被告並未踰越權限。Id. at 732. 在上訴程序中，聯邦高等法院（聯邦巡迴分院）維持地院決定，理由則為原告非適格之當事人。Animal Legal Defense Fund v. Quigg, 932 F.2d 920 (Fed. Cir. 1991).

❼　Thomas Moga, *Transgenic Animals as Intellectual Property* (*or the Patented Mouse That Roared*), 76 J. PAT. & TRADEMARK OFF. SOC'Y 511, 517 (1994).

❽　United States Patent No. 4,736,866.

色體器官等的 DNA（基因則是遺傳的最基本單位）。西元 1953 年，DNA 架構的模型完成，更有助於遺傳學的研究。西元 1973 年，便有了 DNA 重組技術的發明，即所謂遺傳工程 (genetic engineering) 的技術，該項技術無疑地使生物科技又往前跨越了一大步。

生物科技可廣泛地運用在各項領域，如農業、醫學、環境保護等各方面，是頗具公共利益與經濟價值的技術。然而，正如其他科技領域，提昇技術最有效的動力，莫過於專利權益的賦予。

西元 1980 年，聯邦最高法院以五比四票決定人造的生物亦為專利保護之客體（製成品或組合物），使得投入生物科技的業者大為增加。隨後 PTO 亦公布動物發明可為專利保護客體的行政命令。可謂貫徹「陽光下任何人為的事物」均得受專利制度保護的見解。不過，縱可歸類為專利保護客體，仍須符合專利要件方可。

肆、動物專利的影響

自「哈佛老鼠」獲准專利後，陸續有動物發明專利申請案提出，（迄民國 86 年）已有數百件。只是動物發明應否受到專利制度的保護，則有兩極化的見解。專利權益的賦予，目的在於鼓勵保護特定發明，惟必其具有正面意義、功效，方有藉專利制度鼓勵之必要。至於發明內容對社會有負面影響者，自不宜鼓勵之。動物發明究竟有何功效？又，一旦賦予專利，有何弊端？茲分別探討之。俾衡量有無賦予其專利之必要。

一、動物發明專利之必要性

從事動物發明須投入大量時間、人力與資力，究其成果對人類的貢獻，似有以專利制度鼓勵、保護之必要。

㈠動物發明的成效

動物發明對於農業及醫學（包括醫藥品）等方面有相當卓越的經濟效能。

1.農　業

研究人員藉由生物科技、DNA 重組技術，可消弭動物現存的缺點，代之以優良的特性，例如：使供食用的牲畜多肉、減少肉中脂肪及膽固醇含量、加速繁殖並加速成長、增加羊毛產量、增加其對各種疾病的抵抗力❾❾……等，均有助於農業的發展❿❿。對於現今部分區域（國家）糧食不足、饑荒的情形❿❶，以極短的時間，製造出大量又有營養的食物，將對該國有極大的幫助❿❷。

2.醫　學

動物發明最重要的貢獻，便是促進人類醫學的發展。包括提供人體所需要或欠缺的物質❿❸，供作醫療或醫藥品試驗對象，確保其對人體的安全

---

❾❾　科學家已培育出基因轉殖的雞隻，藉由轉殖基因阻斷病毒感受體，使其得以對抗一種嚴重的家禽病毒。Patents and the Constitution: Transgenic Animals, Hearings Before the Subcommittee on Courts, Civil Liberties, and the Administration of Justice of the House Committee on the Judiciary（以下簡稱 "Patents and the Constitution"），100th Cong., 1st Sess. 34, 46 (1987).

❿❿　Elizabeth Hecht, Note, *Beyond Animal Legal Defense Fund v. Quigg: The Controversy Over Transgenic Animal Patents Continuous*, 41 AM. U. L. REV. 1023, 1037 (1992); Moga, *supra* note 97, at 527～531.

❿❶　以我們國內的生活環境，似難以想像現今世界仍存在糧食不足的景象，但卻是事實，如薩伊、北韓饑荒，百姓餓死的慘況時有所聞。

❿❷　Patents and the Constitutions, *supra* note 99, at 222 & 468. Rebecca Dresser, *Ethical and Legal Issues in Patenting New Animal Life*, 28 JURIMETRICS J. 399, 407 (1988).

❿❸　首件成功的基因重組案例，便是為提供糖尿病患者所缺乏的物質——胰島素。請參閱參、一、「生物科技的發展」，不過其研究對象為微生物，而非此處所探

性，及研發新穎有效療法暨醫藥品。茲分別探討如下，並以實例說明之。

(1)提供人類所需物質

　　人類為維持身體健康，除了自身所製造的物質外，往往需自食物中攝取之，方為已足。例如蛋白質，母乳中的蛋白質含有 lactoferrin 或 hLF，有抗菌暨傳送鐵質 (iron-transport) 的功能。不僅正常健康狀況的人需要，更可供免疫機能失調（包括後天免疫缺乏症）的患者，做抗病原之用。將人體的 lactoferrin 大量製造有實際上的困難。科學家利用 DNA 重組技術，使得原不具前揭物質的牛乳，於基因轉殖後，已具有該些物質，且可以低成本大量製造，對人體健康的維持與治療，有極大助益❿。

　　第九因子 (Factor IX) 是具有使血液凝固的人體蛋白質，血友病 (hemophiliacs) 患者便是因缺乏第九因子所致。研究人員利用羊做研究，先從人體細胞中，切取血液凝固功能的基因，再將其植入羊的胚胎中，成功地轉殖基因，羊會將該基因傳給後代，且其羊乳中將可分泌含有第九因子的基因❿。

(2)人類疾病的研究及醫藥的研發

　　目前醫學界對許多人體疾病仍無法探求其原因及治療方法，動物發明便提供了此一研究途徑。例如首件動物專利的哈佛老鼠，因其體內含有致癌基因，可供研究導致癌症的因素、可能的預防及治療方法。

　　又如免疫學 (immunology) 的研究，人體免疫系統可用以識別並對抗侵入體內的外來物質、疾病等，而為了應付各種不同的病菌，免疫系統本身

討之多細胞動物。

❿　該研究原以老鼠為對象，並成功地產生含 lactoferrin 的乳汁，但老鼠所產乳量，遠不如乳牛，故改以乳牛為對象。David Leff, *Milking Proteins Down on the Pharm*, 4 BIO WORLD TODAY 1 (April 14, 1993), 轉引自 Moga, *supra* note 97, at 531〜532.

❿　J. Cherfas, *Molecular Biology Lies Down with the Lamb*, 249 SCI. 124〜126 (July, 1990). 在基因重組過程中，原共有 510 枚基因轉殖植入胚胎中，但僅 109 頭羊誕生，其中又僅有 6 頭經血液測試證明為基因轉殖羊。另請參閱 Moga, *supra* note 97, at 533〜534.

是十分複雜的。研究人員進一步研究免疫遺傳學 (immunogenetics)，探討微量的基因是如何產生大量的抗體，他們將帶有免疫的基因自人體細胞切取後，植入老鼠胚胎中，藉以觀察身體如何對抗外來病原體[106]。只是，並非所有的外來物質均對身體有害，例如：為治療的需要，須對人體注入特定物質，或甚至器官的移植等，惟，卻可能因免疫系統的排斥，而無法成功。研究人員現已研發出不具有「主要組織適應複體」(major histocompatibility complex, MHC) 免疫系統蛋白質的基因轉殖老鼠[107]。缺乏 MHC 蛋白質的細胞移植入人體時，將可通過受移植者的免疫探測系統，換言之，不受到免疫系統的排斥[108]。

　　研究人員為有效利用老鼠研究人類疾病，成功地去除老鼠本身所具有的免疫系統，使其能接受所植入的人體細胞或組織甚至人體免疫系統[109]。

　　面對「二十世紀黑死病」的 AIDS，研究人員雖埋首研究可能的治療方法暨藥物，但在臨床前試驗階段，卻苦於無試驗對象，靈長類動物是最佳的選擇[110]，但費用的昂貴及數量的有限，使得許多研究成果無法進行試驗。研究人員研究出利用基因轉殖老鼠的方法。首先，從貓細胞中切取其免疫基因，再植入無免疫系統的老鼠[111]中，老鼠因此得了貓科免疫機能缺乏的病毒，該病毒與 AIDS 病毒 (HIV) 的作用及活動近似。該類老鼠（一般稱之為 SCID）因此成為價格低廉（與靈長類相比）且有效益的試驗對象[112]。

---

[106]　Moga, *id.* at 537.

[107]　*Genpharm Licenses Transgenic Mice*, GENETIC ENGINEERING NEWS 26 (May 1991)，轉引自 Moga, *supra* note 97, at 537～538.

[108]　*Id.*

[109]　Marilyn Chase, *Gen Pharm Expects Patent on Immunodeficient Mouse*, WALL ST. J. May 11 (1992)，轉引自 Moga, *supra* note 97, at 539～540.

[110]　黑猩猩 (Chimpanzee) 是除了人類以外，唯一會感染 AIDS 病毒的動物。Dresser, *supra* note 102, at 408.

[111]　該無免疫系統的老鼠，係自然產生突變所致，非經由人為方式產生。*New Animal Model for AIDS Research*, GENETIC ENGINEERING NEWS 29 (Oct. 1991)，轉引自 Moga, *supra* note 97, at 541.

除了藥物的試驗外，研究人員亦可藉以研究病毒的生理現象及阻斷其活動的可能方式⓬。

美國國家衛生研究院（National Institutes of Health，簡稱 'NIH'）與私人機構合作，於西元 1987 年，以基因轉殖方式培育出具有人體胞漿原素酶 (plasminogen activator, t-PA) 的老鼠，鼠乳中具有 t-PA，該物質可用以溶解血中凝塊。目前已廣泛地運用在治療心臟病患者⓮。

單胺氧化酶 (MAO) 是人體中重要的酶，可分解多種神經傳遞物質、含胺食物，並保持人體正常生理機能。華裔美籍藥理系教授陳景江，將 MAO 成功地分離出 A、B 型基因⓯。陳教授與法國免疫遺傳學家以老鼠作實驗，除去其 MAO，發現缺乏 MAO 的老鼠常有攻擊行為，證實人類缺乏 MAO 會有暴力傾向。陳教授利用缺乏 MAO 的老鼠從事研究抑制暴力行為的醫藥及可能的基因療法⓰。

3.經濟效益

從單細胞生物發展到多細胞生物，以至於老鼠、羊等的研發，除了前揭對農業、醫學的貢獻外，更加速生物科技的發展，同時也帶動了相關科技的發展。一國擁有高水準的生物科技，將使其在國際間有較強的經濟能

⓬　"SCID" 指 "severe combined immune deficiency"（嚴重併發免疫機能的不足）之意。*Id.*

⓭　Dresser, *supra* note 102, at 408.

⓮　Dresser, *id.* at 409; S. Kelly, *Industrial Strain Improvement*, in BIOTECHNOLOGY FOR ENGINEERS BIOLOGICAL SYSTEMS IN TECHNOLOGICAL PROCESS 229 (Scragg ed. 1988); Gordon, Lee, Vitale, Smith, Westphal & Hennighausen, *Production of Human Tissue Plasminogen Activator in Transgenic Mouse Milk*, 5 BIOTECHNOLOGY 1183 (1987).

⓯　該項成果有助於早期診斷及控制憂鬱症、精神分裂症、帕金森氏症及老化症。張黎文，基因在作怪？缺乏 MAO 易有暴力傾向，中國時報（民國 86 年 4 月 20 日）。

⓰　同上。

力與競爭力，業者們相信，動物專利可大量增加國家的財富與資力**⑰**。原因無他，乃因他國須借重前者之科技來發展自己的生物科技所致。給予生物科技專利——無論是微生物或動物，均有助於提昇研發的意願與士氣，業者也願意公開其技術（藉由申請專利的途徑），因其於取得專利權後，可藉授權或製造、銷售動物產品的方式牟利。此外，業者的股票更因專利保護的確定而價格大幅上揚**⑱**。例如在 Chakrabarty 乙案判決四個月後，Genentech 公司在一天之內，其公債的發行便募集到 360 億美元**⑲**。

㈡動物專利的意義

動物發明對人類的貢獻由前揭㈠可見諸般，鼓勵此項領域的研發，並將其公諸於世，自有其必要性。倘無專利制度之保護，將使業者不願從事此一費時、費力又高成本的研發工作，縱有研發成果，亦不願公開，而以其他方式如營業秘密，保護其發明，技術不公開，對產業科技的提昇，產生負面的影響，並限制了動物發明對人類的貢獻。

二、動物發明專利的負面影響

動物發明固有其相當的貢獻，然而，仍有不同團體人士質疑賦予動物發明專利的意義，擔心其可能衍生的負面效應。

㈠農業的生計

農業團體擔心，基因轉殖動物的研發產生品質較佳、產量較多的牛肉、

---

⑰　Dresser, *supra* note 102, at 409.

⑱　Michael Sellers, *Patenting Nonnaturally Occurring, Man-Made Life: A Practical Look at the Economic, Environmental, and Ethical Challenges Facing "Animal Patents"*, 47 ARK. L. REV. 269, 284 (1994); Mark Crawford, *Wall Street Takes Stock of Biotechnology*, 132 NEW SCIENTIST, Nov. 23 (1991).

⑲　Jeremy Rifkin, Algeny II (1983), 轉引自 Sellers, *id.* at 284.

獸皮、羊毛等，而迅速取代傳統的農業⑳。傳統農業工作者為求生存，只有選擇付權利金取得授權，或購買專利品種㉑，無論何者，均將增加業者龐大負擔，在生物科技為專利權人所「獨占」的情況下，業者倘無力持續支付權利金，最後恐亦將面臨破產的命運㉒。

再者，農業團體也質疑以賦予動物發明專利的方式提昇農業的必要性，他們認為，在沒有動物專利前，已有上百家有關家畜的生物科技公司存在，不斷促使農業發展；何況，美國農產品已有過剩的問題，動物專利將使此一問題，更行惡化㉓。

㈡動物的福祉暨保護

在專利制度的保護下，部分研究人員盲目地、不計後果地從事基因轉殖的工作，無疑地，縱使是失敗的例子，研究人員亦得以從其中得到寶貴經驗，然而，此舉卻帶給動物莫大的痛苦，甚至又遺傳給下一代㉔。令人

---

⑳ Auerbach, *Animal Patenting: Ethics, Enablement and Enforcement*, 1989 BIOTECH PAT. CONF. WORKBOOK 32～33 (1989).

㉑ Patents and the Constitutions, *supra* note 99, at 90; Animal Legal Defense Fund v. Qugg, 932 F. 2d 920, 932 (Fed. Cir. 1991).

㉒ Patents and the Constitution, *supra* note 99, at 108; Moga, *supra* note 97, at 543.

㉓ Patents and the Constitution, *supra* note 99, at 82～84, 115. 例如：美國向有牛乳過剩的情形。OFFICE OF TECHNOLOGY ASSESSMENT, TECHNOLOGY, PUBLIC POLICY, AND THE CHANGING STRUCTURE OF AMERICAN AGRICULTURE 3, 53～61 (1985). 西元 1986 年，牛乳產量過剩，聯邦政府花了 18 億美元收購乳牛屠宰，以抑制牛乳產量。Patents and the Constitution, *supra* note 99, at 3370. 儘管如此，仍有農民贊成動物專利者：美國農業聯盟組織 (American Farm Bureau Federation) 認為動物專利將有助於生產較健康且便宜的動物，使美國農業在國際市場上更具競爭力。Patents and the Constitution, *supra* note 99, at 118～121.

㉔ Patents and the Constitution, *supra* note 99, at 59, 63 & 496; Transgenic Animal Patent Reform Act of 1989: Hearings on H.R. 1556 Before the Subcomm. on Courts, Intellectual Property, and the Administration of Justice of the House Comm. on the Judiciary, 101st Cong., 1st Sess. 242 (1989)（以下簡稱 'Transgenic

難解的是，有些錯誤是可以事先測試出而予以避免。例如：美國農業部 (Department of Agriculture) 的研究人員利用基因轉殖培育出的豬隻，死亡率高且活動性高 (mobility)，倘若研究人員在培育前，先運用基本的分子遺傳知識，便可得知基因轉殖可能造成動物的畸形、異常等❿。

　　基因轉殖，無疑地造成許多畸形的動物，當科學家將基因植入動物胚胎時，無法控制該外來的 DNA 將附著於那一個基因組上，以致 DNA 可能在不適宜的組織上顯現其特性，導致動物的畸形❿。動物所歷經的病痛或畸形又往往使獸醫束手無策；一次又一次的挫敗，在成功的基因轉殖動物產生前，已有無數畸形的動物存在。而這些不人道且對動物極盡殘虐的情事，是由於賦予動物發明專利，不當鼓勵動物發明所致❿。而縱使是成功的轉殖基因的動物，倘不慎與其他動物混合，致下一代不具有實驗所需基因時，又面臨滅種的命運❿。

Animal').

❿　D. G. Porter, *Suffer the Animals*, NATURE 300 (Jan. 1989)，轉引自 Moga, *supra* note 97, at 543. 馬里蘭州的一所研究中心中，鮑伯渥爾博士亦與其研究小組研究出一種植入人體生長荷爾蒙基因的基因轉殖豬隻，原本希冀創造出「史瓦辛格」的豬隻（取名自電影明星「阿諾史瓦辛格」，或稱「魔鬼阿諾豬」），孰知，豬隻併發早期關節炎，鬥雞眼，尚未成熟即夭折。SCIENCE POLICY RESEARCH DIVISION, CONGRESSIONAL RESEARCH SCIENCE, PATENTING LIFE 6 (Dec. 16, 1987)；洪嘉麗，生物工程躍進影響人類消費行為，中國時報（民國 84 年 6 月 1 日，第 35 版）。

❿　Michael Fox, *Genetic Engineering Harms Farm Animals in* GENETIC ENGINEERING OPPOSING VIEWPOINTS 141 (W. Dudley ed. 1990).

❿　John Hoyt, *Animals should not Be Patented, id.* at 202～205; Moratrium Proposed on Animal Patenting, MAINSTREAM 27 (Fall, 1987). 動物一如人類，有其權利存在，對於各種病痛亦有知覺。TOM REGAN, THE CASE FOR ANIMAL RIGHTS 28, 84～86 (1983). 轉引自 Robert Merges, *Intellectual Property in Higher Life Form: The Patent System and Controversial Technologies*, 47 MD. L. REV. 1051, 1060～1061 (1988).

❿　西元 1980 年代，科學家以傳統交配方式培養出一種對鹽分高度敏感的老鼠

　　若干宗教團體認為，賦予動物發明專利保護，無異於是在鼓勵人們扮演「上帝」的角色、以遺傳工程技術製造動物❿。為了經濟利益，將動物視為商品地製造，將抹滅人們對上帝創造萬物的崇敬❿。

　　如作者 Russell 所言，在科學家已成功地將人體成長基因植入牛、羊、豬隻的今日，難保未來不會以遺傳工程大量生產動物（甚至人類），對我們的後代子孫而言，該些人與動物的意義及價值，恐與微波爐無異❿。

　　更有人擔心，一味地鼓勵動物發明——生物科技，目前已有綿羊與山羊的混種 (hybrid)，將來是否會有人與動物的混合品種 (human-animal hybrids)❿？其法律地位將如何定位？如此混合品種的培育固然有違道德，

　　——「達爾鼠」（紀念首位研究此種老鼠的達爾博士），至西元 1995 年，因遭污染（與他種老鼠交配）致其下一代對鹽分不再敏感，除了使許多藉達爾鼠進行研究的科學家其研究功虧一簣外，製造達爾鼠的公司將多達六、七千隻的老鼠全面消滅。張定綺，高鹽鼠變——美國實驗用白老鼠基因受污染慘遭滅族，中國時報，（民國 84 年 5 月 4 日，第 35 版）。同樣的情形也極可能發生在基因轉殖的動物，畢竟，動的交配、基因突變，均非陌生的名詞。

❿ Patents and the Constitution, *supra* note 99, at 110; President's Commission for the Study of Ethical Problems in Medicine and Biomedical and Behavioral Research, Splicing Life: The Social and Ethical Issues of Genetic Engineering with Human Beings 53 (1982)，轉引自 Sellers, *supra* note 118, at 292; Transgenic Animal, *supra* note 124, at 590.

❿ Patents and the Constitution, *supra* note 99, at 399; Transgenic Animal, *supra* note 124, at 590. 不過，反對此一主張的人士指出，專利制度不應與道德、倫理混為一談；更不應加諸專利制度原本無意規範的責任、事項。Transgenic Animal, *supra* note 124, at 147.

❿ Dick Russell, *Genetic Engineering Is Dangerous, supra* note 126, at 26.

❿ Cavalieri, *Time to Question Genetic Engineering is Now*, N.Y. TIMES, Oct. 30 (1984)，轉引自 Reagen Kulseth, *Biotechnology and Animal Patents: When Someone Builds a Better Mouse*, 32 ARIZ. L. REV. 691, 708 (1990)；原則上，兩個不同品種的混合，必須其品種非常接近，例如綿羊與山羊、人類與人猿（黑猩猩）。Dresser, *supra* note 102, at 415. 對此，主張應予動物發明專利保護者認為：⑴以現今仍有限的科技，有關人與動物混合品種的問題還言之過早；⑵所謂人

但法律又將如何規範？解決方式莫過於不准動物發明專利，使該科技的發展適可而止；或將動物發明專利限於不含有人體基因者❸。

㈢環境生態的維護

「物競天擇，適者生存」，達爾文的「進化論」說明這個世界自然生態維持平衡的奧秘。然而，隨著 DNA 的發現，基因重組技術的發明，動物的命運似乎操之於人類的手中。果真如此，研究人員不無使已絕種的動物復活的可能，如「侏羅紀公園」般（當然，我們必須假設研究人員有辦法取得恐龍的 DNA）。研究人員也可能在有意或無意的情況下，培育出新的動物品種，危害人類或其他自然界的動物，對於人類或動物的存續造成嚴重的威脅❹。甚至也可能因過度專注於生物科技發展、研究新的動物品種，而忽略對現存動物的保育，導致後者的瀕臨絕種❺。

三、因應措施

動物專利固然可培育出較好的品種（如：對疾病的免疫力等），對農民有益；惟，同時卻也增加農民成本的負擔，甚且因無法與企業競爭而造成生計上的困難。因此，有主張給予農民免費使用動物專利的權利 (farmer's privilege or exemption)。另外，有關動物的人道待遇、生態環境等問題，亦有待解決，訴諸立法即為首要方式，更由於動物專利引起全球的矚目，國

類優生學，充其量不過是傳統動物品種的交配培育方式，遠不及於動物發明的基因重組技術；⑶人與動物混合品種的道德問題，重點為應否從事該項研究，與動物發明應否給予專利無關。Dresser, *id.* at 416～417.

❸ Note, *Legostation for the Patenting Living Organisms: Specificity, Public Safety and Ethical Considerations*, 7 J. LEGIS. 113, 122 (1980)，轉引自 Kulseth, *id.* at 709.

❹ Patents and the Constitution, *supra* note 99, at 426; Merges, *supra* note 127, 1057; Dresser, *supra* note 102, 412.

❺ Dresser, *id.*

際性公約亦因應而生。

(一)立　法

動物發明之可專利性及其爭議性，引起國會的關切，先後提出許多件法案❶，只是均未通過立法。不過，其中 H.R.4970 之 "TAPRA" 相當具代表性，故以該法案探討之。

依 PVPA，農民有免費使用植物種苗的權益，因此有主張應予農民於使用動物專利時相同的效益。

西元 1988 年，美國眾議院通過基因轉殖動物專利法（Transgenic Animal Patent Reform Act，簡稱 'TAPRA'）❶，主要規範事項包括農民得免費設立生物的寄存中心，並明文排除有關人類發明之可專利性。

農民因此可使用動物專利的技術，繁殖新的動物品種等，而不需負擔侵害專利權的責任❶。不過，農民的此項權利並無耗盡原則之適用，致使農民將牲畜出售後，倘買受人利用該牲畜作為繁殖之用，則前者將須負「幫助侵害」(contributory infringement) 的責任❶。

---

❶　在第 100 次暨第 101 次國會會期中，即有七件法案提出：Propose Amendment 245 to H.R. 1827, 100th Cong., 1st Sess., reprinted in 133 Cong. Rec. S7223 (daily ed. May 28, 1987); H.R.3119, 100th Cong., 1st Sess., reprinted in 133 Cong. Rec. H7206 (daily ed. Aug. 5, 1987); H.R. 4970, 100th Cong., 2d Sess., reprinted in 134 Cong. Rec. H7436−39 (daily ed. Sept. 13, 1988); S. 2111, 100th Cong., 2d Sess., reprinted in 134 Cong. Rec. S1620−21 (daily ed. Feb. 29, 1988); H.R. 1556, 101st Cong., 1st Sess (1989); H.R.3247, 101st Cong., 1st Sess., reprinted in 135 Cong. Rec. H5595 (daily ed. Feb. 26, 1990); S.2169, 101st Cong., 2d Sess., reprinted in 136 Cong. Rec. S1611−12 (daily ed. Feb. 26, 1990)；以上均轉引自 Kevin O'Connor, *Patenting Animals and Other Living Things*, 65 S. CAL. L. REV. 597, 618~619 (1991).

❶　H.R. 4970, 100th Cong., 2d Sess., 134 Cong. Rec. H 7436−39 (Sept. 13 1988).

❶　*Id.* Sec. 2. Infringement of Patent.

❶　John Hudson, *Biotechnology Patents after the "Harvard Mouse": Did Congress Really Intend Everything Under the Sun to Include Shing Eyes, Soft Fur and Pink*

　　正如微生物之寄存要件，為使動物發明的內容得以充分揭示，俾供其他業者瞭解其技術，動物發明於申請專利的同時，須寄存於寄機構(depositary) 中，故有設立寄存中心之必要❿。

　　或謂動物專利是不道德的，因其允許動物如商品般作為買賣的標的物❶。然而，無論是否為新發明的動物品種，原本即常見其成為買賣標的物，如寵物店、食用牲畜的買賣等。實際上，應擔憂者，為將人類視同動物般改良並予以販賣❷。因此，TAPRA 明定人類係不可專利之客體❸。然而，國會並未就人體基因植入動物胚胎的情形加以規範，究竟得否申請專利，有進一步釐清的必要❹。

　　美國亦有現行法規保護動物的權益，即 NIH 訂定「有關 DNA 分子重組之研究基準」(Guideline for Research Recombinant DNA Molecules)❺，至今已歷經多次修正，其主要規範對特定研究須先取得許可的標準，以及遺傳工程研究的限定範圍。並對研究用動物的權益加以規範，包括照顧、安置場所、因試驗所產生的痛苦的限制等。該基準固可提供動物適度的保護，然而，受限於其為 NIH 所訂定，致未能廣泛適用到所有動物之研究案例，僅限於得到 NIH 資助者須遵守該基準（不過，仍有未受 NIH 資助之研究人員自行遵守該基準❻），而對於違反基準之處置方式，亦僅有暫停發放資金

　　　　Feet?, 74 J. PAT. & TRADEMARK OFF. SOC'Y 510, 529 (1992).

❿　Supra note 137. Sec. 3, Specification for Patent Application.

❶　New Animal Forms Will be Patented, NEW YORK TIMES, App. 17, 1987. p. 9，轉引自 Barry Hollmaster, The Ethics of Patenting Higher Life Forms, 4 INTELL. PROP. J.1, 11 (1988).

❷　Id.

❸　Id. Sec. 4. Patentability of Human Beings.

❹　Hudson, supra note 139, at 529～530.

❺　41 Fed. Deg. 27, 902 (1976).

❻　David Manspeizer, Note, The Cheshine Cat, the March Hare, and the Harvard Mouse: Animal Patents Open Upon a New, Genetically-Engineered Wonderland, 43 RUTGERS L. REV. 417, 447 (1991).

一途，缺乏有效的遏止途徑❶。

另有「動物福利法」(Animal Welfare Act)❶規範影響州際或國際商業活動之動物研究工作；包括特定動物的運輸、買賣、照顧等的基本標準❶。惟所謂「特定動物」並不包括試驗用老鼠、鳥類及農場牲畜，致其所得發揮之功效相當有限。

㈡國際公約

西元 1992 年，162 個國家的代表在巴西簽署生物多樣性公約（The Convention on Biological Diversity，簡稱 'CBD'），CBD 於西元 1993 年 12 月 29 日正式生效。其主要宗旨有三：⑴生物科技環境的森林、水利 (conservation) 保護；⑵生物物質的使用；以及⑶遺傳物質的適當公平適用 (Fair and equitable)。

依 CBD，各國應提供他國取得技術暨移轉技術的途徑，包括專利及其他智慧財產（第 60 條），期藉此達到技術的流通及對農民的保護。美國並未簽署此條約，理由為美國大型生物科技公司甚至「生物科技公會」均認為：該條約將使得專利權不具任何權益，對於投入大量資金從事研發的業者極為不公。美國後來在附加意見的情況下，於 1995 年 6 月簽署公約。其主要意見為：⑴ CBD 不得溯及既往；⑵技術的移轉須由業者出於自願所為，並考量其是否持有排他性權利；⑶不得有強制授權之適用❶。

至於世界貿易組織 (World Trade Organization, WTO) 所管轄之與貿易有關之智慧財產權協定（The Agreement on Trade-Related Aspects of Intellectual Property Rights，簡稱 'TRIPs' 協定）第 27 條規定：以傳統育成方式育成之動物為可專利之客體，至於以生物技術育成者，則可排除在專

---

❶ Hecht, *supra* note 86, at 1069～1070.

❶ 7. U.S.C. §§2131～57 (1982 & Supp. III 1985).

❶ 7. U.S.C. §2132(g) (1982).

❶ Biotechnology Industry Endorses Administration of Treaty Daily Rep. for Executive (BNA), at A226 (Nov. 26, 1993).

利保護客體之外。

四、小　結

　　動物發明的貢獻、其研發的成本及困難，致使其可專利性受到肯定。至於其負面影響，或謂發明可否取得專利，無關其合乎道德與否，蓋其與專利制度之立法目的無涉。本文以為，基於其嚴重性，仍有審慎評估的必要。

　　解決小型農業的生存危機，必要時，應可藉由強制授權方式，使其在給付合理權利金的情況下，使用先進技術，或生產優良品種的動物。動物的權利暨福祉的尊重，除了研究人員的自我約束外，應可藉立法制定從事遺傳工程的準則，包括事前評估可能的結果、對動物的傷害或幫助等；以及基因轉殖中的轉殖基因、對象的限制，及目的等。遺憾的是，若干美國法案均無法順利通過，現行法規適用的範圍又有限，以致動物專利的隱憂依然存在。國際性公約中，生物科技條約雖得以解決農民的問題，卻為美國所拒絕，TRIPs 協定又僅對運用生物科技所培育之動物得否專利，予以建議性規定❺。在沒有明確立法規範相關事宜之前，為農民生計並對於動物暨生態的維護，除了研究人員對基因轉殖動物的監控外，我們全體人類對自然界動物亦應盡其保護的責任。

---

❺　歐洲大陸方面，歐盟有關保護生物科技發明的指令議案於西元 1995 年 3 月被其議會駁回。該議案明定動物可為專利保護客體，但發明對動物造成極大痛苦者，不得予專利，又人類不得為專利保護客體，但僅取其基因轉殖者，則可；並規定農民得無償利用動物專利。Willi Rothley, *European Parliament Must Think Again About Biotechnological Protection*, 26 IIC 668, 669～670 (1995). 可惜未能通過。歐洲專利公約（European Patent Convention，簡稱 'EPC'），則將運用生物科技育成之動物，排除在專利保護客體之外，EPC Art. 53(b).

伍、我國核准動物專利的可行性

核准動物發明專利對美國各界所引起的震撼，足供我國引以為鑑。而在評估我國應否核准動物專利之際，宜先探討我國關於專利保護客體的原則暨專利要件為何。進而對於核准動物專利可能衍生的疑慮，研擬因應之道。

一、專利保護客體

揆諸他國立法[152]，決定發明應否為專利保護客體，多考量下列因素：(1)國內產業科技水準，如：有無開發該項科技的能力暨可能性[153]；(2)有無給予保護以鼓勵發明之必要性；(3)公共利益 (public interest)，如：國民福祉。我國歷次修正專利保護客體之內容，便足以說明前揭原則之適用。

我國現行專利法明定不予專利保護之發明[154]為：(1)動植物新品種。(2)人體或動物疾病之診斷、治療或手術方法。(3)科學原理或數學方法。(4)遊戲及運動之規則或方法。(5)其他必須藉助於人類推理力、記憶力始能執行之方法或計劃。(6)發明妨害公共秩序、善良風俗或衛生者。其中第(2)款之診斷、治療或手術方法，雖謂不具可供產業上利用之實用性，惟，實與第

---

[152]　如：日本特許法第 32 條，EPC 第 52 條。

[153]　考量本項因素須兼顧：㈠何人從事發明；㈡何人提出申請；㈢有無審查能力……等等；若一國科技尚在起步，則該國國民恐無法從事較高科技之發明，以致僅有外國人提出申請，壟斷其市場；又因從事該項科技研究之本國國民有限，致使審查作業上有人力不足之虞。專利制度固可引進國外技術，提昇產業水準，惟對於科技較落後，欠缺基礎工業的國家，廣泛開放專利保護的結果，非但無法提昇其產業水準，反將增加消費者經濟負擔，且不利該國業者的科技發展。

[154]　專利法第 21 條。（按：此為現行專利法第 24 條。其中(2)之手術方法改為外科手術方法；(3)～(5)已予刪除。）

(6)款之妨害公共秩序、善良風俗或衛生，同因公共利益之考量，而不予專利。第(3)款至第(5)款，科學原理、數學方法、遊戲及運動之規則或方法暨須藉助於人類推理力、記憶力始能執行之方法或計劃等，則因不符合發明專利之謂利用自然法則的技術創作，而不予專利。第(1)款動、植物新品種❸中之植物新品種，因已有另法保護❸，而不再賦予專利權限。

我國於民國 75 年及 83 年先後開放專利之化學品、醫藥品及飲食品、嗜好品、微生物新品種❸等發明，在此之前亦因前揭原則之考量，而被列為不予專利保護之客體。

早期不准予化學品專利的理由為：㈠化學品為工業基本物質，若准其專利，勢必造成壟斷的局勢，阻礙工業發展；㈡部分化學品與人類日常生活用品有關，准予其專利，將不利於國民生計；㈢我國一向准予方法專利，業者也願意就同一化學品研究不同製法，以提昇生產效率，若准予化學品專利，則將相對地抑制業者研發其他製法的意願；㈣我國工業尚未達到已開發國家之水準，若准其專利，則無異於使國外廠商藉此操縱我國化學工業❸。

至於不准醫藥品專利的理由為：㈠其與人類生命安危有密切關係，若准其專利，恐怕專利權人操縱產品數量及價格，嚴重損及國民生活福祉；㈡將抑制業者對於醫藥品製造方法的改進。

由此可知，過去化學品、醫藥品之所以不予專利，係因國內產業科技水準的不足及公共利益（國民生計、國民健康）考量之故。

同樣地，飲食品亦因早期民生困苦、糧食缺乏，在國民生計的考量下，不予專利。

---

❸　有關動物新品種之否准專利，詳見伍、三、「我國生物科技發展暨動物專利之可行性」。

❸　有關保護植物新品種之植物種苗法，業於民國 77 年 12 月 5 日公布施行。

❸　有關微生物新品種之准否專利，詳見伍、三、「我國生物科技發展暨動物專利之可行性」。

❸　何孝元，工業所有權之研究，頁 86（民國 70 年）。

　　發明品之使用違反法律，無疑亦以公共利益之考量為前提，不予專利。只是，發明品本身既未違法，其使用之方式為何，端賴使用者而定，實不宜由專利主管機關憑空臆測，故於現行法中刪除。

　　凡此，均足以說明發明之准否專利，確以國內產業水準、公共利益暨鼓勵發明之必要性為考量因素。因此，縱使有需藉專利制度鼓勵研發的發明，卻仍可能因國內產業科技水準的低落暨公共利益的考量，而不予專利保護。反之，國內產業科技水準若具備相當的水準，且無礙於公共利益（或甚且有助益時），則在鼓勵發明的前提下，自可予以專利保護。

二、專利要件

　　專利制度為達到提昇產業科技水準的目的，而賦予專利權人幾近獨占的權利，以鼓勵發明；惟顧及濫發專利權對社會、產業造成的負面影響，自應對擬取得專利權的發明予以條件上的限制——此即專利要件。

　　我國現行專利法明定❿，發明專利要件為實用性、新穎性及進步性。

㈠實用性

　　鼓勵發明創作的目的，既在提昇產業科技水準，發明是否實用，自為准否專利之要件。實用者，可供產業上利用之謂，產業包括工業、礦業、農業、林業、漁業、水產業、畜牧業等，以及輔助產業性之運輸業、交通業等等❿。

　　修正前專利法曾明定❿：「具有產業上利用價值，係指無下列情事之一者：⑴不合實用；⑵尚未達到產業上實施的階段。」惟已於現行法中刪除。

---

❿　專利法第 20 條。（按：此為現行專利法第 22 條。）有關專利要件，請參閱陳文吟，我國專利制度之研究，頁 101～117（民國 84 年 11 月初版）。（按：前揭內容可見於 99 年修正第 5 版，頁 95～116。）

❿　經濟部中央標準局，專利審查基準，頁 1–2–2（民國 83 年 10 月）。

❿　修正前專利法第 3 條（民國 75 年 12 月修正施行之專利法）。

專利主管機關所訂定之專利審查基準中，則將非可供產業上利用之發明歸納為三種類型❶❻❷：(1)未完成之發明——欠缺達成目的之手段，或所發明之手段無法達成預期目的；(2)無法供營業上使用——無法供業者重複利用之技術；(3)無法實施的發明。是以，可供產業上利用或具實用性之發明，必有可供業者反覆實施的手段，且實施後均足以達到預期成果方可。

㈡新穎性

新穎性要件，係基於公共利益的考量，蓋避免申請人以舊的技術申請專利，違背專利制度之鼓勵研發的精神。且已公諸於世或已知之技術，有已為他人所使用之虞，對已為業者使用之技術，仍允許特定人取得專利權，排除其他人士之使用，有欠公允；故申請前已公開之技術，即視為喪失新穎性，不予專利。

我國現行專利法明定喪失新穎性之事由如下❶❻❸。

1.申請前已見於刊物或已公開使用者

所謂刊物，係指以向不特定人公開發行為目的，經由抄錄、影印或複製之文書、或各種資訊傳播媒體等❶❻❹，並包括國內外發行之刊物。至於「已見於刊物」，則以其已達到可供不特定多數人閱覽之狀態為已足❶❻❺。「公開使用」，指公開使用致發明之技術內容為公知狀態，或處於不特定人得使用該發明之狀態❶❻❻。

---

❶❻❷　專利審查基準，同註 160，頁 1-2-2～1-2-5。

❶❻❸　專利法第 20 條第 1 項第 1 款至第 3 款。(按：新穎性要件見於現行專利法第 22 條第 1 項，喪失新穎性之事由有二，申請前已見於刊物或已公開使用及申請前已為公眾所知悉。)

❶❻❹　專利審查基準，同註 160，頁 1-2-8。

❶❻❺　同上。

❶❻❻　同上，頁 1-2-11。

2.有相同之發明或新型申請在先，並經核准專利者

申請案既與核准在先之發明或新型專利構成近似，自不宜予以專利，惟實務上有申請在後卻核准在先的案例，故為兼顧「先申請主義」，本款「已核准之發明或新型專利」，須同時為申請在先者，始有其適用。

3.申請前已陳列於展覽會

按凡申請前已陳列於展覽會，則已公開其技術，自屬喪失其新穎性。

新穎性要件的缺點，在於削減了發明人進一步測試、改良其發明的意願，亦使社會大眾無法享有較完善的發明。因此而有優惠期的制定，彌補其缺失 [167]。得主張優惠期之事由如下。

1.因研究、實驗而發表或使用

凡因研究、實驗而發表或使用，專利法明定賦予六個月優惠期，換言之，使前揭事由之公開不致喪失新穎性，以鼓勵發明人於申請前改良其發明，使臻完善。

2.陳列於政府主辦或認可之展覽會

為了鼓勵發明人展示其研究成果供技術觀摩，俾有助於技術交流，專利法明定，申請人將發明品陳列於政府主辦或認可之展覽會後六個月內，申請專利者，不因參展而喪失新穎性。

(三)進步性

任何一項發明，若僅為習用技術或知識的轉用，而未見高度創作，則不具取得專利的價值。是以，專利法明定，運用申請前既有之技術或知識，為熟習該項技術者所能輕易完成之發明，不具進步性，不予專利。

---

[167] 專利法第 20 條第 1 項第 1 款但書暨第 3 款但書。（按：新穎性優惠期見於現行專利法第 22 條第 2 項，並增訂一事由「非出於申請人本意，而洩漏者」。）

三、我國生物科技發展暨動物專利之可行性

　　蓋生物科技者，可涵蓋植物、微生物，甚且動物等細胞之運用或培育等技術。

　　植物新品種的發明，於民國 77 年開始予以保護，只是係以單獨立法的方式為之，即「植物種苗法」❽。事實上，植物新品種育成方法，早已為專利制度所保護，此因發明專利向來保護製法與物品發明，又未曾明文排除植物新品種育成方法之故。再者，揆諸植物種苗法之草案說明可知：當時已有「臺灣省農業用動植物及微生物新品種登記命名辦法」之省單行法規，惟內容簡略，又無權利登記之規定，對育種者欠缺保障，對不良種苗商，亦因無法律依據，難以取締。此外，另有「臺灣地區種苗業管理規則」及「臺灣地區學術性農林作物種子與種苗輸出管理辦法」管理植物種苗，只是其規範範圍有限，難以因應實際需要❾。換言之，前揭法規對育種者欠缺保障，對不良種苗商，亦因無立法依據，難以有效取締，致不良種苗漫無限制的流通，造成作物品種退化，病蟲害蔓延，影響農業生產至鉅，例如木瓜輪點毒素病即是因此蔓延全國，造成果農極大損失。宜另行研擬規範，又因新品種權利及命名之審定及保護，種苗業管理有關規定及業者違反規定之處罰等事項，均涉及人民之權利與義務，應以法律規定之為宜❿。此外，由其第 1 條所定立法宗旨「為實施植物種苗管理，保護新品種之權利，促進品種改良，以利農業生產，增進農民利益」及保護對象為新品種之發現者或育種者，其中，「育種者」指從事新品種育成之工作者⓫；

---

❽　按：植物種苗法於民國 93 年修正，改名為植物品種及種苗法，於民國 94 年 6 月 30 日開始施行。

❾　植物種苗法案，法律案專輯，第 116 輯，立法院祕書處編印，頁 2（民國 78 年 6 月出版。）

❿　植物種苗法案，同上，頁 24。

⓫　植物種苗法第 3 條暨第 5 條。（按：此為現行植物品種及種苗法第 3 條第 4 款。）

在在說明在該法的公布施行❿前，國內生物科技已發展到有關植物細胞的技術。

　　微生物的發明，主要可分為四種類別❿：⑴微生物本身；⑵利用微生物生產有用物質的發明；⑶微生物培養法的發明；以及⑷其他有關微生物的發明。由民國 75 年之專利法第 4 條第 1 項第 2 款之明定微生物新品種不予發明專利（但微生物新菌種育成方法不在此限）可知，除前揭第⑴種類別，其餘應為可予專利之標的。然而，依據民國 63 年至 77 年之案件統計數字，准予微生物有關之專利案件共 170 件，其中本國人只有 12 件❿。換言之，我國業者發展微生物科技之能力仍相當有限。除了數據上的佐證外，更可由民國 75 年修正專利法時的正反意見，窺知當時國內的生物科技水準。主張不宜開放微生物新品種專利者謂❿：⑴目前微生物菌種方法已准予專利，但申請人多為外國廠商，國人甚少，開放微生物菌種專利，其申請人勢必多為外國人，國內微生物工業將為外國人所壟斷；⑵申請微生物專利，須先予保存，主管機關視其情形再決定是否給予專利，但國內並無適當的保存場所；⑶微生物菌種是否准予專利，國內並無適當人選從事審查工作。主張應開放者謂❿：⑴世界許多先進國家均予微生物菌種專利保

❿　植物種苗法係於民國 77 年 12 月 5 日公布施行。

❿　陳逸南，美、日、中華民國生物技術專利保護之近況（收錄於 1989 年美國專利制度及生物技術專利研討會），頁 3（民國 78 年）。依國際分類表，與微生物有關之發明有：C12M——栽培微生物用裝置；A01N——含有微生物之殺生物劑，害蟲驅除劑或植物生長調節劑；C12N——微生物培養基；A61L——消減破壞微生物；C12Q——微生物之確認或檢測；C12Q——牽涉微生物之量測或檢驗程序；A61K——包含微生物之醫藥、牙科、衛生或化品製備；C12N——微生物之繁殖、保存或分離；C12P——使用微生物以製造特定化合物；A21——使用微生物以製造食物組成物；C12P——使用微生物以分離光學活性異構體；C12C——供釀造啤酒用微生物之使用；C12J——供製造醋用微生物之使用；C12N——微生物。經濟部中央標準局，國際專利分類表技術用語索引（英漢對照，第 5 版）。（按：目前智慧財產局所採為 2010.01 版國際專利分類。）

❿　引自陳逸南，同上。

❿　專利法修正案，法律案專輯，第 102 輯，頁 67～68（民國 75 年）。

護，以促進生物科技發展；⑵目前微生物育成方法已准申請專利，惟毋庸寄存菌種，致使國內學者失去探索該些發明的機會。宜藉開放菌種專利，明定菌種寄存之規定，使菌種發明在國內完全公開，刺激國內生物技術的研究與發展，俾符合國家利益；⑶國內利用遺傳工程，改進菌種的研究已有進展，未來生物科技發展更是不可限量，准予微生物菌種專利，將有助於國內對新生物科技的瞭解；⑷食品工業發展研究所成立「菌種保存與研究中心」，該中心具有完善的菌種保存技術與設備，並有能力進行菌種分類與鑑定，除已出版第三版菌種目錄，與國際重要菌種中心建立良好關係，並已成為國際菌種聯盟會員；凡此，均足以說明我國已有保護微生物菌種專利之條件。

儘管正反意見採取明顯的對立立場，但是對於應否開放微生物新品種保護，所持的觀點卻一致，亦即，國內相關產業科技須已達特定水準，俾鼓勵其研發並防止外國人壟斷國內市場。只是，雙方對於國內產業水準有著認知上的差距，以致結論大不相同。顯然，多數人均認為當時國內生物科技水準尚待開發，而將微生物新品種列為否准專利的客體。同樣地，民國 83 年立法院通過修正法案，開放微生物新品種專利，則是以國內相關產業科技已達到適度的水準，宜予專利，俾鼓勵其研發❼。

然而，自民國 83 年 1 月開放微生物新品種專利以來，有關微生物之發明技術申准專利者，仍屬有限❽。是否應進一步開放動物專利，自有斟酌之必要。

正如我國與美國進行智慧財產權諮商談判中，所持的一貫態度，國內生物科技水準等客觀環境未臻完善，不宜貿然開放動物專利。

固然，在我國生物科技水準達到特定水準後，便有開放動物專利之必

---

❻　同上，頁 49～50。

❼　專利法修正案，立法院公報，第 82 卷，第 72 期，頁 72, 212（民國 82 年 12 月 15 日）。

❽　由下圖表可知本國人所占核准比例未逾三成。（主要由大同公司、生物技術開發中心及國科會養豬科學研究中心取得專利）。

要，不過，權衡動物發明之利弊，除了必須符合專利要件外，更不可忽視核准專利可能造成的負面影響：(1)農民無法生存；(2)濫行動物試驗等，實有先行擬訂因應措施之必要。

(一)特許實施 **⓱⑨**

開放動物專利，便有可能培育出優良品種的動物，現有傳統的家禽、家畜將被取代，農民便須選擇付權利金以培育新的動物品種，或仍繼續傳統動物的經營而面臨被市場淘汰的命運；然而，鉅額的權利金，亦終究迫使農民面臨經濟危機。本文以為在開放動物專利的同時，應附加特許實施（強制授權）的款項，就有利於農業發展的動物專利，強制專利權人以合理價格將專利授權予其他農民使用。以口蹄疫為例，設若經由基因轉殖，將人體對口蹄疫免疫的基因，植入豬隻胚胎中，取代其原先易於感染口蹄疫的基因，一旦培育成功，豬隻將不再受口蹄疫感染，此項發明成果，對全體養豬農民、經濟發展、環境保護等均有莫大幫助暨貢獻，宜供全體農民使用。在兼顧專利權人及農民權益的情況下，特許實施自應為可行的制度。

現行專利法第 78 條明定特許實施之事由如下：(1)因應國家緊急情況——例如：戰事之軍需品、流行中瘟疫之製藥、饑荒之飲食品；(2)增進公益、非營利之使用——例如：能增進國民健康或環境保護等之發明；(3)合理商業條件，於相當期間內，仍不能協議授權者——按凡於相當期間內，

年	外國	本國	本國人所占比例
83	9	2	18%
84	41	6	13%
85	27	10	27%
86*	9	2	18%

* 至民國 86 年 4 月 3 日止。

⓱⑨ 有關「特許實施制度」，請參閱陳文吟，同註 159，頁 183～192。（特許實施制度另見於 99 年修正第 5 版，頁 183～189。）（按：特許實施制度訂於現行法第 76 條以下。）

以合理商業條件，請求授權，為專利權人所拒者，均得申請特許實施；(4)不公平競爭之情事——專利權人有不公平競爭之情事，經法院判決或行政院公平交易委員會處分者；(5)再發明專利權人與原發明專利權人協議不成；及(6)製法專利權人與物品專利權人協議不成。惟，現行特許實施事由中，農民所得主張者，不外乎公共利益及合理商業條件兩項，後者對農民而言，需先耗費時日進行協商，無法取得授權時方可申請之；是，宜以公共利益為由，只是依此申請特許實施者，須為非營利之使用，致使農民無法申准特許實施，而縱使農民取得特許實施，亦因不符該規定而遭撤銷其實施權❿。

本文以為，現行特許實施制度不利於農民之據以主張申請。宜於開放動物專利的同時，於第78條增訂1項：「專利專責機關得依農民之申請，特許其實施動物專利權」。至於是否有特許實施之必要，由專利專責機關裁量之。

㈡不予妨害公序良俗之發明專利

就專利制度本身而言，對於有害的動物品種，縱使確為新穎的品種，專利專責機關亦應不予專利。蓋以專利法第21條第1項第6款明定妨害公共秩序、善良風俗或衛生之發明，不予專利⓫。該規定源於早期獎勵條例，使違反公共政策或公共利益者不得申准專利；其僅具消極的抵制作用，而無積極的禁止功能。不過，以昂貴的生物科技研發成本觀之，倘研發成果無法取得專利，對業者而言損失不可謂不鉅。消極的不予專利，對業者自有相當程度的遏止功效。因此，一旦開放動物專利，本文以為應可適時運用前揭第6款之規定否准不具實益，甚且有害人類、動物公共利益之動物發明或其他生物科技發明，對於解決動物專利可能產生的疑慮當有所助益。

---

❿　依專利法第79條，以「增進公益之非營利使用」為由取得特許實施者，違反特許實施之目的時，專利專責機關得依專利權人之申請或依職權撤銷其特許實施權。（按：此即現行專利法第77條。）

⓫　按：此即現行專利法第24條第3款。

㈢制定法規

　　動物試驗在現階段，主要用於醫學方面的研究，例如醫藥品或醫療方面。因此，目前亦僅有為醫藥品用途的動物試驗法規，將來一旦開放動物專利，在尊重生命（無論人類或動物）的前提下，宜立法規範動物試驗，嚴懲部分人士為滿足其莫名的慾望，濫行培育無益的動物品種，甚至對動物本身造成傷害病痛等，同樣地，對人類或大自然生態環境無益有害的動物品種，亦應在禁止之列。就專利制度本身而言，對於前揭有害的品種，縱使確為新穎的品種，專利專責機關自應以其不符合實用性，或違反公序良俗或衛生，而不予以專利。

　　目前我國有關動物的法規，有：保護家畜辦法、動物傳染病防治條例、動物用藥品管理法、動物用藥品檢驗標準、屠宰牲畜管理辦法、野生動物保育法、大養豬場管理辦法。惟，並未就動物試驗有任何規範 **181-1**。本文以為，除了依專利法「不具實用性」或「違反公序良俗」等規範不予專利之消極抵制措施後，宜立法禁止有害動物的發明。其內容應至少涵蓋下列事項。

1.動物的定義

　　如前所言，生物科技已由單細胞微生物邁向多細胞生物，在立法保護動物的同時，自宜明定其所涵蓋的範圍，且以概括式定之，如：所有單細胞或多細胞生物均屬之，並可例示之；切不宜以列舉式，俾免掛一漏萬。

2.培育的方式

　　傳統的品種改良方式，是揀選優良品種交配，故多不涉及發明技術。在 DNA 重組技術發明後，科學家才藉由該技術將基因轉殖到動物胚胎中，

181-1 按：我國於民國 87 年 11 月制定並施行動物保護法（現行法為 100 年 6 月修正、施行者），除一般保護規定外，並規範實驗動物及將動物施以科學應用之應注意事項（第 15 條～第 18 條）。

培育出來的動物具有歷代祖先所沒有的特質，或相反的情形，不具有某些其祖先原有的特質。此即屬發明技術，可申准專利。此立法本應將培育方式限縮於運用生物科技，或稱 DNA 重組技術之遺傳工程；不過，本文以為，為確實保護動物權益、尊重其生命，宜將培育方式擴及傳統的品種改良；換言之，舉凡從事遺傳工程所培育者均屬之，並將遺傳工程界定在廣義的涵蓋傳統品種改良及生物科技方式❷更可避免部分業者假傳統改良方式，規避本法之適用。

3.培育成效的評估

研究人於進行遺傳工程前，應先評估其成功的機率，以及成功後，該動物所具特質為何，有何功效。凡此，均應有書面記載。對於明知培育成功的機率近乎零❸；或雖能成功，但新的動物並無任何意義，且造成畸形、病痛，或有害自然生態、人類等，明定禁止其培育，否則應予適度懲戒。

四、小　結

我國現階段的生物科技水準，尚未達到動物發明的水準。不過，在可預見的未來，仍可發展到該層次。屆時，我國將面臨應否開放專利的問題。揆諸過往不予專利暨予以之緣由，不難斷言，將來我國勢必准予動物專利。只是美國的經驗足供引以為戒，自宜研擬妥善的因應措施。使農民經由特許實施，在支付合理的權利金後，得以培育較優良的動物；不致因無法與企業競爭，而被淘汰。制定法律禁止不當的動物發明，而同時達到保護動

---

❷　此處不宜以DNA重組技術定之，蓋目前固以此技術為主，惟生物科技的發展迅速，未來或有其他更進步的方式可代之，故不宜僅列該技術。

❸　科學研究的成功，必然歷經多次的「嘗試與失敗」(try-and-error)，從中獲取經驗，倘將預期成功的機率訂得超乎一定比例，反而阻卻了科技的進步，因此，只能要求科學家們在明知成功機率渺茫的情況下，不要貿然以動物為試驗對象。

物、自然生態暨人類的目的。如此，方能使動物專利有其實益，而無弊病。

陸、結　語

生物科技的發展，由過去的植物、單細胞微生物，繼而向動物細胞邁進，而無論是那一個階段的發展，其目的均在提昇人類的生活品質，如：更好的飲食、醫療、健康、壽命等等，甚且希冀由生物科技的研究，使得人類有更優良、健康的下一代。足見生物科技的發展，勢在必行。

美國聯邦最高法院於西元 1980 年，判決微生物新品種為專利保護客體後，更加速了生物科技的發展。到了西元 1988 年，美國專利商標局核准了首件動物專利，生物科技又往前跨一大步。當人們期盼生物科技提昇經濟、促進人類健康，甚至優生保健的同時，部分人士也擔憂其負面影響，經濟的懸殊、奇禽怪獸的產生、自然生態的破壞、對動物的凌虐等等。的確，人類貪婪的慾望不知造成多少不必要或可憐的動物，例如在以色列，以基因轉殖方式培育出比正常的雞少了約百分之四十雞毛的「裸頸」嫩雞，由於脖子裸露寒冷，裸頸雞只有拼命吃以禦寒，結果是迅速長胖，提早被宰割取利❿。甚至有利用傳統交配方式改良品種，例如中國稀有的裸狗，牙齒不全、全身無毛、身體虛弱，若住在寒帶，更可能因寒冷的天氣，耳朵長年潰爛(凍壞了)；另有經改造後的波斯貓，鼻道扭曲致其終日以淚洗面、眼睛發炎、呼吸困難……等例子，不勝枚舉❿。另有擔心製造出人與動物之混合體者，或謂以現今世界各國的技術，仍言之過早。不過，科技的發展，其速度及境界是難以預估的。在本文將近完稿之際，值英國羅斯林研究所於（西元 1997 年）2 月 22 日宣稱：由胚胎學家威爾姆主導的研究小組已成功地利用 DNA 複製出一隻母羊。澳洲科學家亦指出已利用胚胎複

---

❿　洪嘉麗，生物工程躍進影響人類消費行為，中國時報（民國 84 年 6 月 1 日，第 35 版）。

❿　周從郁，犬不驚人死不休，中國時報（民國 84 年 4 月 20 日，第 35 版）。

製技術，成功地複製出五百枚基因完全一樣的牛胚胎❶。至於複製人呢？科學家們認為並非不可能，只是沒有意義❶。西元 1997 年 4 月 4 日，約二十個歐洲國家❶簽署「人權與生物醫學協定」，對人類遺傳工程的研究加以限制，並禁止複製人類。預計將來仍有多國會加入簽署，包括美、澳、加、日及歐洲理事國的會員國❶。人們對生物科技發展的矛盾心態，由此可見諸般。尤其擔憂科學家們以 DNA 重組技術，對人類從事「品種改良」工作，製造出「超人」❶。

　　我國生物科技的發展，距離動物發明，尚有一段時日，不過，仍應先行探討核准動物發明專利之利與弊，並研擬其因應之道。

　　我國生物科技僅達微生物新品種的發明，假以時日，仍可進一步從事動物發明，惟，在目前尚無該項發明之可能，自不宜開放動物專利。未來開放專利後，應配合特許實施制度，嚴謹的專利審查程序，以及立法禁止無意義、有害或無畸形的動物發明，俾避免動物發明可能造成的負面影響❶。

---

❶ Gina Kolata, *With Cloning of a Sheep, the Ethical Ground Shifts*, NEW YORK TIMES, Feb. 24, 1997, A1.

❶ *Id.*

❶ 包括丹麥、愛沙尼亞、芬蘭、法國、冰島、義大利、拉脫維亞、盧森堡、馬其頓、荷蘭、挪威、葡萄牙、羅馬尼亞、聖馬利諾、斯洛伐尼亞、斯洛伐克、西班牙、瑞典、土耳其等國。

❶ 歐洲簽署公約禁止複製人，中國時報（民國 86 年 4 月 6 日，第 10 版）。

❶ David Scallise & Daniel Nugent, *International Intellectual Property Protections for Living Matter: Biotechnology, Multinational Conventions and the Exception for Agriculture*, 27 CASE W. RES. INT'L L. 83, 84 (1995).

❶ 按：甫於民國 100 年 4 月 6 日經立法院經濟委員會審查通過之專利法修正案中，已刪除現行專利法第 24 條第 1 款有關不准動、植物專利之規定。草案中除開放動植物為准予發明專利之標的，並增訂農民留種自用免責、權利耗盡，以及與植物品種權交互強制授權等因應措施。

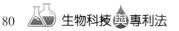

附　錄

"Policy Statement on Patentability of Animals"

(Issued by the Commissioner of Patents and Trademarks, April 7, 1987)

Animals-Patentability

A decision by the Board of Patent Appeals and Interferences in *Ex parte Allen*, 2 U.S.P.Q. 2d 1425 (Bd. App. & Int. April 3, 1987), held that claimed polyploid oysters are nonnaturally occurring manufactures or compositions of matter within the meaning of 35 U.S.C. §101. The Board relied upon the opinion of the Supreme Court in *Diamond v. Chakrabarty*, 447 U.S. 303, 206 U.S.P.Q. 193 (1980) as it had done in *Ex parte Hibberd*, 227 U.S.P.Q. 443 (Bd. App. & Int., 1985), as controlling authority that Congress intended statutory subject matter to "include anything under the sun that is made by man." The Patent and Trademark Office now considers nonnaturally occurring non-human multicellular living organisms, incuding animals, to be patentable subject matter within the scope of 35 U.S.C. §101.

The Board's decision does not affect the principle and practice that products found in nature will not be considered to patentable subject matter under 35 U.S.C. §§101 and/or 102. An article of manufacture or composition of matter occurring in nature will not be considered patentable unless given a new form, quality, properties or combination not present in the original article existing in nature in accordance with existing law. *See e.g. Funk Bros. Seed Co. v. Kalo Inoculant Co.*, 333 U.S. 127, 76 U.S.P.Q. 280 (1948); *American Fruit Growers v. Brogdex*, 283 U.S. 1, 8 U.S.P.Q. 131 (1931); *Ex parte Grayson*, 51 U.S.P.Q. 413 (Bd. App. 1941).

A claim directed to or including within its scope a human being will not be considered to be patentable subject matter under 35 U.S.C. 101. The Grant of a limited, but exclusive property right in a human being within its scope include the limitation "non-human" to avoid this ground of rejection. The use of a negative limitation to define the metes and bounds of the claimed subject matter is a permissible form of expression. *In re Wakefield*, 422 F.2d 897, 164 U.S.P.Q. 636 (C.C.P.A. 1970).

Accordingly, the Patent and Trademark Office is now examining claims directed to multicellular living oranisms, including animals. To the extent that the claimed subject matter is directed to a non-human "nonnaturally occurring manufacture or composition of matter — a product of human ingenuity" (*Diamond v. Chakrabarty*), such claims will be rejected under 35 U.S.C. §101 as being directed non-statutory subject matter.

參考文獻

中文文獻：

1. F. H. Portugal & J. S. Cohen，孫克勤譯，DNA 世紀之回顧——遺傳物質構造及機能的研究發展史，徐氏基金會（民國 78 年）。

2. 張定綺，高鹽鼠變——美國實驗用白老鼠基因受汙染慘遭滅族，中國時報（民國 84 年 5 月 4 日，第 35 版）。

3. 何孝元，工業所有權之研究，三民書局印行（民國 70 年）。

4. 周從郁，犬不驚人死不休，中國時報（民國 84 年 4 月 20 日，第 35 版）。

5. 洪嘉麗，生物工程躍進影響人類消費行為，中國時報（民國 84 年 6 月 1 日，第 35 版）。

6. 專利法修正案，立法院公報，第 82 卷，第 72 期（民國 82 年 12 月 15 日）。

7. 專利法修正案，法律案專輯，第 102 輯（民國 75 年）。

8. 張黎文，基因在作怪? 缺乏 MAO 易有暴力傾向，中國時報（民國 86 年 4 月 20 日）。

9. 陳文吟，我國專利制度之研究，五南圖書出版有限公司出版（民國 84 年 11 月初版）。

10. 陳逸南，美、日、中華民國生物技術專利保護之近況（收錄於西元 1989 年美國專利制度及生物技術專利研討會）。

11. 植物種苗法案，法律案專輯，第 116 輯，立法院秘書處編印（民國 78 年 6 月出版）。

12. 經濟部中央標準局，國際專利分類表技術用語索引（英漢對照，第 5 版）。

13. 經濟部中央標準局，專利審查基準（民國 83 年 10 月）。

14. 歐洲簽署公約禁止複製人，中國時報（民國 86 年 4 月 6 日，第 10 版）。

外文文獻：

1. Auerbach, *Animal Patenting: Ethics, Enablement and Enforcement*, 1989 BIOTECH PAT. CONF. WORKBOOK (1989).

2. Biotechnology Industry Endores Administration of Treaty Daily Rep. for Executive (BNA), at A226 (Nov. 26, 1993).

3. CHISUM, DONALD, PATENTS, v. 1 (rev. 1994).

4. Crawford, Mark, *Wall Street Takes Stock of Biotechnology*, 132 NEW SCIENTIST (Nov. 23, 1991).

5. DELLER, A, WALKER ON PATENTS, v. 1 (2d ed. 1964).

6. Dresser, Rebecca, *Ethical and Legal Issues in Patenting New Animal Life*, 28 JURIMETRICS J. 399 (1988).

7. *Fox, Michael, Genetic Engineering Harms Farm Animals, in* GENETIC ENGINEERING OPPOSING VIEWPOINTS (ed. by W. Dudley, 1990).

8. Gordon, Lee, Vitale, Smith, Westphal & Hennighausen, *Production of Human Tissue Plasminogen Activator in Transgenic Mouse Milk*, 5 BIOTECHNOLOGY 1183 (1987).

9. Hecht, Elizabeth, Note, *Beyond Animal Legal Defense Fund v. Quigg: The Controversy Over Transgenic Animal Patent Continues*, 41 AM. U.L. REV. 1023 (1992).

10. Hollmaster, Barry, *The Ethics of Patenting Higher Life Forms*, 4 INTELL. PROP. J.1 (1988).

11. Hoyt, John, *Animals Should Not Be Patented, in* GENETIC ENGINEERING OPPOSING VIEWPOINTS (ed. by W. Dudley, 1990).

12. Hudson, John, *Biotechnology Patents after the "Harvard Mouse": Did Congress Really Intend Everything Under the Sun to Include Shing Eyes, Soft Fur and Pink Feet?*, 74 J. PAT. & TRADEMARK OFF. SOC'Y 510 (1992).

13. KELLY, S., INDUSTRIAL STRAIN IMPROVEMENT, BIOTECHNOLOGY FOR ENGINEERS BIOLOGICAL SYSTEMS IN TECHNOLOGICAL PROCESS (ed. by Scragg, 1988).

14. Ko, Yusing, *An Economic Analysis of Biotechnology Patent Protection*, 102 YALE L.J. 777 (1992).

15. Kolata, Gina, *With Cloning of a Sheep, the Ethical Ground Shifts*, NEW YORK TIMES, Feb. 24, 1997, A1.

16. Kulseth, Reagen, *Biotechnology and Animal Patents: When Someone Builds a Better Mouse*, 32 ARIZ. L. REV. 691 (1990).

17. Manspeizer, David, Note, *The Cheshine Cat. the March Hare, and the Harvard Mouse: Animal Patents Open Upon a New, Genetically-Engineered Wonderland*, 43 RUTGERS L. REV. 417, 447 (1991).

18. Merges, Robert, *Intellectual Property in Higher Life Form: The Patent System and Controversial Technologies*, 47 MD. L. REV. 1051 (1988).

19. MILLER, ARTHUR & MICHAEL DAVIS, INTELLECTUAL PROPERTY, PATENTS, TRADEMARKS AND COPYRIGHT (2d ed. 1990).

20. Moga, Thomas, *Transgenic Animals as Intellectual Property (or the Patented Mouse That Roared)*, 76 J. PAT. & TRADEMARK OFF. SOC'Y 511 (1994).

21. O'Connor, Kevin, *Patenting Animals and Other Living Things*, 65 S. CAL. L. REV. 597 (1991).

22. ROBINSON, W., THE LAW OF PATENTS FOR USEFUL INVENTIONS, v. 1 (1890).

23. ROSENBERG, PETER, PATENT LAW FUNDAMENTALS, v. 1 (2d ed. rev. 1996).

24. Rothley, Willi, *European Parliament Must Think Again About Biotechnological Protection*, 26 IIC 668 (1995).

25. RUSSELL, DICK, GENETIC ENGINEERING IS DANGEROUS, GENETIC ENGINEERING OPPOSING VIEWPOINTS (Ed. by W. Dudley, 1990).

26. Scallise, David & Daniel Nugent, *International Intellectual Property Protections for Living Matter: Biotechnology, Multinational Conventions and the Exception for Agriculture*, 27 CASE W. RES. INT'L L. 83 (1995).

27. Sellers, Michael, *Patenting Nonnaturally Occurring, Man-Made Life: A Practical Look at the Economic, Environmental, and Ethical Challenges Facing Animal Patents*, 47 ARK. L. REV. 269 (1994).

28. American Fruit Growers, Inc. v. Brogdex Co., 283 U.S. 1, 8 U.S.P.Q. 131 (1931).

29. Anderson v. Natta, 480 F.2d 1392 (C.C.P.A. 1973).

30. Animal Legal Defense Fund v. Quigg, 710 F.Supp. 728 (N.D.Cal. 1989).

31. Animal Legal Defense Fund v. Quigg, 932 F.2d 920 (Fed. Cir. 1991).

32. Brenner v. Manson, 383 U.S. 519, 86 S.Ct. 1033, 16 L.Ed. 2d 69 (1966).

33. Buildex, Inc. v. Kason Indus., Inc., 665 F. Supp. 1021 (E.D.N.Y. 1987).

34. Cochrane v. Deener, 94 U.S. 780 (1877).

35. Corning v. Burden, 56 U.S. (15 How.) 252 (1853).

36. Coup v. Weather, 16 F.673 (D.R.I. 1883) *rev'd on other ground*, 147 U.S. 322, 13 S.Ct. 312, 37 L. Ed.188 (1893).

37. Diamond v. Chakrabarty, 444 U.S. 1028 (1980).

38. Diamond v. Chakrabarty, 447 U.S. 303 (1980).

39. Environmental Designs, Ltd. v. Union Oil Co., 713 F. 2d. 693 (C.A.F.C. 1983), *cert. denied*, 464 U.S. 1043 (1984).

40. Ex parte Allen, 2 U.S.P.Q. 2d 1425 (Bd. Pat. App. & Int. 1987), *aff'd*, 846 F.2d 77 (Fed. Cir. 1988).

41. Ex parte Drulard, 223 U.S.P.Q. 364 (Bd. Pat. App. & Int. 1983).

42. Ex parte Hibberd, 227 U.S.P.Q. 443 (Bd. Pat. App. & Int. 1985).

43. Ex parte Kice, 211 U.S.P.Q. 560 (P.O. Bd. App. 1980).

44. Ex parte Murphy, 200 U.S.P.Q. 801 (P.O.Bd.App. 1977).

45. Gottschalk v. Benson, 409 U.S. 63 (1972).

46. Graham v. John Deere Co. of Kansas City, 383 U.S.1, 86 S.Ct. 684, 15 L.Ed, 2d 545 (1966).

47. Hobbs v. Beach, 180 U.S. 383 (1900).

48. Hotchkiss v. Greenwood, 52 U.S. (11 How) 248 (1850).

49. In re Bergy, 197 U.S.P.Q. 78 (Bd. Pat. & Intf. 1976).

50. In re Bergy, 563 F.2d 1031 (C.C.P.A. 1971).

51. In re Casey, 370 F.2d 574, 152 U.S.P.Q. 2358 (C.C.P.A. 1967).

52. In re Chilowsky, 229 F.2d 457 (C.C.P.A. 1956).

53. In re Merat, 519 F.2d 1390 (C.C.P.A. 1975).

54. Mast-Foos v. Stover, 177 U.S. 485 (1900).

55. Mitchell v. Tilghman, 86 U.S. (19 Wall) 287 (1873).

56. POTTS V. CREAGER, 155 U.S. 597 (1895).

57. Schering Corporation v. Gilbert, 153 F.2d 428 (2nd Cir. 1946).

58. Shell Dev. Co. v. Watson, 49 F. Supp. 279, 113 U.S.P.Q. 265 (D.D.C. 1957).

59. Topliff v. Topliff, 145 U.S. 156 (1892).

60. Trarted Marble Co. v. U.T. Hungerford Brass & Copper Co., 18 F.2d 66 (2d Cir. 1927).

61. Union Sugar Refinery v. Matthiesson, 24 F. Cas. 686 (D. Mass. 1865).

62. Yoder Brothers, Inc. v. California-Florida Plant Corp. 537 F.2d 1347 (5th Cir. 1976).

63. H.R. 4970, 100th Cong., 2d Sess., 134 Cong. Rec. H7436–39 (Sept. 13, 1988).

64. Hearings on H.R. 1556 Before the Subcomm. on Courts, Intellectual Property, and the Administration of Justice of the House Comm. on the Judiciary, 101st Cong., 1st Sess. 242 (1989).

65. Moratrium Proposed on Animal Patenting, Mainstream, Fall 1987.

66. Office of Technology Assessment, Technology, Public Policy, and the Changing Structure of American Agriculture (1985).

67. Patents and the Constitution: Transgenic Animals, Hearings Before the Subcommittee on Courts, Civil Liberties, and the Administration of Justice of the House Committee on the Judiciary, 100th Cong., 1st Sess. 34 (1987).

68. Science Policy Research Division, Congressional Research Science, Patenting Life 6 (Dec. 16, 1987).

三、從美國 NIH 申請人體基因組序列專利探討我國專利制度對生物科技發展的因應之道[*]

＊ 美國 NIH 申請人體基因組序列專利探討我國專利制度對生物科技發展的因應之道，本篇係國科會補助之研究計畫：美國 NIH 申請人體基因組專利之影響評估人體基因組專利之利與弊，NSC 86-2414-H-194-003。原載於國立中正大學法學集刊，第 1 期，頁 111～140，民國 87 年 7 月。

摘　要

　　西元 1991 年 6 月，美國國家衛生研究院(以下簡稱 NIH)向美國專利商標局(以下簡稱 PTO)提出專利申請案，內容為 351 項人體基因組次序的發現；各界為之譁然(該申請案嗣經 PTO 兩度駁回，NIH 於 1994 年 2 月宣布不再上訴)。以動物基因申請專利者確有之，惟，以人體基因為申請專利之客體則史無前例；是以，該案的提出引起廣泛爭議。

　　人體基因組的發現，應否給予專利？究其貢獻，似無不予專利之理，是以，贊成者主張：一、研發目標的確定──專利權的賦予可增進基因組的運用與研發的確定性(亦即肯定其研發價值)；二、鼓勵作用──補償研究人員與投資人的貢獻，鼓勵其鍥而不捨地繼續研發。反對者則謂：一、阻礙研發──生物科技領域並非全然適宜給予專利，例如一項初步成果取得專利，將有礙於他人利用該專利繼續研發(此因鉅額權利金始然)；二、研發目標的不穩定性──申請人可能就一項研發成果申請多項專利、在未公開前，其他業者無從得知前者之專利內容為何並決定如何方不與之重複；三、不利於生物科技的合作──在生物科技領域中，研究人員、科學家均相互交換研究心得暨成果致使生物科技領域得以快速發展，專利的賦予自有礙於資訊的交流與合作；四、被研究者的隱私權──基因組的研究，涉及人類的身體、甚至智能、情緒……等等，其研究成果的公開、專利的授權、移轉均足以對被研究者的隱私權構成侵害；五、整體性的公正──人體基因組的發現，係全人類(按全人類即為被研究的對象)及科學界的貢獻，任何研究成果理應由全體人類共有分享；六、PTO 工作負擔過重──生物科技發展迅速，有限的審查人力將導致案件負荷過重，審查效率不高的情事。

　　人體基因組序列的發現誠屬艱鉅，其成果對人類的貢獻亦無法言喻，然終究屬於自然產物的發現。歷經一年數個月的研究，筆者領悟到：有關人體基因組序列發現的探討，應著眼於人體細胞組織甚至器官以與人體基因組序列有關之發明的可專利性及專利制度之可適用性。

　　我國現行專利制度不足以全然規範生物科技之相關事由，宜以單獨立法或於專利制度中以專章立法之方式詳加規範涉及專利權益、公共利益等事項；而在鼓勵生物科技發展的同時，應明文禁止違反公序良俗之發明，並以刑罰遏止其行為。

關鍵詞：DNA、DNA 重組技術、遺傳工程、人體基因組序列、人體基因組計畫、基因轉殖、專利

ABSTRACT

In 1991, National Institutes of Health (hereinafter referred to NIH) filed an application claiming 351 human genome sequences for patent protection. Like animal patent, a variety of debate raised on the issue: whether human genome should be patented. The reasoning of pros and cons are: *Pros* believed the patent may help 1. creating the certainty, 2. encouraging invention, 3. reinforcing the technology transfer, and 4. providing the public with better human life and health. *Cons* pointed out the harm and cost the human genome patent may cause, such as: 1. reduced cooperation and communication, 2. overloads at the PTO, 3. infringement of researched object's (human being) privacy, 4. loss of general justice...etc.

Human genome sequences may help the scientists to treat human diseases, preventing the birth of the defective, inventing human drugs...and more. Does that mean it shall be patented? The answer in this project is "No." No matter how great its contribution may be, it is still the discovery of "the products of nature". We shall focus on the issue whether human tissue or genome related invention is patentable, instead of "whether the human genome sequences shall be protected under the patent law".

We all believe patent system is the best measure to encourage inventions including those in biotechnology industries, but our patent law is not completely suitable for biotechnology industries due to its character and our concerns about public interest. We may either establish a law sui generis, or a specific chapter in patent law.

Keywords: DNA, Combinant DNA Technology, Genetic Engineering, Human Genome Sequence, Human Genome Project, Biotechnology, Patent

壹、前　言

　　近數十年來，遺傳工程成為生物科技領域中的重要課題，科學家對於遺傳的研究也進展到以人體細胞中的基因（按：基因即 DNA 之部分）為研究對象；現今遺傳工程中最主要的研究方針即為基因的嫁接（或稱重組 DNA 的技術），該技術有助於分解 DNA 的部分，繪製人體基因組。西元 1991 年 6 月，美國國家衛生研究院（National Institutes of Health，以下簡稱 'NIH'）向美國專利商標局（Patent and Trademark Office，以下簡稱 'PTO'）提出專利申請案，內容為 351 項人體基因組序列的發現；各界為之譁然（該申請案嗣經 PTO 兩度駁回，NIH 於西元 1994 年 2 月宣布不再上訴）。以動物基因申請專利者確有之，惟，以人體基因為申請專利之客體則史無前例；是以，該案的提出引起廣泛爭議。

　　重組基因的技術，用以發現人體基因組的序列，有助於繪製人體基因組，該圖表即為人體基因的組織及構造的整體描述，目的在於研究人類疾病（包括先天性與後天性）的治療與預防的醫藥暨療法。

　　人體基因組的發現，應否給予專利？究其貢獻，似無不予專利之理，是以，贊成者主張：一、研發目標的確定——專利權的賦予可增進基因組的運用與研發的確定性（亦即肯定其研發價值）；二、鼓勵作用——補償研究人員與投資人的貢獻，鼓勵其鍥而不捨地繼續研發。反對者則謂：一、阻礙研發——生物科技領域並非全然適宜給予專利，例如一項初步成果取得專利，將有礙於他人利用該專利繼續研發（此因鉅額權利金使然）；二、研發目標的不穩定性——申請人可能就一項研發成果申請多項專利、在未公開前，其他業者無從得知前者之專利內容為何，更無從決定如何方不與之重複；三、不利於生物科技的合作——在生物科技領域中，研究人員、科學家均相互交換研究心得暨成果致使生物科技領域得以快速發展，專利的賦予自有礙於資訊的交流與合作；四、被研究者的隱私權——基因組的

研究，涉及人類的身體、甚至智能、情緒……等等，其研究成果的公開、專利的授權、移轉均足以對被研究者的隱私權構成侵害；五、整體性的公正——人體基因組的發現，係全人類（按：全人類即為被研究的對象）及科學界的貢獻，任何研究成果理應由全體人類共有分享；六、PTO 工作負擔過重——生物科技發展迅速，有限的審查人力將導致案件負荷過重，審查效率不高的情事。

　　我國目前生物科技，發展到植物新品種與微生物新菌種的發明，在不久的將來，亦將准予動物專利。美國 PTO 於西元 1988 年核准首件動物專利案後，西元 1991 年又接獲人體基因組序列專利申請案，前後僅三年光景；換言之，我國在可預見的未來，除前揭問題外，亦將面臨其他高度生物科技可否申准專利的疑慮，自有深入研究之必要。美國係首度面臨該問題暨爭議的國家，其經驗當有助於我國解決該問題。本文擬以美國為研究對象，從法律角度探討美國生物科技發展——主要著重於人體基因組之重要性暨其專利對各界可能之衝擊，評估准予人體基因組專利之利弊與合適性。並探討我國與美國科技環境和相關法規之差異、我國是否賦予人體基因組序列或其他高度生物科技專利？以及如何因應可能面臨的相關問題，進而提出具體建議。希冀使我國專利制度對生物科技的發展有推波助瀾的功效，並有助於相關法規的修訂等等。

　　本文除前言暨結語外，將依序探討下列課題：一、DNA 與生物科技之發展，二、人體基因組序列之發現與其可專利性，三、我國核准人體基因組序列發現專利的可行性，四、賦予人體相關發明專利的可行性與因應措施。

🧬 貳、DNA 與生物科技之發展

　　DNA 全名為「去氧核醣核酸」(deoxyribonucleic acid)，自其首次被發現迄今已逾百年，其間，經由不斷的研究，其重要性逐漸被揭露：首先發

現 DNA 係附著於染色體上，進而瞭解遺傳物質係 DNA 而非染色體，換言之，DNA 主宰遺傳的功能，係遺傳基因的本體。而隨著科學家對 DNA 的逐步認識，也帶動了生物科技的發展。

一、DNA 之概述

㈠ DNA 的發現

　　DNA 首於西元 1869 年為德國科學家佛德瑞米歇爾博士 (Friedrich Miescher) 所發現：米歇爾博士研究膿細胞時發現細胞核中含有一種特殊物質，當他進一步以豬的內臟研究時，發現除了膿細胞外，酵母、肝、腎、胃、有核紅血球等，均含有該項物質。米歇爾博士遂於西元 1869 年發表其研究結果，並將該特定物質取名為「核質」❶。核質，即現今 DNA 之謂。只是，當時米歇爾博士並未研究出該物質的性質與功能。之後，多位科學家投入 DNA 的研究行列：李文博士研究出核苷與核苷酸的化學性質，並經陶德博士澄清核苷酸間的鍵，卡司巴博士等研究得知 DNA 為一極為龐大的分子，卡嘎夫與魏亞特博士確定了 DNA 中嘌呤鹼與嘧啶鹼的量的關係；西元 1944 年，亞佛里博士及其研究人員提出 DNA 對遺傳的重要性，並經海謝與蔡斯博士於西元 1952 年確定其見解❷。

　　西元 1953 年法蘭西斯柯瑞克 (Francis Crick) 與詹姆士華特生 (James Watson) 兩位博士提出「DNA 雙螺旋構造假說」(DNA double helix structure hypothesis)，該理論說明了以下重點❸：DNA 分子是由兩股核苷酸鏈纏繞結合成雙股螺旋構造，兩主幹間以氮鹼基連結，氮鹼基又以氫鏈鍵結合。

---

❶　F. h. Portugal & J. S. Cohen，孫克勤譯，DNA 世紀之回顧——遺傳物質構造及機能的研究發展史，頁 12～13（民國 78 年 12 月 7 日再版）。

❷　孫克勤，同上，頁 309。

❸　Brum Karp，周民治、吳懷慧、陳玉舜暨陳建宏譯，生物學，頁 139（民國 86 年 4 月 20 日）。

其間的結合、分離正為遺傳訊息傳遞與表現的必要步驟。迄今，已知遺傳物質 DNA 具有三項功能：㈠儲存遺傳訊息；㈡自我複製並代代傳承；㈢表現遺傳訊息❹。

㈡遺傳學的發展

遺傳學的研究，始於孟德爾 (Gregor Mendel)，他以豌豆進行研究❺，歷經多年的試驗，終於西元 1865 年提出其報告，其中包括兩項重要原則，即「分離率」(principle of segregation) 與「獨立分配率」(principle of independent assortment)❻。次年，其報告刊登於科學年報上，名為「植物雜交試驗」(Experiments in Plant By-Bridization)❼。孟德爾並指出：遺傳的特性是由特殊因子所控制，即「基因」(gene)，可代代相傳❽。遺憾的是，孟德爾的試驗成果並未受到重視，其貢獻迄西元 1900 年，始因三位植物學家再度發現相同的研究結果而得到肯定，孟德爾並因此被尊稱為「現代遺傳學之父」❾。

西元 1902 年，貝特森 (W. Bateson) 首創三個名詞：「對偶基因」(allele)、「異質接合體」(heterozygote) 以及「同質接合體」(homozygote)，並於西元 1906 年將與前揭名詞有關的新興科學命名為「遺傳學」(genetics)❿。其間，另有一名科學家蘇頓 (W. Sutton) 於西元 1903 年發表「染色體遺傳學」(Chromosomes in Heredity) 敘明染色體與遺傳的關係⓫。

西元 1910 年，摩根教授 (T. H. Morgan) 發表論文「果蠅的性聯遺傳」

---

❹　同上，頁 140～148。

❺　孟德爾以豌豆為研究對象，係因其易於控制，他將不同特徵的豌豆進行雜交，以便觀察何種特徵得以傳遞予後代。周民治等，同註3，頁 120。

❻　王沙玲，遺傳學精要，頁 3（民國 80 年 8 月初版）。

❼　同上。

❽　周民治等，前揭書，頁 122。

❾　孫克勤，前揭書，頁 129；王沙玲，前揭書，頁 3；周民治等，前揭書，頁 120。

❿　王沙玲，同註6，頁 4。

⓫　同上，頁 5。

(Sex-limited Inheritance in Drosophila)，提出兩項重點：㈠基因位於染色體上，且某一特定基因位於某一特定染色體上；㈡數個基因可同在一條染色體上，而同在一染色體上的基因，不遵守孟德爾的獨立分配率❷。

㈢生化遺傳學

西元 1941 年，畢德爾 (G. W. Beadle) 與塔特姆 (E. L. Tatum) 提出「一基因一酶觀念」(One gene-one enzyme concept)，使生化遺傳學往前跨越一大步；西元 1961 年，另有數位科學家研究發現三個核苷酸 (nucleotide，即密碼子 coden) 決定一個胺基酸❸。

西元 1952 年，科學家確定 DNA 對遺傳的重要性，隔年，DNA 雙螺旋構造完成，使遺傳學的研究邁入分子生物學的時代。

西元 1973 年柯恒 (Stanley Cohen) 與波義爾 (Herbert Boyer) 成功地將核酸分子嵌接到質體 (plasmid) 並納入大腸菌細胞內，成為新的且具遺傳能力的組合體 (recombinant)，且得以在大腸菌細胞內繼續繁殖，藉由轉錄作用 (transcription) 與轉譯作用 (translation) 形成蛋白質，此即 DNA 重組技術 (recombinant DNA)❹。此例揭開了遺傳工程 (genetic engineering) 的序幕❺。

---

❷　王沙玲，同註6，頁 6。

❸　王沙玲，同註6，頁 11～13。

❹　DNA 重組技術發明之初，亦曾引起爭議：反對者，如羅伯特辛色墨 (Robert Sinsheimer) 博士，喬治華爾德 (George Wald) 博士等人，認為原核細胞進化到真核細胞，係歷經長久的時間，將真核細胞的「遺傳控制機構」移轉到原核細胞，除了造成進化的錯亂，更使後者足以與前者抗衡，不利於人類的生存；贊成者，如勃納戴維斯 (Bernard Davis) 博士，大衛豪克奈斯 (David Hogness) 博士等人，則認為㈠以生物進化觀點，大腸菌於數萬年前，便試圖於人類腸管中進行重組 DNA，但未能得逞，惟有以人為方式方得以成功，是以 DNA 重組技術並不至於擾亂原核細胞與真核細胞的進化秩序，㈡DNA 重組技術對人類，甚至動植物均有莫大的貢獻。林仁混，基因工程的回顧與展望，收錄於基因工程與癌症醫學，頁 216～218（民國 84 年 8 月初版）。

二、生物科技的發展

重組 DNA 技術的發明，促使生物科技 (biotechnology)❶❻的發展，只是有心人士對於投入生物科技研究，仍持保留態度，主要乃因質疑其研究成果得否受專利制度保護之故❶❼。

生物科技的發展可分三個階段：㈠植物新品種發明（發現）；㈡單細胞生物（微生物）；㈢多細胞生物（動物）。

㈠植物新品種發明（發現）

植物新品種發明在西元 1973 年 DNA 重組技術發明前，便已發展了相當的時日，新品種的研發可包括有性繁殖與無性繁殖，對於農產品品質的提昇有相當的助益。

㈡單細胞生物（微生物）

有關微生物的發明，可溯至西元 1873 年法國科學家路易士巴斯德的酵母菌培育方法，之後，陸續有微生物相關之發明產生，而 DNA 重組技術的發明更促進其蓬勃發展。

科學家成功地利用 DNA 重組技術，將改變後具有胰島素的細胞質體植入微生物，大量繁衍具胰島素的微生物，使業者得以低成本高效率的方式製造胰島素。其他如治療癌症的「干涉病毒蛋白素」(interferon)、治療腦垂體侏儒症的「人體成長荷爾蒙」等多種醫療用劑，皆可藉由 DNA 重組技

---

❶❺　王沙玲，同註6，頁 13～14。

❶❻　「生物科技」乙詞之定義，請參閱陳文吟，從美國核准動物專利之影響評估動物專利之利與弊，臺大法學論叢，第 26 卷，第 4 期，頁 186（民國 86 年 7 月）。已收錄於本書第二篇。

❶❼　按專利制度得確保專利權人享有幾近獨占之排他性權利，在無競爭對手的情況下，專利權人得於專利期間內牟取利潤。

術製造❶。

　　在 DNA 重組技術發明的同時，微生物學家 Ananda Chakrabarty 利用遺傳工程改變了「帚形菌屬」(pesudomonas) 的菌種，使其具吞噬原油複合成分的功能，對於漏油的處理具有相當的功效。Chakrabarty 以該育成技術暨細菌本身申請專利，終於西元 1980 年獲核准專利❶。

　　DNA 重組技術的發明，以及微生物新菌種之得為專利保護客體，提高了業者投入生物科技研發的意願，加速了生物科技的發展。

㈢動物發明

　　動物發明的技術仍倚重 DNA 重組技術，其目的不在於育成新的動物品種，而是在於改變動物的基因，使其得以供醫學或醫藥品研究之用。以美國第一件動物專利為例，係將人類致癌基因 (onco gene)❷ 植入老鼠胚胎中，該胚胎成長後即為具致癌基因的老鼠 (onco mouse)❷。該老鼠可供科學家研究何種物質或環境會導致致癌基因的活化，以及治療癌症藥物的研究。

三、小　結

　　DNA 於西元 1869 年被發現後，科學家陸續投入其研究，終於西元 1952 年確定 DNA 與遺傳學的密切關聯，西元 1953 年，科學家又建立了 DNA 雙螺旋構造，另一方面，遺傳學家試圖由植物、動物的試驗，研究遺傳的功能。西元 1950 年代，終使科學家瞭解 DNA 原為主宰遺傳的物質。如此的認識，不但有助於遺傳學的研究，更帶動了生物科技的發展。科學

---

❶　陳文吟，同註16，頁 187。

❶　陳文吟，同註16，頁 190～191。Diamond v. Chakrabarty, 447 U.S. 303 (1980).

❷　Onco gene 係指「參與細胞癌化之蛋白質合成作用的遺傳基因」，屬致癌基因的遺傳基因在正常情況下呈「休眠狀態」，惟，一旦有病毒或致癌的介入，則被活化而導致癌化。太田次郎、室伏君子，上野洋一郎編譯，生物技術名詞彙編，頁 174（民國 80 年 8 月）。

❷　陳文吟，同註16，頁 192～194。

家利用遺傳工程、DNA 重組技術，改變微生物、動物基因，供作醫學、醫藥之用，對人類疾病（遺傳性或非遺傳性）的預防與治療，有卓越的貢獻。而，不可否認地，專利制度的保護，在生物科技的發展中，扮演著相當重要的角色。

參、人體基因組序列之發現與其可專利性

美國 NIH 於西元 1991 年向美國 PTO 申請專利，技術內容為 351 項人體基因組序列的發現，引發各界的爭論。茲就人體基因組序列暨其發現之可專利性，探討如下。

一、人體基因組序列

如前所言，遺傳訊息儲存於 DNA 中，其存放方式係以精確的密碼存於 DNA 的核苷酸鏈序列中[22]。DNA 是由各含有腺嘌呤（adenine，簡稱 A）、胞嘧啶（cytosine，簡稱 C）、鳥糞嘌呤（guanine，簡稱 G）以及胸腺嘧啶泌素（thynine，簡稱 T）等氮鹼基的四種核苷酸所組成的鎖成高分子物質，所有的遺傳訊息 (genetic information) 便由這四種核苷酸所排列而成[23]。其文字排列的方法與文字排列的長度隨著遺傳基因不同而異。其不同數量的排列組合，可解讀出不同的生物體構造，而人體 DNA 序列中具有三十億個氮鹼基，其可解讀的遺傳訊息自然相當可觀[24]。構成一組遺傳基因組的遺傳基因係分散在染色體上，以人類為例，一組遺傳基因組係由二十三條染

---

[22]　周民治等，同註 3，頁 141。

[23]　周民治等，同上；土居洋文，王泰東譯，老化──DNA 的作祟，頁 25（民國 84 年 7 月初版）。

[24]　周民治等，同註 3，頁 141～142。

色體所構成 **❷**。

遺傳訊息的保存和傳遞須經由三個階段 **❷**：㈠複製 (replication)——DNA 產生一個完全相同的子代分子；㈡轉錄 (transcription)——將 DNA 的遺傳訊息轉錄到 RNA；㈢轉譯 (translation)——將遺傳訊息轉譯成蛋白質的胺基酸排列順序。

㈠ DNA 的複製

染色體存在於人體細胞核中，隨著細胞的分裂而分裂，而在此之前，染色體 DNA 必須先行複製，遺傳基因亦隨著 DNA 進行複製，該過程需借助於 DNA 聚合酶（一種高效率、作用精確的酵素）將遺傳訊息準確地移轉到後代，DNA 在完成複製後，便分離而進入各個親族細胞中 **❷**。

㈡遺傳訊息的轉錄

貯存於 DNA 的遺傳訊息必須先轉錄成「訊息 RNA」(messenger RNA, mRNA) 的 RNA 分子，轉錄過程中，RNA 聚合酶 (RNA polymerase) 可辨識出 DNA 的雙股核苷酸鏈並選擇其中的「意義股」(sense strand) 作為聚合模版，合成有作用的 RNA，mRNA 形成後脫離 DNA 模版，將遺傳訊息運送至核醣體 **❷**。

㈢轉譯作用

生物體（包括人類）中最重要的物質莫過於蛋白質 **❷**，它是由一條或

---

❷ 王泰東，同註23，頁31。人類細胞屬二倍體，由形狀相同的二十三條染色體配對而成人類的二十二對染色體（成四十六條染色體）。同註。

❷ 王沙玲，同註6，頁143；A. Gib DeBusk，謝順景譯，分子遺傳學，頁21（民國63年6月二版）。

❷ 周民治等，同註3，頁140～141；王泰東，同註23，頁31～33。

❷ 周民治等，同註3，頁144～145。

❷ 蛋白質由二十種胺基酸連結成一列，形成各式各樣的蛋白質，例如與生物變換有關的酵素、形成細胞骨骼的蛋白質、連結細胞間的蛋白質、包圍染色體 DNA

多條多胜肽鏈 (polypeptide chain) 合成，DNA 中每一段基因轉譯一條特定的多胜肽鏈，而多胜肽鏈上的胺基酸排列主要由 DNA 的核苷酸排列序列所決定❸。此可證諸於遺傳訊息的第三階段——轉譯。當遺傳訊息轉錄到 mRNA 分子後，便藉由 mRNA 指令進行合成多胜肽的工作。mRNA 的核苷酸鏈具有轉譯各種特定胺基酸的密碼 (codon)，生物體便由細胞內部機制依序轉譯 mRNA 上的密碼，合成出各種特定的蛋白質❸。

綜上所述 DNA 與蛋白質的關係，可用一簡單圖表表示：<u>DNA → RNA →蛋白質</u>，換言之，DNA 中基因的排序與蛋白質的形成暨功能有著密不可分及對應的關係，瞭解人體基因組序列及其功能，便可對應出指揮人體功能的蛋白質的作用。此又說明了人類的言行舉止包括記憶、個性、外貌等均由基因導控❸，亦與遺傳有關。疾病亦如此，迄今，醫學報告顯示，有超乎三千五百種疾病屬遺傳性疾病❸，如唐氏症 (Down's syndrome)、亨丁頓氏舞蹈症 (Huntington's disease)、鐮狀細胞貧血症 (sickle-cell anemia)、血友病 (hemophilia)、白化症 (albinism) 等等，甚至癌症、動脈硬化、糖尿病、阿茲海默氏症 (Alzheimer's disease)、躁鬱症、酗酒症等等，均與遺傳有密切關連❸。

研究人體基因組序列的目的，便在於瞭解每一基因的排列暨所司功能，方得以找出缺陷基因❸，俾能對症下藥，對該等疾病進行預防與治療的工作。

的蛋白質、產生荷爾蒙作用的蛋白質等等。王泰東，同註23，頁34～35。按，生物體的生理上各種功能，皆由酶 (enzyme) 控制，而酶便是蛋白質。王沙玲，同註6，頁143。

❸ 王沙玲，同上，頁142。

❸ 王沙玲，同註6，頁144。

❸ 林仁混，基因研究與人類命運，收錄於同註14書，頁255。

❸ 周民治等，同註3，頁165～168。

❸ 同上，頁168～169。

❸ BRONYA KEATS, INTERFERENCE, HETEROGENEITY AND DISEASE GENE MAPPING, GENETIC MAPPING AND DNA SEQUENCES 39～48 (1996).

二、NIH 之發現人體基因組序列

西元 1956 年，科學家康堡 (Kornberg) 發現可用酶合成基因，另一位科學家拉納 (Khorana) 於西元 1970 年發現可以化學方法合成基因，並於西元 1976 年證明該方法合成的基因具生物活性❸❻。

該研究使科學家們確信，研究人體基因組的序列，便可進行合成，對醫學將有莫大的貢獻。人體基因組序列的發現，因所採方式的不同，可分三階段。

㈠西元 1975 年

西元 1975 年，科學家森格 (Sanger) 提出一種決定基因序列的方式❸❼：針對擬決定序列的一股 DNA，加入 DNA 聚合酶及製造 DNA 的原料核苷酸 (nucleotide)，合成一股互補的 DNA 片段，在該片段伸張到某鹼基處或該鹼基前便停止，再以電泳法分析該片段，依此，製造出許多各種長度的片段，各片段末端會反映出 DNA 分子鹼基排列，最後，便可得知整個基因組的序列。

㈡西元 1977 年

西元 1977 年，科學家馬克森 (Maxam) 與吉爾勃 (Gilbert) 發明另一種方式：以限制酶 (restriction enzyme) 切斷 DNA，再以放射性同位素 P^{32} 標識所得片段末端，使其變成單股後，再以針對各具有單一性分解反應的鹼基進行分解，其中分解腺嘌呤部分的反應使可獲得被標識的末端，復以電泳法分析各個腺嘌呤所分解的不同長度混合物，最後便可決定基因組的序列❸❽。

---

❸❻　林仁混，同註32，頁 272。

❸❼　上野洋一郎，同註20，頁 75。

❸❽　同上。

㈢西元 1990 年

　　西元 1988 年，美國著手一項「人體基因組計畫」(The Human Genome Project)，由 NIH 負責執行，目的便在於研究出全部人體基因組的序列。西元 1983 年以前，僅發現 606 個人體基因的序列及位置，但到了西元 1993 年便已發現超過 2600 個基因序列❸，顯見科技發展的迅速。

　　西元 1990 年，當時任職於 NIH 的凡特博士 (J. Craig Venter) 發明以自動排序機迅速排序並辨識人類基因的技術，即「快速排序標示」(expressed sequence tag)，簡稱 EST 排序法。人體基因組的排列約有十萬種，利用前揭技術，只需排出其中的 350 種序列，便足以辨識基因的特性，再藉由電腦從資料庫中搜尋所有已知基因，找出與前揭序列片段相似的基因❹。凡特博士利用該方式，果然發現了 347 項互補性 DNA（complementary DNA，簡稱 cDNA）的片段 (fragments) 序列，於西元 1991 年 6 月 20 日以 315 項 cDNA 序列申請專利，並於西元 1992 年 2 月另以約 2400 項片段序列提出「部分繼續申請案」(continuation-in-part application，簡稱 CIP 申請案)。美國 PTO 於同年 8 月駁回前揭申請案，惟，NIH 仍於 9 月以 4448 項片段序列提出另一 CIP 申請案，同時對專利局的決定提起訴願，專利局又再次駁回，並駁回 4448 項序列的 CIP 申請案，並予 NIH 於西元 1994 年 2 月 10 日前上訴的權利❹。

---

❸　Daniel McKay, *Patent Law and Human Genome Research at the Crossroads: The Need for Congressional Action*, 10 COMPUTER & HIGH TECH. L. J. 465, 474 (1994).

❹　McKay, *id.* at 475；Fred Warshofsky，張禹治譯，專利奇兵──智慧有價時代的另類無限商機，頁 246～247（民國 86 年 8 月初版）。

❹　Pamela Docherty, *The Human Genome: A Patenting Dilemma*, 26 AKRON L. REV. 525 (1993).

三、人體基因組序列之可專利性

專利主管機關決定是否給予一項發明創作專利權時，須考量：㈠該發明內容是否為專利保護客體；㈡是否符合專利要件。NIH 就人體基因組序列申請專利時，確實引發各界對前揭議題之熱烈討論。只是，PTO 並未就「專利保護客體」乙節發表任何意見，僅就「專利要件」說明不予專利保護之理由 ❷。本部分將探討㈠ NIH 案、㈡政策性考量，及㈢道德上考量之不同立場。

㈠ NIH 案

PTO 不予 NIH 申請案專利，理由為該案不具專利要件——實用性、新穎性及進步性。NIH 並未說明所發現之人體基因組序列所司功能為何，寡核苷酸 (oligonucleotides) 雖可混合成不同配製的核酸 (nucleic acid)，但熟習該項技術者，無從知悉該些配製結果的核酸之功能為何，因為申請人並未提供任何足以核定其結果的基礎。PTO 因此認定其不具實用性。PTO 並指出 NIH 案申請專利範圍不夠明確，致使熟習該項技術者無從知悉其技術之所在。

PTO 進而指出：申請專利範圍過於廣泛，不夠具體、明確，致使其所涵蓋之範圍，擴及其申請前已存在國內的相關技術，或為可由後者推知之技術內容；是有違專利法第 102 條規定。再者，申請專利範圍中所揭示的「混合技術」(利用少數核苷混合配製成核酸的方式)，已可見諸其他案件，致該案之技術缺乏進步性。

PTO 未對人體基因組序列是否得為專利保護客體予以說明，原因可能

---

❷ *What the Patent Office Report Says*, 258 SCI. 210 (Oct. 9, 1992). Scott Veggeberg, *HHS Secretary Sullivan To Determine If NIH Gene Patent Quest Is Over*, 6 THE SCIENTIST 3 (1992), http://www.the-scientist.com/article/display/11571/ (last visited May 20, 1998).

為下列之一：㈠人體基因組序列原本即可為專利保護客體；或㈡規避此問題，留待聯邦法院判定之 **43**。

　　各界期盼 NIH 上訴到聯邦巡迴法院甚至聯邦最高法院，俾釐清前揭疑慮。然而，NIH 卻於西元 1994 年 2 月宣布不再提起上訴 **44**，致使該議題迄今仍無明確的結論。

　　查 NIH 之申請人體基因組序列之專利，其目的在於確保私人企業投入與前揭基因有關的技術發展 **45**。倘人體基因組序列得以獲准專利，利用該序列所發展的技術、產品等，在符合專利要件的前提下，亦得獲准專利，取得排他性權利；反之，人體基因組序列不准專利，將成為公眾均得使用的資訊，任何利用該資訊完成之技術、產品等，恐難取得專利權。後者對於鼓勵業者從事基因研究，自有其負面影響 **46**。西元 1980 年專利法修正案中便揭示其政策暨目標為，運用專利制度提昇對聯邦政府所資助完成的研發的利用 **47**。NIH 申請專利之目的，便在確保其所發現的人體基因組序列可供業者充分利用，並保障業者就其利用之成果取得專利權利，在在呼應前揭國會之政策 **48**。儘管 NIH 一再強調申請專利的目的不在藉專利權收取大量資金，而在於技術的移轉 (technology transfer) **49**，仍未能平息其所引發

43　請參閱 Leslie Roberts, *Top HHS Lawyer Seeks to Block NIH*, 258 SCI. 209, 210 (Oct. 9, 1992)

44　NIH 新任負責人 Harold Varmus 博士於上訴期限前做成決定，不擬上訴。NIH News, Feb. 11, 1994; Michael Waldholz, *NIH Gives Up Effort to Patent Piece of Genes*, WALL ST. J. Feb. 11, 1994, at B1 & B3.

45　Rebecca Eisenberg, *Genes, Patents, and Product Development*, 257 SCI. 903, 903 (Aug. 14, 1992).

46　Eisenberg, *id*. at 904.

47　Pub. L. No. 96–517, 94 Stat. 3019，轉引自 Eisenberg, *supra* note 45, at 907 n.9.

48　Eisenberg, *supra* note 45, at 904.

49　*Id*. 負責 NIH 技術移轉部門的 Reid Adler 亦以個人名義發表文章，強調專利制度與技術移轉的重要性。Reid Adler, *Genome Research: Fulfilling the Public's Expectations for Knowledge and Commercialization*, 257 SCI. 908 (Aug. 14, 1992). 其所闡述有關技術移轉的內容，請參閱該文 257 SCI. at 910. Reid Adler

的爭議，該爭議亦未因美國 PTO 的「駁回」處分而有絲毫影響。換言之，人體基因組序列之可專利性，其爭議主要在於可否為專利保護客體。該議題就政策性考量暨道德因素，各有贊成與反對的見解。

㈡政策性考量

就政策性考量而言，贊成與反對見解如下。

贊成見解主要基於下列事由：⑴專利制度所確立的明確性，⑵聯邦納稅人的權益，⑶技術移轉，以及⑷貫徹專利制度。茲分述如下。

1.專利制度所確立的明確性

賦予人體基因組序列的發現專利，NIH 可將其專利授權業者，明確地指引業者就前揭專利研發出有益人類的產品、技術，如醫藥品、醫療技術，甚至基因療法，後者更可因其研發成果取得專利[50]。

2.聯邦納稅人的權益

NIH 所從事的「人體基因組計畫」之經費來源部分來自聯邦納稅義務人，NIH 之申請專利，可兼顧前揭納稅義務人及生物科技業者之權益[51]。

3.技術移轉

專利的申請可確定權利歸屬 NIH 所有，不致由發明人(凡特博士等人)所有[52]。

是一名律師，係當初力勸 Craig Center 博士將人體基因組序列申請專利之人。

[50] Hilary Stout, *U.S. Pursuit of Gene Patents Riles Industry*, WALL ST. J. Feb. 13, 1992, at B1; McKay, *supra* note 39, at 489.

[51] Michael Waldholz & Hilary Stout, *A New Debate Rages Over the Patenting of Gene Discoveries*, WALL ST. J. April 17, 1992. at B1. 然而，NIH 之申請專利，究竟對生物科技發展有鼓勵或抑制作用，在此問題仍有爭議之際，倘結果是負面的，致使多數生物科技學者面臨阻礙時，前揭結論便無從成立。McKay, *id.* at 489.

4.貫徹專利制度

　　鼓勵發明人從事研發並及早公開其研發成果，提昇生物科技水準，此正為專利制度設立之宗旨❸。

　　至於反對見解，作者 McKay 綜合如下❹：⑴降低合作意願，⑵研發的阻礙，⑶專利造成的不確定性，以及⑷造成專利主管機關的過度負擔。

1.降低合作意願

　　「人體基因組計畫」的構想，在於整合全國性甚至國際性的資源，共同從事研究工作，一旦有了申請專利的意圖，勢必破壞彼此間資訊分享、合作的意願，而汲汲營營於專利的申請，其原始立意蕩然無存。

2.研發的阻礙

　　專利權的賦予，固可鼓勵業者從事研發，然而一項技術，過早取得專利，卻會阻斷後續的研發，以「人體基因組；序列」為例，倘 NIH 取得專利，任何利用其中部分序列研發出產品、技術者，均需支付權利金；倘序列之專利權人為民間業者，更可能無度地索取權利金，無疑地，將會阻礙進一步研發的意願。

3.專利造成的不確定性

　　一旦「人體基因組序列」獲准專利，將使得業者爭相以所發現的序列申請專利，甚至極力擴充申請專利的範圍，而更由於申請程序中技術的不

---

❺❷　McKay, *supra* note 39, at 489～490. 按政府機構中，受雇人「受雇發明」之權益，原則上亦歸雇用人所有，倘雇用人放棄其權益，則由受雇人取得其權益。是以若 NIH 不擬申請專利，則發明人凡特博士得自行申請專利據為己有。

❺❸　Michael Greenfield, *Note, Recombinant DNA Technology: A Science Struggling with the Patent Law*, 44 STANFORD L. REV. 1051, 1058～1059 (1992).

❺❹　McKay, *supra* note 39, at 490～494.

公開，使其他生物科技學者無從著手研發，一則擔心重複發明，一則擔心屆時須支付鉅額權利金予他業者。造成生物科技研發的不確定性。

4.造成專利主管機關的過度負擔

如前所言，人體基因組序列為數甚繁，倘任何人或業者發現其中一項或數項序列，均前往申請專利，將造成專利局過重的工作負擔，致無暇審理其他案件。

㈢道德上考量

除了政策性因素外，道德方面的考量不容忽視：或謂基於公平、效率等考量，應賦予專利；或主張基於個人的隱私權、資源的合理分配，不應賦予專利。

主張應賦予專利者，主要基於公平、效率等因素。

1.公平性

人體基因組序列的研究，必須投入龐大的經費與人力，研究成果的分配，自應歸屬有所貢獻的人們，方屬公平。專利制度便可確保此一公正性，使從事研發的人士或贊助人士獲得專利。而非把研究成果給予所有人包括多數未參與貢獻之人❺。

2.效　率

大量經費、人力的投入，倘沒有給予合理的補償，勢必造成研發意願的低落，對於人體基因組研究產生負面的影響。換言之，專利的賦與，當可提昇其研發意願，亦可提高其研發的效率❺。

---

❺　Barbara Looney, *Should Genes Be Patented? The Gene Patenting Controversy: Legal, Ethical, and Policy Fondations of an International Agreement*, 26 LAW & POL'Y INT'L BUS. 231, 240～242 (1994).

❺　Looney, *id.* at 242～243.

不同於當年微生物專利與動物專利所引起的廣泛爭論❺❼，有關人體基因組序列發現的專利申請案，各界見解多著眼於 NIH 一旦取得專利，對其他業者之後續研發的影響❺❽，或就其是否符合專利要件予以討論❺❾。

反對見解則基於隱私權的保護以及資源的合理分享。

1.隱私權的保護

既為人體基因組序列的研究，自須由人類身上取得細胞組織為之，則：⑴抽取細胞之前或之後，是否得到該人士的同意；⑵研究內容之公開有無徵得該人士之同意……等，均與隱私權是否受到尊重有關。再者，DNA 係主宰人體功能的重要分子，瞭解基因的構造暨功能，如同得知一人的生理、心理甚至智能的狀況，任何片段之基因組序列專利，均對受研究者構成隱私權的侵害，遑論專利的授權、讓與❻⓪。

更有進而主張隱私權的侵害不僅針對受研究的對象，而係全體人類，所謂「集體隱私權」(collective privacy right) 的侵害❻①。蓋以研究人體基因

---

❺❼　有關動物專利之正反意見，請參閱陳文吟，同註16，頁 195～203。

❺❽　例如：D. Benjamin Borson, *The Human Genome Projects: Patenting Human Genes and Biotechnology. Is the Human Genome Patentable?* 35 IDEA 461, 493～495 (1994); Thomas Kiley, *Patents on Random Complementary DNA Fragments*, 257 SCI. 915, 916～917 (Aug. 14, 1992). Eisenberg, *supra* note 45, at 903～904.

❺❾　例如：Karen Lech, *Human Genes Without Functions: Biotechnology Tests the Patent Utility Standard*, 27 SUFFOLK U.L.REV. 1631, 1647～1653 (1993); Phillip Jones, *Patentability of the Products and Processes of Biotechnology*, 73 J. PAT. & TRADEMARK OFF. SOC'Y 372, 380～390 (1991); Christopher Michaels, *Biotechnology and the Requirement for Utility in Patent Law*, 76 J. PAT. & TRADEMARK OFF. SOC'Y 247, 258～260 (1994); Eisenberg, *id.* at 904～907; Carol Roberts, *The Prospects of Success of the National Institute of Health's Human Genome Application*, 1 EIPR 30, 31～33 (1994).

❻⓪　Looney, *supra* note 55, at 238.

❻①　Looney, *id.* at 238; HUMAN GENOME ORGANIZATION, ETHICAL IMPLICATIONS OF THE HUMAN GENOME PROJECT: INTERNATIONAL ISSUES 10 (1992); DANIEL

組序列的目的，即在於瞭解主宰人類心理、生理機能的基因序列，其係利用採集自許多不同人士的細胞的 DNA 進行研究，完成象徵全體人類遺傳結構的合成輿圖 (composite map)❷。

2.資源的合理分享

人體基因組序列的發現，絕非單獨個人所得以完成。從 DNA 的發現，迄今，歷經多少科學家的努力，是以，它是一項屬於全體人類共同努力的成果，理應由全體人類所共同享有，而不應由少數人士以專利的方式獨占其權益。正如西元 1993 年西班牙對外銀行（Banco Bilbao Vizcaya，簡稱 'BBV'）所舉辦與人體基因組計畫有關的國際研討會中通過的畢爾包宣言 (Bilbao Declaration)：……人體基因組計畫的研究成果，不屬於特定的科學家或贊助的國家，而應屬於世世代代全體人類所共有❸。

四、小　結

科學家雖早於西元 1961 年即確定 DNA 方為生物遺傳物質，並能漸次瞭解部分動物之基因序列 (gene sequences)，然而，對於人體基因組序列的發現卻極為有限；換言之，對於人體細胞中近十萬個基因的排列位置暨所司功能的認識，仍相當有限。NIH 利用 EST 技術得以事半功倍的效率測出基因組序列的正確位置，NIH 自許可於西元 2005 年其「人體基因組計畫」

NATHANS, OVERVIEW OF GENOME RESEARCH, IN FEDERALLY FUNDED GENOME RESEARCH: SCIENCE AND TECHNOLOGY TRANSFER ISSUES-PROCEEDINGS OF A PUBLIC MEETING 71 (1992), 轉引自 Looney, *id*. at 239.

❷ Looney, *supra* note 55, at 238 n.33.

❸ BBV Foundation, Bilbao Declaration (1993), http://www.michaelkirby.com.au/images/stories/speeches/1990s/vol29/1010-Fundacion_BBV-Closing_Statement-The_Declaration_of_Bilbao_and_Conclusions.pdf. (last visited April 10, 2011)；另請參閱 Looney, *id*. at 239～240.

完成之際，完成人體基因組序列的全部排序❻。

　　人體基因組序列一旦得以確定，將有助於遺傳學研究、醫療研究、醫藥研究……等等，對人類生理、心理疾病的預防與治療，有極大的貢獻。事實上，前面幾位研究出確定基因序列方式的科學家，均因此獲得諾貝爾獎❻。

　　NIH 於發現部分人體基因組序列後，決定申請專利以保護其研究成果。其所引發的爭議，不在於其以人類的部分細胞或組織為專利保護客體，亦不在於將來衍生的以人類為專利保護客體的疑慮，而在於其他科學家咸認其成果應歸屬全體人類所有，而非少數科學家、企業或組織如 NIH 所得獨占。遺憾的是，美國 PTO 並未就前揭爭議予以決定，而以 NIH 的申請案不符專利要件為由，駁回其申請。在眾人期盼 NIH 訴諸聯邦最高法院做成判決之際，NIH 卻放棄上訴的機會，致使無法就行政暨司法程序，瞭解人體基因組序列可否為專利保護客體❻。

---

❻　按人體基因組序列提前於西元 2003 年完成。

❻　例如：英國 Sanger 博士首先利用 DNA 接合酶方式，確定了胰島素胺基酸序列，因此獲得 1958 年諾貝爾獎，復於西元 1975 年因利用自創的 DNA 鹼基排列法，完成噬菌基因全部的鹼基序列，而獲得第二次諾貝爾獎。美國 Gilbert 與 Maxam 博士則於西元 1977 年利用化學方式進行 DNA 鹼基排列的研究，並因此同獲諾貝爾獎。三浦謹一郎，劉文政譯，DNA 與遺傳訊息，頁 38～40（民國 85 年 1 月初版）。

❻　美國 PTO 技術中心的生物科技審查部門主任 John Doll 個人則著文肯定專利制度對 DNA 研究的正面影響，並認為基因序列的發現可為專利保護客體。John Doll, *The Patenting of DNA*, 280 SCI. 689, 690 (May 1, 1998).（按：NIH 案後，以特定基因的發現取得專利者，所在多有。由此窺知，美國認可以人體基因組序列之發現申准專利。）

肆、我國核准人體基因組序列發現專利的可行性

人體基因組序列的發現可否依我國專利制度取得專利，端視其是否為專利保護客體及是否符合專利要件。

一、專利保護客體

我國現行專利法明定不予專利保護之發明❻❼為：⑴動植物新品種。⑵人體或動物疾病之診斷、治療或手術方法。⑶科學原理或數學方法。⑷遊戲及運動之規則或方法。⑸其他必須藉助於人類推理力、記憶力始能執行之方法或計劃。⑹發明妨害公共秩序、善良風俗或衛生者。其中第⑵款之診斷、治療或手術方法，雖謂不具可供產業上利用之實用性，惟，實與第⑹款之妨害公共秩序、善良風俗或衛生，同因公共利益之考量，而不予專利。第⑶款至第⑸款，科學原理、數學方法、遊戲及運動之規則或方法暨須藉助於人類推理力、記憶力始能執行之方法或計劃等，則因不符合發明專利之謂利用自然法則的技術創作，而不予專利。第⑴款動、植物新品種中之植物新品種，因已有另法保護❻❽，而不再賦予專利權限。

揆諸各國立法例❻❾，決定發明應否為專利保護客體，多考量下列因素：⑴國內產業科技水準，如：有無開發該項科技的能力暨可能性；⑵有無給予保護以鼓勵發明之必要性；⑶公共利益 (public interest)，如：國民福祉。

---

❻❼　專利法第 21 條。（按：此為現行專利法第 24 條，請參閱本書第二篇註 154。）

❻❽　有關保護植物新品種之植物種苗法，業於民國 77 年 12 月 5 日公布施行。（按：植物種苗法於民國 93 年修正，改名為植物品種及種苗法，於民國 94 年 6 月 30 日開始施行。）

❻❾　例如：日本特許法第 32 條，EPC 第 52 條。

我國歷次修正專利保護客體之內容，便足以說明前揭原則之適用❼⓿。

　　我國於民國 75 年及 83 年先後開放專利之化學品、醫藥品及飲食品、嗜好品、微生物新品種等發明，在此之前亦因前揭原則之考量，而被列為不予專利保護之客體。

　　按，發明之准否專利，確以國內產業水準、公共利益暨鼓勵發明之必要性為考量因素。因此，縱使有需藉專利制度鼓勵研發的發明，卻仍可能因國內產業科技水準的低落暨公共利益的考量，而不予專利保護。反之，國內產業科技水準若具備相當的水準，且無礙於公共利益（或甚且有助益時），則在鼓勵發明的前提下，自可予以專利保護。

　　揆諸美國生物科技發展的趨勢：微生物→動物→人體基因組序列的迅速發現→與基因有關的發明接踵而至。以我國目前生物科技環境而言，所謂人體基因組的發現，似仍言之過早，專利權的賦予，既須考量國內產業科技水準，目前自無開放人體基因組序列專利保護之可能❼❶。縱須就議題予以探討，本文仍以其屬「自然界存在物質之發現」而非人為物質的全新用途發現❼❷，故不應受專利制度之保護。研究人員之發現人體基因組序列，固然需投入大量人力、時間與經費，然而，應就提昇其學術地位，肯定其貢獻，而非以專利權的賦予，獎勵其研究成果。

二、專利要件

　　專利制度為達到提昇產業科技水準的目的，而賦予專利權人幾近獨占的權利，以鼓勵發明；惟顧及濫發專利權對社會、產業造成的負面影響，

---

❼⓿　陳文吟，同註 16，頁 209～210。

❼❶　也或許無此必要，蓋以 NIH 曾自許於西元 2005 年止，完成人體基因組序列的發現，果真如此，屆時，該發現得否申請專利，便不復為討論之焦點。（按：請參閱註 64 暨註 66 後段。）

❼❷　有關物品新用途的發現，請參閱陳文吟，我國專利制度之研究，頁 52～53（初版，民國 84 年 11 月）（按：前揭內容可見於 99 年修正第 5 版，頁 44～45）。

自應對擬取得專利權的發明予以條件上的限制——此即專利要件。

我國現行專利法明定**❼❸**，發明專利要件為實用性、新穎性及進步性。

㈠實用性

鼓勵發明創作的目的，既在提昇產業科技水準，發明是否實用，自為准否專利之要件。實用者，可供產業上利用之謂，產業包括工業、礦業、農業、林業、漁業、水產業、畜牧業等，以及輔助產業性之運輸業、交通業等等**❼❹**。

修正前專利法曾明定**❼❺**：「具有產業上利用價值，係指無下列情事之一者：(1)不合實用；(2)尚未達到產業上實施的階段。」惟已於現行法中刪除。專利主管機關所訂定之專利審查基準中，則將非可供產業上利用之發明歸納為三種類型**❼❻**：(1)未完成之發明——欠缺達成目的之手段，或所發明之手段無法達成預期目的；(2)無法供營業上使用——無法供業者重複利用之技術；(3)無法實施的發明。是以，可供產業上利用或具實用性之發明，必有可供業者反覆實施的手段，且實施後均足以達到預期成果方可。

㈡新穎性

新穎性要件，係基於公共利益的考量，蓋避免申請人以舊的技術申請專利，違背專利制度之鼓勵研發的精神。且已公諸於世或已知之技術，有已為他人所使用之虞，對已為業者使用之技術，仍允許特定人取得專利權，排除其他人士之使用，有欠公允；故申請前已公開之技術，即視為喪失新穎性，不予專利。

我國現行專利法明定喪失新穎性之事由有**❼❼**：

---

❼❸　專利法第 20 條。有關專利要件，請參閱陳文吟，前揭書，頁 101～117（按：前揭內容可見於 99 年修正第 5 版，頁 95～116）。

❼❹　經濟部中央標準局，專利審查基準，頁 1–2–2（民國 83 年 10 月）。

❼❺　修正前專利法第 3 條（75 年 12 月修正施行之專利法）。

❼❻　專利審查基準，同註 74，頁 1–2–2～1–2–5。

1.申請前已見於刊物或已公開使用者

所謂刊物，係指以向不特定人公開發行為目的，經由抄錄、影印或複製之文書、或各種資訊傳播媒體等❼❽，並包括國內外發行之刊物。至於「已見於刊物」，則以其已達到可供不特定多數人閱覽之狀態為已足❼❾。「公開使用」，指公開使用致發明之技術內容為公知狀態，或處於不特定人得使用該發明之狀態❽⓿。

2.有相同之發明或新型申請在先，並經核准專利者❽❶

申請案既與核准在先之發明或新型專利構成近似，自不宜予以專利，惟實務上有申請在後卻核准在先的案例，故為兼顧「先申請主義」，本款「已核准之發明或新型專利」，須同時為申請在先者，始有其適用。

3.申請前已陳列於展覽會

按凡申請前已陳列於展覽會，則已公開其技術，自屬喪失其新穎性。

新穎性要件的缺點，在於削減了發明人進一步測試、改良其發明的意願，亦使社會大眾無法享有較完善的發明。因此而有優惠期的制定，彌補其缺失❽❷。

1.因研究、實驗而發表或使用

凡因研究、實驗而發表或使用，專利法明定賦予六個月優惠期，換言

---

❼❼　專利法第 20 條第 1 項第 1 款至第 3 款。（按：此為現行專利法第 22 條第 1 項，請參閱本書第二篇註 163。）

❼❽　專利審查基準，同註 74，頁 1–2–8。

❼❾　同上。

❽⓿　專利審查基準，同註 74，頁 1–2–11。

❽❶　（按：現行法刪除此款。）

❽❷　專利法第 20 條第 1 項第 1 款但書暨第 3 款但書。（按：此為現行專利法第 22 條第 2 項，請參閱本書第二篇註 167。）

之，使前揭事由之公開不致喪失新穎性，以鼓勵發明人於申請前改良其發明，使臻完善。

2.陳列於政府主辦或認可之展覽會

為了鼓勵發明人展示其研究成果供技術觀摩，俾有助於技術交流，專利法明定，申請人將發明品陳列於政府主辦或認可之展覽會後六個月內，申請專利者，不因參展而喪失新穎性。

㈢進步性

任何一項發明，若僅為習用技術或知識的轉用，而未見高度創作，則不具取得專利的價值。是以，專利法明定，運用申請前既有之技術或知識，為熟習該項技術者所能輕易完成之發明，不具進步性，不予專利。

三、小　結

設若人體基因組序列為可受專利制度保護之客體，則仍需符合專利要件，倘特定序列之功能、位置等係首次發現，自得以符合新穎性、進步性，更因確定其所司功能，而符合實用性。只是，如前所言，人體基因組序列的發現，固對人體有重大貢獻，然不宜以專利制度保護之，自毋庸論及其是否符合專利要件。

伍、賦予人體相關發明專利的可行性與因應措施

NIH 據人體基因組序列之發現申請專利引發其他相關議題，如：人體細胞或組織、與人體基因組序列所衍生之其他發明的可專利性，以及因應相關發明專利之措施。

一、人體細胞或組織之可專利性

　　可否以人體細胞或組織申請專利之爭議，早於西元 1990 年之前便已存在。倘為單純人體細胞或組織的發現，應無申請專利之可能，反之，以人為方式培育者，其多為醫學用途，應可為專利保護客體[83]。然而，基於國民健康、公共利益之考量，本文以為宜僅賦予其製法專利，至於物品—人體細胞或組織，則不宜列為專利保護客體，俾鼓勵他人從事不同製法之研發。

二、人體基因組序列所衍生之其他發明的可專利性

　　人體基因組序列所衍生之其他發明，不同於與基因有關的發明，後者泛指所有與基因有關之發明包括動物，不以人類之基因為限，前者則限於與人體基因有關之發明。儘管如此，其仍涵蓋大多數有關基因之發明；而人體基因組序列之位置、功能一旦確定，便可有助於人類疾病的預防與治療，如癌症、阿茲海默氏症，甚至精神分裂症等與人體基因有關的疾病[84]。

(一)提供人類所需物質與醫藥

　　以蛋白質為例：不僅正常健康狀況的人需要它，免疫機能失調（包括後天免疫缺乏症）患者，更需含有 lactoferrin 或 hLF 的蛋白質（存在於母

---

[83]　美國 PTO 於西元 1984 年 3 月核准 T 淋巴細胞 (T-lymphoryte) 的細胞系 (cell line) 專利時，並未有任何聲明，不過加州最高法院於與該專利有關之案件 *Moore v. Regents of the University of California* 乙案中確定其可專利性：以人工培養人體細胞，是一項艱難的工作，成功的可能性很低，專利權人之所以取得專利，主要在於培殖方法的創作性，而非單純的自然物質的發現。793 P.2d 479, 492～493 (Cal. 1990).

[84]　James Watson, *The Human Genome Project: Past, Present and Future*, 248 SCI. 44 (1990).

乳中) 供做抗病原之用，醫藥界利用 DNA 重組技術已可以低成本大量製造該物質，對人體健康的維持與病患的治療，有極大助益❽。又，如具有使血液凝固的人體蛋白質第九因子 (Factor IX)，科學家亦利用 DNA 重組技術，成功地利用羊乳製造該物質供血友病 (hemophiliacs) 患者使用❽。

　　美國 NIH 與私人機構合作，於西元 1987 年，以基因轉殖方式培育出具有人體胞漿原素酶 (plasminogen activator, t-PA) 的老鼠，鼠乳中具有t-PA，該物質可用以溶解血中凝塊。目前已廣泛地運用在治療心臟病患者❽。

---

❽　lactoferrin 或 hLF 的蛋白質具有抗菌暨傳送鐵質 (iron-transport) 的功能，可供做抗病原之用。科學家利用 DNA 重組技術，將含有 lactoferrin 的人體基因轉殖於牛胚胎後，使牛乳具有該物質，可以低成本大量製造；該研究原以老鼠為對象，並成功地產生含 lactoferrin 的乳汁，但老鼠所產乳量，遠不如乳牛，故改以乳牛為對象。David Leff, *Milking Proteins Down on the Pharm*, 4 BIO WORLD TODAY 1 (April 14, 1993)，轉引自 Thomas Moga, *Transgenic Animals as Intellectual Property (or The Patented Mouse That Roared)*, 76 J. PAT. & TRADEMARK OFF. SOC'Y 511, 531～532 (1994).

❽　血友病患者便是缺乏第九因子所致。研究人員利用羊做研究,先從人體細胞中,切取血液凝固功能的基因,再將其植入羊的胚胎中,成功地轉殖基因,羊會將該基因傳給後代,且其羊乳中將可分泌含有第九因子的基因。J. Cherfas, *Molecular Biology Lies Down with the Lamb*, 256 SCI. 124～126 (July, 1990). 轉引自 Moga, *id.* at 533～534. 在基因重組過程中,原共有 511 枚基因轉殖植入胚胎中,但僅 109 頭羊誕生,其中又僅有 6 頭經血液測試證明為基因轉殖羊。西元 1997 年 2 月發表成體複製羊桃麗研究成果的英國愛丁堡羅林斯研究院,又利用 DNA 重組技術,將人類基因植入羊胚胎再為複製,其中 3 隻複製羊的乳汁含有治療囊腫性纖維化症狀的血液蛋白質,及纖維蛋白原等各種血液中的凝結素與防止凝結的活性蛋白質,可治療血友病及骨骼疏鬆症等疾病。第二代複製羊有人類基因,中國時報 (民國 86 年 7 月 25 日)。

❽　Rebecca Dresser, *Ethical and Legal Issues in Patenting New Animal Life*, 28 JURIMETRICS J. 399, 409 (1988); S. Kelly, *Industrial Strain Improvement, in* BIOTECHNOLOGY FOR ENGINEERS BIOLOGICAL SYSTEMS IN TECHNOLOGICAL PROCESS 229 (Scragg ed., 1988); Gordon, Lee, Vitale, Smith, Westphal &

㈡人類疾病的研究

目前醫學界對許多人體疾病仍無法探求出其起因及治療方法，動物發明便提供了此一研究途徑。例如首件動物專利的哈佛老鼠，因其體內含有致癌基因，可供研究導致癌症的因素、可能的預防及治療方法。又如免疫學 (immunology) 的研究，人體免疫系統可用以識別並對抗侵入體內的外來物質、疾病等，而為了應付各種不同的病菌，免疫系統本身是十分複雜的。研究人員為有效利用老鼠研究人類疾病，成功地去除老鼠本身所具有的免疫系統，使其能接受所植入的人體細胞或組織甚至人體免疫系統❽，藉以觀察身體如何對抗外來病原體❾。

㈢基因療法

基因療法（或稱基因治療），係利用 DNA 轉殖技術，將健康的基因殖入病患體內，取代缺陷基因❿。先天性遺傳性疾病，如導致成長遲緩的腦下垂體不足、膽囊纖維黏膜缺陷等，可藉植入健全的基因取代而痊癒⓫。至於對後天性疾病得否採行基因療法，亦在研究中⓬。

凡此，均為利用人體基因轉殖技術，或製成人體所需物質、醫藥，或供醫療、醫藥研究之對象，其貢獻不可謂不鉅。對此類研發，無論就產業科技提昇，抑或增進國民甚至全體人類健康等，均應積極鼓勵之。是以，理當列為專利制度保護之客體，或列為醫藥品如胰島素藥劑，或列為製法。

Hennighausen, *Production of Human Tissue Plasminogen Activator in Transgenic Mouse Milk*, 5 BIOTECHNOLOGY 1183 (1987).

❽ Marilyn Chase, *Gene Pharm Expects Patent on Immunodeficient Mouse*, WALL ST. J. May 11 (1992)，轉引自 Moga, *supra* note 85, at 539～540.

❾ Moga, *id.* at 537.

❿ Borson, *supra* note 58. at 463，林能傑，基因治療（針對 ADA 及癌症），臺灣醫界，第 40 卷，第 5 期，頁 10（民國 86 年 5 月）。

⓫ Borson, *id.*

⓬ 林能傑，同註 90，頁 10。

至於治療方法或動物本身之專利，前者因國民健康之考量，後者因國內科技水準之考量，而不列為或尚未列為專利保護客體。

三、因應之道

無論人體細胞或組織的製法發明，抑或人體基因組序列所衍生之發明－醫藥品及其製法發明等，固均宜列為專利保護客體，惟一如其他專利保護客體，一旦為有心人士所壟斷，或其發明違反公序良俗時，應如何因應。本文以為現行專利制度固得規範前揭事宜，然而，卻未臻完善，宜另訂相關規定方為妥適。

㈠現行專利制度

1.妨害公共秩序、善良風俗或衛生之發明，不予專利

就專利制度本身而言，對於有害的發明成果，縱使確為新穎的發明，專利專責機關亦應以違反公序良俗或衛生，而不予專利，現行專利法第21條第 1 項第 6 款 **92-1** 明定：「妨害公共秩序、善良風俗或衛生之發明，不得准予專利」。該規定源於早期獎勵條例，使違反公共政策或公共利益者，不得申請專利；其僅具消極的抵制作用，而無積極的禁止功能。

以高昂的生物科技研發成本觀之，倘研發成果無法取得專利，對業者而言，損失不可謂不鉅；消極的不予專利，對業者自有相當程度的遏止功效。只是，當面對專利權益以外更具經濟利益的誘因時，專利制度消極的規定便不具任何意義。

2.專利權的實施

專利權人藉著獨占性權利哄抬價格，致使消費者無法以一般合理價格購得，在不違反其他相關法令的前提下，似亦莫可奈何。然而，一旦涉及

92-1 按：此為現行專利法第 24 條第 3 款。

公共利益，依現行專利制度，可據以規範之規定為特許實施❸。

專利法第 78 條❹明定特許實施之事由如下：(1)因應國際緊急情況——例如：戰事之軍需品、流行中瘟疫之製藥、饑荒之飲食品；(2)增進公益、非營利之使用——例如：能增進國民健康或環境保護等之發明；(3)合理商業條件，於相當期間內，仍不能協議授權者——按凡於相當期間內，以合理商業條件，請求授權，為專利權人所拒者，均得申請特許實施；(4)不公平競爭之情事——專利權人有不公平競爭之情事，經法院判決或行政院公平交易委員會處分者；(5)再發明專利權人與原發明專利權人協議不成；及(6)製法專利權人與物品專利權人協議不成。

其中，可據以強制專利權人授權予他人使用，俾保障全體國民健康者，應為(1)增進公益之非營利使用，以及(2)以合理商業條件，於相當期間內，仍不能達成協議者。然而，前者之適用，實施權人須以非營利之使用為限，不利於其他業者之依此途徑取得實施權，蓋因其於取得實施權後，必將因其實施係屬營利之使用，而遭撤銷其實施權❺，更無法藉此方式對專利權人產生競爭壓力，而紓解價格的哄抬。後者則須歷經所謂「相當期間」之協議，無法因應較具急迫性而又未達國家緊急情況之需要的情事。

綜合上述可知，制定明確的規範，禁止前揭違反公序良俗的發明，仍應為當務之急；此外，生物科技業者的權益，以及國民健康的考量等，均無法就現行制度予以保障。

(二)生物科技法案的制定

本文以為，以生物科技本身的特性，與其全然適用現行專利制度，實宜另行立法，或於專利法中另以專章規範之❻。其規範內容應涵蓋下列事項：

---

❸　有關「特許實施制度」，請參閱陳文吟，同註72，頁 183～192（按：前揭內容可見於九十九年修正第 5 版，頁 185～189）。

❹　（按：此為現行專利法第 76 條。）

❺　專利法第 79 條。（按：此為現行專利法第 77 條。）

❻　單獨立法足以揭示生物科技與現行專利制度所保護之客體本質上的不同，不過

1. 保護客體

舉凡利用生物（或其部分）包括基因等，從事製造或改良物品、動植物等之技術或成品，均得為保護客體。蓋因前揭內容亦為「生物科技」之定義是也❾。至於下列事項，則不得予以保護：←基因的發現，按，其係自然的發現故然；↑人為方式製成的細胞、組織甚至器官等，不得為保護客體，但其製造方法不在此限，俾兼顧國民健康的權益並鼓勵其他業者研發不同的製法；→任何違反公序良俗的發明，如有害生態平衡、環境保護甚至人類的發明，均應不予保護。

2. 權利期間的延長

由於生物科技的技術性，主管機關須以較長的時間審查其要件，復以現行法係以申請日起算其專利權期間，致使專利權人確定取得專利時，專利權期間已相當有限，故宜參考現行法第 57 條有關醫藥品、農藥品及製法專利權期間延長之規定，制定延長規定：允許生物科技專利權人，因審查時間致專利權期間過短時，得申請延長專利權期間。

3. 特許實施

原則上，特許實施之事由暨程序等相關事宜，均準用專利法之規定；除此，應顧及國民健康等公共利益，倘專利權人之實施，或因數量不足或因價格的哄抬，致無法因應公眾需求時政府當局應如何處置？是以有關生物科技之專利，應明定凡以公共利益為由申請特許實施而有前揭情事者，其實施：←不以非營利者為限；且↑權利金的給付，於必要時得予以酌減或免除。

生物科技畢竟為產業科技中的一環，縱然單獨立法仍需多處引用或準用專利制度之規範；於專利法中以專章制定則可直接準用其他規定於適用上較為便利。

❾ Thomas Wiegels, Biotechnology and International Relations 21 (1991).

4.禁止發明之刑責規定

對有悖於公共利益、國民福祉（如國民健康）、自然生態平衡、環境保護及動物保育等等，舉凡違反公序良俗之生物科技發明，應明文禁止之，除不賦予該類發明專利外，並加諸刑責，俾有效遏止前揭行為。

四、小　結

人體基因組序列固不應予以專利，不過與人體有關之其他發明，如，與人體細胞、組織，或與人體基因有關之發明等，在不違反公序良俗的前提下，得為專利保護客體。然而，在兼顧專利權人權益暨國民利益，以及避免業者濫行從事有害的研究事項，實宜就生物科技之特質制定單行法或專利法中專章予以規範。

陸、結　語

美國 NIH 由於西元 1991 年就其人體基因組發現申請專利，雖經 PTO 駁回後放棄上訴，其舉動仍引起產業界熱烈的討論。主要爭點集中於：㈠賦予專利權對其他業者的影響；㈡專利要件，而未探討其他可能衍生的公益問題。

本文以為，人體基因組序列的發現，誠屬艱鉅的工作，對人類的貢獻不可抹滅，然而，其畢竟屬於自然事物的發現，而不應賦予其專利權益的保護。不過，對於以人為方式製造基因的發明，以及足以彌補人體基因缺陷的物質的發明，如醫藥品等，甚至利用基因轉殖技術，使動物具有人體基因之動物專利，自應列為專利保護客體。至於基因療法及其他各種治療方法，則因顧及國民健康福祉，而不應予以專利❾❽。

❾❽　有關動物專利之探討，請參閱陳文吟，同註 16，頁 173～231。

　　換言之，人體基因組序列之發現，雖不宜列為專利保護客體，惟與其相關之發明則可。

　　我國生物科技之發展，雖仍有待提昇，然有關基因轉殖技術已可見諸於國內植物、動物的研究。例如「乳鐵蛋白基因轉殖豬」，臺灣養豬研究所利用基因轉殖技術，將動物乳鐵蛋白基因❾❾轉殖至豬的胚胎中，使豬隻於出生時便具有乳鐵蛋白，減少初生小豬出現下痢與貧血情形，可因此降低豬農的成本，相對提高其收益❿⓿。研究人員指出同樣的技術，可發展至以人體乳鐵蛋白基因轉殖至乳牛，使人們可於飲用牛乳時直接攝取人體所需的乳鐵蛋白⓫。足見我國生物科技發展的前景亦相當可觀。

　　在國外胚胎複製技術已行之有年後，英國科學家於西元 1997 年 2 月公布成體複製羊的成功案例⓬，更引起國內外各界的重視，「複製人」亦不復為陌生的名詞，歐美各國亦相繼表態禁止複製人⓭。依我國醫療法規定，教學醫院須報請中央衛生主管機關（衛生署）核准後，方得進行人體試驗；而依衛生署頒訂之「基因治療人體試驗申請與操作規範」，就適用範圍限於體細胞基因治療、並禁止施行於生殖細胞基因治療，換言之，涉及卵子、胚胎之研究試驗均屬違法⓮。再者，我國民法原則上係以血緣關係為血親

---

❾❾　乳鐵蛋白係醣蛋白質，具吸附鐵離子功能，於腸道中有靜菌作用，可減少初生動物下痢現象，提供鐵質降低貧血，並具防止老化功能。

❿⓿　馬祥祐，乳鐵蛋白基因轉殖豬——產 60 隻寶寶，自由時報（民國 87 年 4 月 6 日）。

⓫　同上。

⓬　Gina Kolata, *With Cloning of a Sheep, the Ethical Ground Shifts*, NEW YORK TIMES, Feb. 24, 1997, A1.

⓭　請參閱陳文吟，同註 16，頁 220。歐洲理事會 (Council of Europe) 已於今年（西元 1998 年）1 月 12 日召開的會議中簽署嚴禁複製人類的國際公約。複製人——歐洲議會將簽約禁止，自由時報（民國 87 年 1 月 11 日）。美國物理學家席德於今年元月宣布從事複製人計畫後，隨即受到各界矚目，柯林頓總統及衛生部長均公開譴責。事實上，柯林頓總統於去年複製羊公布後，便已向國會提出議案禁止複製人。複製人——反對聲不斷，席德不放棄，自由時報（民國 87 年 1 月 13 日）。

認定標準，複製人的血統既與被複製者完全相同，其間關係如何認定頗有疑慮❿。然而，醫學研究顯示，人類有許多疾病與基因遺傳或突變有關，以及移植器官的不易取得等問題，倘可研究出以自身基因複製所需細胞、組織、甚至器官，對人類健康將有極大助益，如此研發自可以專利制度鼓勵、保護之。

　　有鑑於美國各界對於生物科技之迅速發展，有措手不及之情事；而歐盟亦已於西元 1997 年 7 月通過指令草案規範生物科技專利 (biotechnology patents)，准予植物、動物暨人體基因專利❿。我國宜及早審慎思慮因應之道。或另行立法，抑或於專利法中制定專章，規範其保護之客體、保護之權利期間，明定違反禁止發明規定之罰則等等，引導產業界從事有助於人類福祉的生物科技研發，遏止為滿足人類貪婪、無益、危害人類、動物甚至大自然的發明。

---

❿　林曉雲，複製人在臺灣行不通，自由時報（民國 87 年 4 月 22 日）。

❿　同上。

❿　歐洲專利公約第 53 條 b 項明定植物、動物及以生物技術製造之植物、動物均不得為專利保護客體。EPC Art. 53(b).

參考文獻

中文文獻：

1. 太田次郎、室伏君子，上野洋一郎編譯，生物技術名詞彙編（民國 80 年 8 月）。

2. 王沙玲，遺傳學精要（民國 80 年 8 月初版）。

3. 土居洋文，王泰東譯，老化——DNA 的作祟（民國 84 年 7 月初版）。

4. 林仁混，基因工程與癌症醫學（民國 84 年 8 月初版）。

5. 林傑能，基因治療（針對 ADA 及癌症），臺灣醫界，第 40 卷，第 5 期，頁 10～16（民國 86 年 5 月）。

6. Brum Karp，周民治、吳懷慧、陳玉舜暨陳建宏譯，生物學（民國 86 年 4 月 20 日）。

7. F .h. Portugal & J. S. Cohen，孫克勤譯，DNA 世紀之回顧——遺傳物質構造及機能的研究發展史（民國 78 年 12 月 7 日再版）。

8. 陳文吟，從美國核准動物專利之影響評估動物專利之利與弊，臺大法學論叢，第 26 卷，第 4 期，頁 173～231（民國 86 年 7 月）。

9. 陳文吟，專利法上刑責之必要性——兼論我國與美國之侵害專利與救濟，專利法專論（民國 86 年 10 月再版）。

10. 陳文吟，我國專利制度之研究（民國 84 年 11 月初版）。

11. Fred Warshofsky，張禹治譯，專利奇兵——智慧有價時代的另類無限商機（民國 86 年 8 月初版）。

12. 三浦謹一郎，劉文政譯，DNA 與遺傳訊息（民國 85 年 1 月初版）。

13. A. Gib DeBusk，謝順景譯，分子遺傳學（民國 63 年 6 月 2 版）。

14. 林曉雲，複製人在臺灣行不通，自由時報（民國 87 年 4 月 22 日）。

15. 馬祥祐，乳鐵蛋白基因轉殖豬——產 60 隻寶寶，自由時報（民國 87 年 4 月 6 日）。

16. 複製人——歐洲議會將簽約禁止，自由時報（民國 87 年 1 月 11 日）。
17. 複製人——反對聲不斷，席德不放棄，自由時報（民國 87 年 1 月 13 日）。
18. 第二代複製羊有人類基因，中國時報（民國 86 年 7 月 25 日，第 5 版）。
19. 日本特許法第 32 條。
20. 經濟部中央標準局，專利審查基準（民國 83 年 10 月）。

外文文獻：

1. Adler, Reid, *Genome Research: Fulfitling the Public's Expectations for Knowledge and Commercialization*, 257 SCI. 908 (Aug. 14, 1992).

2. Borson, D. Benjamin, *The Human Genome Projects: Patenting Human Genes and Biotechnology. Is the Human Genome Patentable?* 35 IDEA 461 (1994).

3. Docherty, Pamela, *The Human Genome: A Patenting Dilemma*, 26 AKRON L. REV. 525 (1993).

4. Doll, John, *The Patenting Of DNA*, 280 SCI. 689 (May 1, 1998).

5. Dresser, Rebecca, *Ethical and Legal Issues in Patenting New Animal Life*, 28 JURIMETRICS J. 399 (1988).

6. Eisenberg, Rebecca, *Genes, Patents, and Product Development*, 257 SCI. 903 (Aug. 14, 1992).

7. Gordon, Lee, Vitale, Smith, Westphal & Hennighausen, *Production of Human Tissue Plasminogen Activator in Transgenic Mouse Milk*, 5 BIOTECHNOLOGY 1183 (1987).

8. Greenfield, Michael, *Note, Recombinant DNA Technology: A Science Struggling with the Patent Law*, 44 STANFORD L. REV. 1051 (1992).

9. Jones, Phillip, *Patentability of the Products and Processes of Biotechnology*, 73 J. PAT. & TRADEMARK OFF. SOC'Y 372 (1991).

10. Keats, Bronya, *Interference, Heterogeneity and Disease Gene Mapping, in* GENETIC MAPPING AND DNA SEQUENCES, Springer-Verlag New York

Inc. (1996).

11. Kelly, S., *Industrial Strain Improvement*, *in* BIOTECHNOLOGY FOR ENGINEERS BIOLOGICAL SYSTEMS IN TECHNOLOGICAL PROCESS (Scragg ed. 1988).

12. Kiley, Thomas, *Patents on Random Complementary DNA Fragments*, 257 SCI. 915 (Aug. 14, 1992).

13. Kolata, Gina, *With Cloning of a Sheep, the Ethical Ground Shifts*, NEW YORK TIMES, Feb. 24, 1997, A1.

14. Lech, Karen, *Human Genes Without Functions: Biotechnology Tests the Patent Utility Standard*, 27 SUFFOLK U.L.REV. 1631 (1993).

15. Looney, Barbara, *Should Genes Be Patented? The Gene Patenting Controversy: Legal, Ethical, and Policy Fondations of an International Agreement*, 26 LAW & POL'Y INT'L BUS. 231 (1994).

16. McKay, Daniel, *Patent Law and Human Genome Research at the Crossroads: The Need for Congressional Action*, 10 COMPUTOR & HIGH TECH. L. J. 474 (1994).

17. Michaels, Christopher, *Biotechnology and the Requirement for Utility in Patent Law*, 76 J. PAT. & TRADEMARK OFF. SOC'Y 247 (1994).

18. Moga, Thomas, *Transgenic Animals as Intellectual Property (or The Patented Mouse That Roared)*, 76 J. PAT. & TRADEMARK OFF. SOC'Y 511 (1994).

19. Roberts, Carol, *The Prospects of Success of the National Institute of Health's Human Genome Application*, 1 EIPR 30 (1994).

20. Roberts, Leslie, *Top HHS Lawyer Seeks to Block NIH*, 258 SCI. 209 (Oct. 9, 1992).

21. ROBINSON, W., THE LAW OF PATENTS FOR USEFUL INVENTIONS, Vol. 1 (1980).

22. ROSENBERG, PETER, PATENT LAW FUNDAMENTALS, v. 1 (2d ed. rev.

1996).

23. Stout, Hilary, *U.S. Pursuit of Gene Patents Riles Industry*, WALL ST. J. Feb. 13, 1992, at B1.

24. Waldholz, Michael, *NIH Gives Up Effort to Patent Piece of Genes*, WALL ST. J. Feb. 11, 1994, at B1 & B3.

25. Waldholz, Michael & Hilary Stout, *A New Debate Rages Over the Patenting of Gene Discoveries*, WALL ST. J. April 17, 1992.

26. Watson, James, *The Human Genome Project: Past, Present and Future*, 248 SCI. 44 (1990).

27. WIEGELS, THOMAS, BIOTECHNOLOGY AND INTERNATIONAL RELATIONS (1991).

28. *What the Patent Office Report Says*, 258 SCI. 210 (Oct. 9, 1992).

29. Diamond v. Chakrabarty, 447 U.S. 303 (1980).

30. Moore v. Regents of the University of California, 793 P.2d 479 (Cal. 1990).

31. 1077 Off. Gaz. Pat. Office 24 (April 7, 1987).

32. 35 U.S.C. §§101～103, 154.

33. EPC Arts. 52 & 53(b).

34. NIH News, Feb. 11, 1994.

35. 1623 Statute of Monopolies.

四、由胚胎幹細胞研究探討美國專利法上「道德」實用性因應生物科技的必要性*

＊ 由胚胎幹細胞探討美國專利法上「道德」實用性因應生物科技的必要性，原載
於台北大學法學論叢，第 49 期，頁 179–223，民國 90 年 12 月。

摘　要

　　西元 1998 年，Thomson 與 Gearhart 相繼培養出胚胎幹細胞系，西元 2000 年 NIH 公布資助複效性幹細胞研究的基準，今年（西元 2001 年）眾議院通過禁止複製人法案，嗣於 8 月 9 日布希總統發表聲明，指聯邦政府將有條件地資助胚胎幹細胞的研究，所謂「有條件」，係指科學家僅得就現存已遭摧毀的胚胎所萃取的幹細胞進行研究。

　　胚胎幹細胞的研究可發展基因療法、醫藥品等等對人類健康有極大助益，當然對於生物科技公司而言，它，也潛藏著龐大的經濟利潤。然而，所謂「胚胎幹細胞」係源自於胚胎，使論者質疑科學家的胚胎來源，有戕害生命之虞，並憂心其日後的發展是否形成人類複製的研究。換言之，其主要爭議在於違反道德乙節。

　　儘管有前揭限制，科學家仍得尋求私人經費贊助，不經複製方式，以尚未經摧毀之現存或未來產生的胚胎萃取幹細胞進行研究。

　　科學家們的研究，惟有賴專利制度予以規範管理，此因生物科技發展的主要誘因，便是專利制度所賦予的排他性權利所衍生的經濟價值。

　　美國專利法早期藉道德實用性否准專利，嗣為法院以三權分立為由不予採行，為確保生物科技健全地發展，以及貫徹三權分立的精神，除由聯邦國會立法，明文禁止任何戕害人類生命或複製人類的行為，並應於專利法中增訂違反法律的研究成果不得為專利保護客體，或明定實用性考量因素包括發明過程有無違反法律。

　　鑑於美國因生物科技的飛速發展所面臨的議題，我國亦應檢視相關規範為因應生物科技發展有無增修的必要性。我國專利法已明定違反公序良俗及衛生不得予以專利，本不須另行立法規範，惟，權衡生物科技的重要性及其弊端，本文以為應於專利法中制定專章或另定法律規範相關事宜，禁止任何危害人類的研究方式、成果或執行方法。

關鍵詞：幹細胞、胚胎幹細胞、造血幹細胞、神經幹細胞、多效性幹細胞、複效性幹細胞、細胞系、複製人、實用性、道德實用性、產業上利用性、生物科技

ABSTRACT

In 1998, Dr. Thomson and Dr. Gearhart isolated and cultured embryonic stem cells respectively, two years later (2000), NIH promulgated the Guidelines for Research Using Human Pluripotent Stem Cells; and, this year (2001), the House of Representatives passed the bill banning human cloning, in August, President Bush announced that the federal government would fund embryonic stem cell research under restricted conditions.

Embryonic stem cell research may develop gene therapy, pharmaceuticals to benefit mankind health; to those biotechnology companies, the research means mass economic profits. However, embryonic stem cells are extracted from human embryo, commentators are deeply concerned about the embryo resources (Is there any human life destroyed?) and the development of human cloning; all those concerns pointed to the very main issue of ethics and morality.

Since federal restrictions apply only to the scientists and researchers who receive research fund from the government, those who seek for private financial support won't be bound by the restrictions. The patent system may be the most efficient measure to guide the research within the legal and ethical sphere, because the system is the major incentive to develop biotechnology by providing economic interest.

Moral utility requirement first appeared in 1817, but was almost disregarded since 1977 due to its lack of legislative ground; it may be the time for U.S. government to regulate immoral invention either to prevent patenting illegal research or to legislate moral utility by considering the legality of invention including its process.

What should we do if the same problem occurs in our country? Though our patent law prevents any invention against public order, it'll be better off by legislating a specific chapter or sui generis to regulate bio-technical inventions.

Keywords: Stem Cells, Embryonic Stem Cells, Hematopoietic Stem Cells, Neural Stem Cells, Multipotent Stem Cells, Pluripotent Stem Cells, Cell Lines, Human Cloning, Utility, Usefulness, Moral Utility, Industrial Susceptibility, Biotechnology

壹、前　言

　　美國聯邦眾議院於今年（西元 2001 年）7 月 31 日通過一項法案，禁止基於任何目的（包括醫療）複製人類胚胎以及自國外輸入人類複製胚胎等行為，違反前揭禁止規定者，將科以刑責❶。論者謂該法案阻礙了新興的胚胎幹細胞研究的發展。布希總統嗣於 8 月 9 日發表一項聲明，指出聯邦政府將有條件地資助胚胎幹細胞 (embryonic stem cell) 的研究，所謂「有條件」，係指科學家僅得就現存已遭摧毀的胚胎所萃取的幹細胞進行研究❷。無論前揭法案或後者布希總統的聲明，均引發正負兩極的辯論與爭

---

❶ *House Passes Legislation Banning Human Cloning*, http://www.house.gov./judiciary/.news731.01.htm (last visited at Aug. 12, 2001). 該法案為 HR2505，擬訂為美國聯邦法律第十八編第十六章 (18 U.S.C. Ch. 16)，訂名為「2001 年人類複製禁止法」(Human Cloning Prohibition Act of 2001)，所謂「人類複製」係指人類的無性生殖，亦即，自一個或數個體細胞中取出細胞核植入已被去核的受精卵或無受精的卵細胞。Sec. 301(1). 禁止的行為以故意為限，包括：(1)執行或意圖執行人類複製；(2)意圖執行人類複製而參與其行為；(3)基於任何目的運輸、接受或輸入以人類複製方式產生的胚胎或以該胚胎衍生的任何產物。Sec. 302(a) & (b). 違反前揭規定，最高處十年徒刑或科罰金，甚至因此有經濟上收益時，另有「民事處罰」(civil penalty)，至少一百萬美元，倘所得利潤的兩倍高於一百萬美元時，處罰的金額亦不得超過該利潤的兩倍。Sec. 302(c). 法案內容及相關修正法案，請參閱 http://thomas.loc.gov/cgi-bin/query//C?r107:/temp/~r10707iKig (last visited Aug. 12, 2001).

❷ 布希總統及白宮新聞稿，均稱日前全世界約有 60 株（後經證實共 64 株）符合聯邦經費補助條件，此係基於研究目的，除此，聯邦政府絕不鼓勵科學家再摧毀蘊有生命的胚胎、分離幹細胞的行為。Remarks by the President on Stem Cell Research (Aug. 9, 2001), *available at* http://www.white house.gov/news/releases/2001/08/20010809-2.html (last visited Aug. 12, 2001)；另請參閱 http://www.white house.gov/news/releases/2001/08/20010810.html (last visited Aug. 12, 2001). 美國國家衛生研究院（National Institutes of Health，以下簡稱

議❸；主要爭議在於違反道德乙節，儘管前揭法案禁止複製人類，布希政

'NIH')於 8 月 27 日公布十家符合聯邦經費資助的研究機構：1. BresaGen, Inc. （4 枚），2. CyThere, Inc（9 枚），3. Karolinska Institute（5 枚），4. Monash U. （6 枚），5. National Center for Biological Sciences（3 枚），6. Reliance Life Sciences（7 枚），7. Technion-Israel Institute of Technology（4 枚），8. U. of CA, San Francisco（2 枚），9. Goteborg U.（19 枚）以及 10. Wisconsin Alumni Research Foundation（5 枚），前揭機構 #1, 2, 8 &10 屬美國，#3 & 9 屬瑞典，#4 屬澳洲，#5 & 6 屬印度，#7 屬以色列。NIH, *National Institutes of Health Update on Existing Human Embryonic Stem Cells* (Aug. 27, 2001), http://www.nih.gov/news/ stemcell/082701list.htm (last visited Sept.8, 2001). 美國衛生福利部部長 (Secretary of the Health and Human Services) 湯普生 (Thompson) 於參議院委員會聽證會上證實，目前已培養完成可供研究的胚胎幹細胞系僅 24 或 25 株，至於其餘約 40 株的細胞系仍在培養中，能否成功地供研究仍未確定。*Most Cell Colonies Not Yet Usable － U.S. Official, available at* http://news.findlaw. Com/politics/s/20010905/healthstemcelldc.html (last visited Sept. 7, 2001). Sheryl Stolberg, *U.S. Concedes Some Cell Lines Are Not Ready*, NEW YORK TIMES, Sept. 6, 2001.（按：布希總統當時發布 13435 號行政命令 (Executive Order 13435)，嗣經歐巴馬總統於 2009 年簽署 13505 號行政命令 (Executive Order 13505) 予以廢除，並解除前揭資助的限制。）

❸ 美國宗教團體譴責，補助胚胎幹細胞研究等同支持摧毀毫無防衛能力的人類生命以進行研究，在道德上難以令人接受；惟，贊成者則仍不滿意補助之附帶條件，認為該些限制將使美國相關研究嚴重落後其他國家。*Bush's Stem-Cell Decision Gets Mixed Reviews*, FindLaw Legal News (Aug. 11, 2001), *available at* http://news/s/20010810/stemcelldc.html (last visited Aug. 11, 2001); *Michael Fox Says Bush Did Not Go Far Enough*, FindLaw Legal News (Aug. 11, 2001), *available at* http://news.findlaw.com/entertainment/s/20010810/stemcellfoxdc.html (last visited Aug. 11, 2001); John Fountain, *President's Decision Does Not End the Debate*, NEW YORK TIMES, Aug. 12, 2001; Laurie Goodstein, *Abortion Foes Split Over Bush's Plan on Stem Cells*, NEW YORK TIMES, Aug. 12, 2001；王麗娟，幹細胞放行，美宗教界反彈，聯合報（民國 90 年 8 月 11 日）；馮克芸，美宣布資助胚胎幹細胞研究，聯合報（民國 90 年 8 月 11 日）；錢基蓮，胚胎幹細胞研究布希准予資助，聯合報（民國 90 年 8 月 11 日）。

府亦僅有條件補助胚胎幹細胞研究，但科學家仍得尋求私人經費贊助，不經複製方式，以尚未經摧毀之現存或未來產生的胚胎萃取幹細胞進行研究❹。

胚胎幹細胞的研究，主要與基因療法及製藥有關，其研究成果仍需些許時日，然而，可預期的是，一旦完成，申請專利為必然的途徑❺。美國專利法並未明定違反「道德」(morality) 之發明不得申請專利，惟司法實務

❹ 事實上，為了規避聯邦法規，發明胚胎幹細胞系培植方法的兩組科學人員均係接受私人公司 Geron Corp. 的經費贊助。*Embryology: Immortal Cells Spawn Ethical Concerns*, 282 SCI. 2161 (1998); Eliot Marshall, *Cell Biology: A Versatile Cell Line Raises Scientific Hopes, Legal Questions*, 282 SCI. 1014 (1998). 麥可福克斯基金會 (Michael Fox Foundation) 亦宣稱，願提供兩百二十萬美元經費給針對帕金森氏症的研究與治療培養細胞系的科學家。*$2.2 Million for Parkinson's Research*, NEW YORK TIMES, Sept. 7, 2001.

❺ 此由基因的發現與相關發明專利申請案件數遽增可知。Jeff Donn, *As disease-causing genes are discovered, the rush to the patent office grows*, FindLaw Legal News (Aug. 24, 2001), http://news.findlaw.com/ap/1/0000/8-22-2001/20010822002744910.html; Sabra Chartrand, *Patents: Amid the debate on stem cell studies, a small but growing number of patents are issued in the field*, NEW YORK TIMES, Aug. 13, 2001. 甚至兩件培植胚胎幹細胞系的方法均分別取得專利。請參閱註43 & 44。衛生福利部部長 Thompson 於參議院聽證會上宣布，NIH 已與 WiCell 研究院達成協議，後者允許 NIH 的科學家可利用 WiCell 的細胞系進行研究，倘因此完成任何研究成果，權益歸屬從事研究的科學家所有。*Most Cell Colonies Not Yet Usable—U.S. Official*, supra note 2. WiCell 係 Wisconsin 校友基金會的附屬機構，基金會表明他們也將提供細胞系給全國各校的研究人員，並允許後者就研究成果自行取得專利，不須給付任何權益予基金會。Sheryl Stolberg, *Bush Administration Announces Patent Deal on Stem Cells*, NEW YORK TIMES, Sept. 5, 2001. WiCell 擁有培養胚胎幹細胞系的專利權。另有論者謂專利將阻礙科技的研發，因專利權人獨占專利技術，使其他業者無法使用該技術而面臨抉擇：不使用技術或於支付鉅額權利金後使用技術；無論何者均阻礙了科技的發展。Ned Hettinger, *Patenting Life: Biotechnology, Intellectual Property, and Environmental Ethics*, 22 B.C. ENVTL. AFF. L. REV. 267, 294 (1995).

有以違反道德不予專利之案例存在。以人類胚胎幹細胞為對象的研究成果
能否合於道德要件取得專利，恐將成為爭議之論點。我國目前的研究止於
動物幹細胞階段，將來或將面臨相同的問題。本文擬以美國法為主，探討
道德要件對胚胎幹細胞研究的影響，俾為我國因應相關議題之借鏡，茲依
序探討下列內容：壹、前言，貳、幹細胞之概念，參、美國法上之實用性
要件，肆、胚胎幹細胞研究之利弊與道德實用性，伍、我國專利法上之實
用性要件暨道德規範，以及陸、結語。

貳、幹細胞之概念

人類與動物體內均有幹細胞的存在，其種類暨功能亦不限於胚胎幹細
胞，茲就幹細胞之定義、種類、功能及與胚胎幹細胞之差異，介紹如下。

一、幹細胞的定義

幹細胞係指尚未分化的先驅細胞 (progenitor cells)[6]，它們可無限期地
分化、培養衍生特定的細胞[7]；主要具有下列功能[8]：(1)增殖 (proliferation)；
(2)自我更新 (self-renewal)；(3)繁衍子代 (progery)；(4)具衍生多重細胞的能
力 (multilineage potential)；(5)產生新細胞對抗疾病及修補損害的能力。

---

[6]　李治宇，造血性幹細胞的觀念，臨床醫學，第 19 卷第 5 期，頁 403（民國 76 年
　　　5 月）；李瑞梅，保健食品對幹細胞生物活性的探討，頁 3（民國 88 年 7 月）。

[7]　National Institutes of Health, Stem Cells: A Primer (May, 2000), http://www.nih.
　　　gov/news/stemcell/primer.htm (last visited Aug. 12, 2001). (hereinafter referred to
　　　'NIH').

[8]　李瑞梅，同註 6。

二、幹細胞的種類

幹細胞的種類迄今所知者，主要分「複效性」(pluripotent) 及「多效性」(multipotent)；前者即胚胎幹細胞，後者如：造血幹細胞、神經幹細胞等❾，其種類多寡及位置仍未確定。茲以㈠造血幹細胞 (hematopoietic stem cell)❿；㈡神經幹細胞 (neural stem cell) 等多效性幹細胞，以及屬複效性的㈢胚胎幹細胞為例分述如下。

㈠造血幹細胞

造血幹細胞係指得以產生紅血球、白血球及血小板者而言，有廣大的自我更新能力，故屬多效性幹細胞⓫。近代醫學利用造血幹細胞的移植，治療血液疾病（如血友病）、先天性血色素病變、遺傳性免疫不全等病症，甚至抗癌治療基因治療等⓬。

造血幹細胞的來源（亦即其在人體內的位置）⓭，為骨髓 (bone

---

❾ 其他尚有專司製造皮膚細胞的皮膚幹細胞……等等。NIH, *supra* note 7. 按：另有將幹細胞分胚胎幹細胞與成體幹細胞 (adult stem cell) 者，以及近年來常見的三種分類：⑴全能性 (totipotent)、⑵複效性 (pluripotent) 及⑶多效性 (multipotent) 幹細胞。該三種幹細胞的稱法不一而足，依序可稱為，全能、豐富潛能（又稱多功能）及多重潛能（又稱多潛能）幹細胞。全能性與複效性均屬廣義的胚胎幹細胞，前者指受精卵（受精後 3～4 天）分裂至八個細胞的階段；後者指受精卵（受精後 5～7 天）發育至囊胚時期的內層細胞。本文所指之胚胎幹細胞，係指囊胚時期者而言。請參閱陳文吟，由美國法探討胚胎幹細胞之研究——以 NIH 之 HSC 準則及專利法制為中心，中正財經法學，第 2 期，頁 1～52（民國 100 年 1 月）。

❿ 亦有直接以 blood stem cell 稱之。*Id.*

⓫ NIH, *supra* note 7；李治宇，同註6。

⓬ 王玉祥，造血幹細胞移植的演進，臺灣醫學，第 4 卷，第 2 期，頁 177（民國 89 年 3 月）。

⓭ 雍建輝，周邊血幹細胞，頁 31（民國 83 年 9 月）；雍建輝、周武屏暨王聲遠，

marrow)、周邊血液幹細胞 (peripheral blood stem cell)、胎兒肝臟 (fetal liver)，以及臍帶血液 (umbilical cord blood)。

　　首例成功的骨髓移植見於西元 1959 年湯瑪士 (Thomas) 所完成的雙胞胎骨髓 (syngeneic marrow) 移植 ❹。目前骨髓移植分(1)異體骨髓移植 (allogeneic BMT)；(2)自體骨髓移植 (autologous BMT) 以及(3)非親屬骨髓移植 (unrelated donor BMT) ❺。

　　利用組織型完全符合 (HLA-matched) 的親屬骨髓移植，可治療先天性免疫缺乏症、嚴重再生不良性貧血及白血病患者，成功率有百分之五十 ❻。自體移植則使患者先接受適當治療，使骨髓恢復正常功能後，抽取其骨髓，於體外純化，濃縮幹細胞予以冷藏，俟徹底清除體內癌細胞後，施行自體骨髓移植 ❼。其缺失為其骨髓本身無法完全排除癌細胞感染，故癌症復發率高於異體移植，且，因其骨髓本身已有缺陷，故此法不適用於地中海型貧血、再生不良貧血及先天免疫缺乏症 ❽。非親屬骨髓移植之成功率幾近

　　　　對骨髓與造血幹細胞移植之認識，當代醫學，第 22 卷，第 1 期，頁 54, 57～59（民國 84 年 1 月）。

❹　王玉祥，同註 12。有關骨髓與造血細胞的關連，其研究則始於西元 1945 年，因日本廣島、長崎受原子彈轟炸，受難者多死於骨髓功能衰竭，西元 1949 年，Jacobson 發現老鼠脾臟在遮擋下予以全身輻射，仍可免於骨髓衰竭，故得知脾臟含造血細胞。西元 1952 年，Lorenz 以靜脈注射骨髓亦可保護動物承受致命性超量輻射，嗣後，經多位科學家研究，確認骨髓中含造血幹細胞的觀念。王玉祥，同註。另請參閱雍建輝，周邊血幹細胞，同上，頁 31。

❺　Work Group on Cord Blood Banking, *Cord Blood Banking for Potential Future Transplantation: Subject Review*, 104 Pediatrics 116 (July, 1999), *available at* Lexis-Nexis Academic Universe.

❻　王玉祥，同註 12，頁 179。而兄弟姊妹間組織型完全符合者，僅有 25% 的機率。Work Group on Cord Banking, *id.*

❼　王玉祥，同上；雍建輝，周邊血幹細胞，同註 13，頁 38～39。

❽　王玉祥，同註 12；另請參閱 Steve Benowitz, *Bone Marrow Experts Are Still Debating the Value of Purging*, 92 J. NAT'L CANCER INST. 190 (2000), *available at* Lexis-Nexis Academic Universe; Alison Leiper, *Stem-Cell Transplantation*, 354

於親屬骨髓移植，惟能完全符合組織型的比例相當低，且不適用於 35 歲以上的患者，因後者對移植後的各種併發症耐受力較差**⑲**。

　　骨髓中造血幹細胞約占 0.1～0.2%，而周邊血液循環中幹細胞的含量約前者之十分之一至百分之一；其中有自體更生能力者更少**⑳**。惟在利用化學治療或造血生長因子刺激後，或二者併用後，造血復原早期，周邊血液幹細胞會大量增加，此時可抽取足量的幹細胞，經處理後冷凍保存，俟骨髓摧毀治療四十八小時後，取出解凍，注射患者體內**㉑**。由於周邊血液較骨髓不易受癌細胞侵犯，故其幹細胞移植較不易受癌細胞感染，且較少併發症，適宜年齡較長的患者**㉒**。周邊血液幹細胞所含先驅細胞遠多於骨髓幹細胞，同時，亦含有大量淋巴細胞 (symphocytes)，可促進更生能力及迅速重建免疫體質**㉓**。故目前約九成的幹細胞移植為周邊血液幹細胞的移植**㉔**。然而，臨床上已發現，由於周邊血液幹細胞含大量淋巴細胞，致使移植後，極可能產生急性或慢性移植物對抗宿主疾病（graft versus-host disease，簡稱 'GVHD'）**㉕**，亦即「排斥作用」。

　　造血幹細胞的第三個來源即臍帶血。相較於一般人周邊血液幹細胞，臍帶血含有豐富的造血幹細胞可供移植之用**㉖**。首件成功病例為，西元

LANCET 1644 (Nov. 6, 1999); W. I. Bensinger & H. J. Deeg, *Blood or Marrow?* 355 LANCET 1199 (April 8, 2000).

⑲　王玉祥，同上。

⑳　王玉祥，同註 12，頁 180；周永強，自體周邊造血幹細胞移植，臨床醫學，第 32 卷，第 2 期，頁 121（民國 82 年 8 月）。

㉑　王玉祥，同上；周永強，同上，頁 122。

㉒　王玉祥，同註 12，頁 180～181；周永強，同註 20。

㉓　Bensinger et al., *supra* note 18.

㉔　Benowitz et al., *supra* note 18.

㉕　Bensinger et al., *supra* note18.

㉖　Gerald Rottman, Manuel Ramirez & Curt Civin, *Cord Blood Transplantation: A Promising Future*, 99 PEDIATRICS 475 (March, 1997), *available at* Lexis-Nexis Academic Universe; Work Group on Cord Banking, *supra* note 15. Mitchell Cairo & John Wagner, *Placental and/or Umbilical Cord Blood: An Alternative Source of*

1988 年一名 5 歲男童患有先天性再生不良貧血 (Fanconi's anemia)，醫生自其甫出生的妹妹臍帶抽取血液移植予男童，治癒其病症❷。約於西元 1970年，便有醫學報告指出胎鼠的血液中含大量造血幹細胞，按血液的形成，係由卵黃囊移至肝臟（及脾臟）以至骨髓，在這過程中，幹細胞會抵達血液循環，臍帶血液便代表胎盤胎兒循環 (placentofetal circulation) 的整合部分，故含有循環的幹細胞❷。抽取方式為當胎兒出生，胎盤仍在母體或已排出時，以探針自臍靜脈中抽取臍帶血經處理後予以冷藏，待日後需要時取用。此方式遠較其他造血幹細胞的抽取為簡易，對母體與胎兒均無不良影響；更因臍帶血內的淋巴免疫球功能尚未成熟，其移植較骨髓移植不易產生急性 GVHD❷。故各國相繼成立臍帶血庫，收集臍帶血以備後用❸。

至於胎兒肝臟，如前所言，胎兒發育過程中，早期數月裏肝臟亦為其造血組織，在胎兒成長第二個月至第七個月間，肝細胞與造血細胞混合而成胎兒肝細胞，臨床上曾成功地重建先天性免疫缺乏症幼兒的造血與免疫系統；惟，其來源為流產胎兒，涉及道德問題，故僅為少數研究者利用之❸。

造血幹細胞的移植，除了是血液疾病的根治療法，並提高淋巴癌、乳癌、小兒神經母細胞癌等固態腫瘤病患的存活率，更於近代基因療法中占不可或缺的地位❸。

(二)神經幹細胞

神經細胞早期被視為是細胞發育的最後分化階段，致無法再生，亦不

Harmatopoietic Stem Cells for Transplantation, 90 BLOOD 4665 (Dec. 15, 1997);
Meriel Jenney, *Umbilical Cord-Blood Transplantation: Is There A Future?* 346
LANCET 921 (Oct. 7, 1995).

❷ Jenney, *id.*; Rottman et al., *id.*; Cairo et al., *id.*
❷ 王玉祥，同註 12，頁 181；雍建輝等，同註 13，頁 59。
❷ 王玉祥，同上；Jenney, *supra* note 26.
❸ 王玉祥，同上；Jenney, *supra* note 26, Cairo et al., *supra* note 26.
❸ 雍建輝等，同註 13，頁 59。
❸ 王玉祥，同註 12，頁 185。

能維持繼續的生長與分裂。迄西元 1992 年 Weiss 與 Reynolds 由成鼠與胚鼠腦細胞，培養上皮生長因子對應細胞 (EGF-response cells)，並證實其係神經先驅細胞，具幹細胞性質 ❸，嗣經 Eriksson 進一步發現人類腦中亦具有神經先驅細胞，亦即有產生新神經細胞的能力 ❸。神經幹細胞會因不同因素與環境而繼續分化具不同功能的幹細胞，如：各式神經細胞、神經膠原細胞 (glial cell) ❸。神經幹細胞於胚胎期數量最多，隨著老化過程逐漸減少。

　　神經幹細胞的研究，除可藉以瞭解神經先驅細胞的演化途徑、訊息分子調控特定神經細胞的生成與可能的途徑，以及在神經分化過程的機轉外，另一重要成效在於利用培養已知特性的細胞，治療神經性和神經缺失退化疾病，如帕金森氏症 (Parkinson disease)、阿茲海默氏症 (Alzheimer's disease)、杭丁頓氏症 (Huntington's disease) 等 ❸。

---

❸ 在 Weiss 之前，已有相關的研究，如：西元 1965 年，Altman 與 Das 首先發現小老鼠腦部近海馬趾的部位（即「鋸齒狀腦回」‘dentate gyrus’）有神經細胞再生現象，惟礙於當時技術，無法確定其是否確為神經細胞、再生的數量以及成長後的哺乳動物是否仍有前揭現象等。G. Kempermann & F. H. Gage, *New Nerve Cells in the Adult Brain*, SCIENCEWEEK (June 18, 1999), *available at* http://scienceweek.com/search/reports 1/trozosh.htm (last visited Aug. 20, 2001). 西元 1980 年中期，Nottebohm 與他的研究人員發現，成長後的金絲雀對音樂有感應的腦細胞部分有再生能力（尤其是在其學唱歌的季節），而成長後的山雀在到記載其藏匿食物的地點的季節時，其腦神經海馬趾細胞亦有再生能力。

❸ 吳劍男，神經幹細胞相關研究，國防醫學，第 27 卷第 5 期，頁 320（民國 87 年 11 月）；李瑞梅，同註6，頁 3；Kempermann et al., *id.*

❸ 同上。

❸ 李瑞梅，同註 6，頁 25～26；另請參閱 Bebe Loff & Stephen Cordner, *Multi-Centre Team Grows Human Nerve Cells From Stem Cells*, 355 LANCET 1344 (April 15, 2000); Kathryn Senior, *Putting Nerve Cell Development into Reverse*, 356 LANCET 915 (Sept. 9, 2000); The Walter and Eliza Hall Institute of Medical Research, *Birth, Life and Death of Neurons*, http://www.wehi.edu.au./reasearch/devneur/neurons.html (last visited Sept. 8, 2001).

(三)胚胎幹細胞

　　人類暨動物身上雖有多種幹細胞，其原始均自胚胎幹細胞分化發育而來 **❸**。胚胎本為一中空的囊胚 (blastocyst)，其外層細胞群將形成胎盤及胎兒在子宮內發育所需各種支持性組織；其內層細胞將形成人體各種組織，亦即人體之各種不同類型的細胞，故稱「複效性」細胞 **❸**。內層細胞無法形成胎盤及胎兒所需支持性組織，倘將內層細胞與外層細胞分離，縱使置於子宮內仍無法形成一個胎兒 **❸**。

　　前揭複效性細胞即胚胎幹細胞，它可進一步分化為多效性幹細胞，如骨髓幹細胞、神經幹細胞等 **❹**。

　　西元 1981 年，科學家自老鼠胚胎分離出胚胎幹細胞從事體外培養 (in vitro)，當時，論者肯認其有助於畜牧的研究與發展，預估其將可大量增殖具優良基因型或表現型的家畜胚胎幹細胞，藉由體外基因改造，培育特定育種等 **❹**。

　　人體胚胎幹細胞則於西元 1998 年由湯姆森 (Thomson) 與吉爾哈特 (Gearhart) 兩位教授所帶領的兩組研究人員分別完成 **❹**，前者於囊胚時期將內層細胞分離取得，進行培養，產生複效性幹細胞系 **❹**；後者則取自流產

---

❸ 魏履貞，Bc 1-2 及 Retinoic Acid 在胚胎幹細胞神經分化過程中所扮演的角色，頁 2（民國 88 年 6 月）。

❸ 陳敏慧，複效性幹細胞與多效性幹細胞的應用，生物醫學報導，第五期，頁 10（民國 90 年 1 月）；張世權及于湲，談醫檢師熟悉的朋友——母細胞 (stem cell) 簡介，中華民國醫檢會報，第 14 卷第 3 期，頁 42～43（民國 88 年 9 月）；NIH, *supra* note 7.

❸ 同上。

❹ NIH, *supra* note 7；陳敏慧，同註 38，頁 10～11。

❹ 嚴慧文與李坤雄，胚幹細胞株之建立與應用，科學農業，第 38 卷，第 3～4 期，頁 67（民國 79 年 4 月）。

❹ 陳敏慧，同註 38，頁 11；陳信孚與楊友仕，複製技術與人類幹細胞培養之未來應用，臺灣醫學，第 4 卷，第 6 期，頁 736（民國 89 年 11 月）。

胎兒組織中的胚胎生殖細胞，屬多效性細胞，將其培養成複效性幹細胞系❹。

胚胎幹細胞既為複效性細胞，本應具有分化成體內各種細胞及組織的功能，科學家希冀藉由適當的營養環境誘導其分化成單一種類的細胞，如血液細胞、神經細胞等俾瞭解人體發育及細胞成長的各個階段，甚且可利用基因操作方法，找出成長的錯誤程序，有益於醫療的研究❺。

目前具體的研究目標為❻：⑴培植神經細胞；⑵培植心臟肌肉細胞；⑶製造分泌多巴胺的腦細胞；⑷培植骨髓；⑸培植胰島小細胞；⑹製造基因改造的血球細胞。茲分述如下❼。

⑴培植神經細胞——脊髓受傷及腦中風致癱瘓者，均係因神經細胞死而無法再生，倘能利用胚胎幹細胞培植新生細胞替代已死的神經細胞，當可恢復肢體功能❽。

---

❹ James Thomson, Joseph Itskovitz-Eldor, Sander Shapiro, Michelle Waknitz, Jennifer Swiergiel, Vivienne Marshall & Jeffrey Jones, *Embryonic Stem Cell Lines Derived from Human Blastocysts*, 282 SCI. 1145 (1998). 此項研究名為 "Primate embryonic stem cells"，於西元 1998 年 6 月 26 日向 PTO 申請專利，於西元 2001 年 3 月 13 日獲准專利 (U.S. Patent No. 6,200,806)，並移轉予 Wisconsin Alumni Research Foundation.

❹ Marshall, *supra* note 4. 此項研究名為 "Human embryonic germ cell line and methods of use"，於西元 1998 年 3 月 31 日向 PTO 申請專利，於西元 2001 年 6 月 12 日獲准專利 (U.S. Patent No. 6,245,566)，並移轉予 The Johns Hopkins University School of Medicine.

❺ 王舜平，生命的福祉——人類幹細胞再造生機，健康世界，第 161 期，頁 102（民國 88 年 5 月）；林天送，幹細胞——生命的根源，健康世界，第 163 期，頁 81～82（民國 88 年 7 月）；陳信孚等，同註 42。

❻ 林天送，同上，頁 82。

❼ 以下第⑴～⑹內容，主要參考林天送，同上；另請參閱 Thomson et al., *supra* note 43；陳敏慧，同註 38，頁 12～13；張世權等，同註 38，頁 44～45。

❽ 根據美國 CNN 報導，華盛頓大學醫學院脊髓受傷中心 (Spinal Cord Injury Unit) 主任 McDonald 醫師，將幹細胞植入脊髓受傷、肢體癱瘓的老鼠體中，六

⑵培植心臟肌肉細胞——心臟病發作後,導致心臟肌肉受創失去功能,以新細胞更換之,可於不動手術的情況下恢復心臟功能❹。

⑶製造分泌多巴胺的腦細胞——帕金森氏症係因腦部缺乏多巴胺致手腳顫抖、行動失去控制,移植分泌多巴胺的新細胞於患者腦部,當可治療其病症❺。

⑷培植骨髓——骨髓係造血中心,當患者生病或受輻射照射(如:癌症之輻射治療),將導致骨髓衰竭失去造血功能,替換新的骨髓細胞,恢復其造血功能,對癌症的治療亦相當重要。

⑸培植胰島小細胞——糖尿病患者多因胰島細胞失去功能、胰臟無法分泌胰島腺素亦無法代謝糖分,目前係採體外補充胰島素,利用此新細胞,可引進胰島腺素,根治糖尿病❺。

週後,它們的後肢已可恢復功能。Elizabeth Cohen, *Stem cells help heal paralyzed rats* (Aug. 3, 2001), http://asia.cnn.com/2001/HEALTH/08/03/stemcell. research/index.html (last visited Sept. 8, 2001). 在此之前,科學雜誌 (Science) 也曾於西元 1999 年報導類似的移植研究,惟對象為患有先天缺乏髓鞘質 (myelin) 疾病的老鼠,雖可使老鼠肢體恢復功能,但無法治癒其疾病。*Stem cells show promise in treating neurological diseases* (July 29, 1999). http://asia.cnn. com/HEALTH/9907/29/stemcell.advance/ (last visited Sept. 8, 2001).

❹　德國羅斯托克大學宣布為心肌梗塞患者壞死的心肌組織重新生長出來。醫生首度用幹細胞治療心肌梗塞。http://www.sinocell.com.tw (上網日期:民國 90 年 8 月 12 日)。

❺　依美國科學雜誌報導,若山輝彥 (Teruhiko Wakayama) 教授與其同僚已成功地將老鼠胚胎的幹細胞分化成分泌多巴胺神經元,科學家預計以帕金森氏患者自身細胞複製胚胎取得幹細胞後,分化成可供移植的神經元。Teruhiko Wakayama, Viviane Tabar, Ivan Rodriguez, Authony Perry, Lorez Studer & Peter Mombaerts, *Differentiation of Embryonic Stem Cell Lines Generated from Adult Somatic Cells by Nuclear Transfer*, 292 SCI. 740 (April 27, 2001).

❺　NIH 科學家將老鼠胚胎幹細胞分化成外觀與作用均類似於胰島小細胞的組織,將該組織植入患糖尿病的老鼠體內,該胰島小細胞已可正常運作。Nadya Lumelsky, Olivier Blondel, Pascal Laeny, Ivan Velasco, Rea Ravin & Ron Mckay, *Differentiation of Embryonic Stem Cells to Insulin-Secreting Structures Similar to*

⑹製造基因改造的血球細胞——藉以抵抗疾病的發生，避免輸血過程中疾病的傳染。

　　凡此，為科學家們擬從事的研究目標，然而，如何控制並引導胚胎幹細胞的發展，其研究仍需漫長的時間，諾貝爾獎得主暨前美國國家衛生研究院院長華姆斯博士 (Dr. Harold Varmus) 指出：引導人體細胞分化為特定細胞的訊息相當複雜，我們仍試圖瞭解該些訊息，以及導致幹細胞分化成各種細胞（如：心臟細胞、胰臟細胞等）的因素❷。

　　胚胎幹細胞的研究，已擬定大致的目標，其成果勢必造福廣大民眾，然而，卻仍有反對的聲浪，主要係因胚胎幹細胞的取得，依 Thomson 的方式，必須萃取胚胎內層細胞，致使其無法長成胎兒，亦即摧毀胚胎，而 Gearhart 抽取流產胎兒組織的作法，亦可能導致鼓勵墮胎；是以，反對者認為，二者均形同扼殺生命❸。

參、美國法上之實用性要件

　　美國專利法有關專利保護客體暨要件之規定，主要見於第 101 條至第 103 條❹，概括規定所有物品、方法、組合物暨改良之發明或發現均可為

Pancreatic Islets, 292 SCI. 1389 (May 18, 2001).

❷ Paul Recer, *Scientists excited about stem cells*, The Associated Press (Aug. 9, 2001), *available at* http://www.pe.com/digitalextra/nation/stemcell/stories/080901-scientistsexcited.html (last visited Aug. 11, 2001). 於西元 1998 年分離人體胚胎幹細胞的湯姆森博士亦指出：引導幹細胞分化，程序相當繁複且時間上須控制精確，適時添加或移除某些蛋白質，然而，幹細胞一開始變化，便朝多方向發展，無法加以抑制。*Id.* 華姆斯博士預言研究胚胎幹細胞分化出具療效的細胞，可能需十年的時間。*Id.*

❸ 胚胎幹細胞研究的正負見解，請參閱本文肆、「胚胎幹細胞研究之利弊與道德實用性」。

❹ 35 U.S.C. §§101～103 (2001).

專利保護客體，惟仍須具新穎性、實用性、非顯而易見性（亦即進步性）及其他形式要件，方可獲准專利。美國現行專利法自西元 1952 年制定以來，並未就實用性要件作任何修正，多賴司法實務確立其若干原則，輔以 PTO 的審查基準 (Utility Examination Guidelines)，後者雖有其指標作用但不具法律拘束力❺。

　　茲就美國專利法規範暨實務與實用性審查基準，探討實用性要件。

一、專利法第 101 條

　　如前所述，發明必須具備實用性及其他要件，方可取得專利。「實用」(useful) 首見於美國聯邦憲法之「實用技術」(useful arts)，繼而見於專利法第 101 條之「……新穎且實用……」。

　　專利權的賦予，是一種對價 (quid pro quo)，亦即賦予發明人專利權的同時，他的發明能對社會有所貢獻，因此發明必須具有實用性，方得給予；反之，一項無用的技術對社會並無任何助益，自不予專利❻。

　　美國專利商標局（Patent and Trademark Office，以下簡稱 'PTO'）於審查實用性時，先做肯定的假設，惟，一旦有任何疑慮，將會要求申請人證明其發明之實用性❼。是以，其審查步驟有二：㈠熟習該項技術之人是否會質疑該發明之實用性；倘為否定，則認定其符合實用性，反之，則㈡進而視申請人有無提供證據證明其申請案具實用性，例如：關稅暨專利上訴

---

❺ PTO 於西元 2001 年 1 月公布施行新的實用性審查基準，生效日期為 1 月 5 日。

❻ ROCHELLE DREYFUSS & ROBERTA KWALL, INTELLECTUAL PROPERTY 611 (1996); DONALD CHISUM, CRAIG NARD, HERBERT SCHWARTZ, PAULINE NEWMAN & E. SCOTT KIEFF, PRINCIPLES OF PATENT LAW 729 (1998); Brenner v. Manson, 383 U.S. 519, 534 (1966).

❼ 1 DONALD CHISUM, PATENTS § 4.04[1], Dreyfuss et al., *id.* at 623 (1996 & Supp. 2000). 另請參閱 *In re* Brana, 51 F.3d 1560, 1566 (Fed. Cir. 1995); *In re* Swartz, 232 F.3d 862, 864 (2000).

法院（Court of Customs and Patent Appeals，簡稱 'CCPA'）❺❽於 *In re Chilowsky*❺❾乙案中所指出：倘申請人有下列情事之一，應舉證證明其發明之實用性：㈠發明的操作方法與已知科學原理有衝突矛盾之情事；㈡發明的技術無法運用任何已知之科學原理加以測試。

申請案不符實用性之事由有三❻⓪：㈠無法操作 (in-operability)、㈡理論上無法操作 (theoretical impossibility of operation)，以及㈢操作結果未臻完善 (imperfect operation)。茲分述如下。

㈠無法操作

倘發明技術無法操作，致無法達到預期效果，則不符實用性。操作的意義非等同於實用性，其僅係確定發明可否實施的證明❻❶。然而法院對於申請案仍足以完成其發明之部分預期效果時，該部分得否視為符合實用性，

---

❺❽ CCPA 業於西元 1982 年改制為聯邦巡迴上訴法院 (Federal Circuit of Court of Appeals).

❺❾ 229 F.2d 457 (C.C.P.A. 1956). PTO 根據此案例，制定審查基準，要求審查人員須依三步驟審查申請案是否符合實用性：㈠由其說明書認定有無主張發明具特定實用性；㈡申請人是否主張「可信的實用性」(credible utility)，倘申請人主張「特定實用性」，審查人員須審查其技術是否為熟習該項技術之人所認定為可信的，倘是，便符合實用性，否則，應駁回，又若申請人未主張特定實用性，則㈢該技術是否為可實行的，若是，則仍具實用性，否則，應予駁回。Utility Examination Guidelines, 60 F. R. 36263, II(B) (1995). 現行審查基準仍採類似的審查步驟。66 F.R. 1092 (2001).

❻⓪ 69 C.J.S. *Patents* §§46～47 (2001).

❻❶ PAUL GOLDSTEIN, COPYRIGHT, PATENT, TRADEMARK AND RELATED STATE DOCTRINE 466 (1999). 例如：Otis v. National Tea Co., 125 F.Supp. 328 (1954), *aff'd* 218 F.2d 153 (1955); Lorenz v. Berkline Co., 215 F.Supp. 869 (1963); United States v. Adams, 383 U.S. 39, 86 S.Ct.708, 15 L.Ed.2d 572 (1966). Brooktree Co. v. Advanced Micro Devices, Inc., 977 F.2d 1555, 1571 (Fed. Cir. 1992); Process Control Co. v. Hydreclaim Co., 190 F.3d 1350, 1358 (1999); *In re* Swartz, *supra* note 57, at 863.

先後有不同見解。早期案例中，聯邦地院認為，發明技術的操作，必須完全無誤地達到預期效果，方屬可操作的 ❻。嗣後，法院改採較寬的標準。聯邦最高法院於 *Hildreth v. Mastoras* ❻乙案中指出，倘發明技術可大致完成其所預期的效果，便為可操作的發明，已符合實用性 ❻。CCPA 亦於 *Bennett v. Halahan, Aronson & Lyon* ❻乙案中指出，縱使就申請人所主張的技術似乎無法操作，但對相關技術領域之熟習該項技術者卻當然可行時，仍應認定該技術係可操作的 ❻。嗣於 *Raytheon Co. v. Roper Co.* ❻ 及 *Tol-O-Matic, Inc. v. Proma Produkt-Und Marketing Gesellschaft m.b.H.* ❻兩案中，聯邦上訴法院仍持一致見解：除非發明技術完全無法達到目的，否則仍具實用性。同理，在專利侵害案件中，當被告以系爭專利無法完成預期效果而主張專利權無效時，法院以被告未能證明系爭專利完全無法達成效果 (fully inoperable) 為由，駁回其抗辯 ❻。

㈡理論上無法操作

倘方法發明的內容係依據不可行的理論，致執行上無法達成其預期功效者，應不得予以專利 ❼。反之，倘發明並非理論上不可行，亦非使專家

---

❻　Mckenzie v. Cummings, 24 App.D.C. 137 (D.C.Cir. 1904)，請參閱以下㈢操作結果未臻完善。

❻　257 U.S. 27, 42 S.Ct. 20, 66 L.Ed. 112 (1921).

❻　257 U.S. at 34, 42 S.Ct. at 23, 66 L.Ed. at 116.

❻　285 F.2d 807 (C.C.P.A. 1961).

❻　285 F.2d at 811.

❻　724 F.2d 951, 956 (Fed. Cir. 1983).

❻　945 F.2d 1546, 1553 (Fed. Cir. 1991).

❻　Technical Tape Co. v. Minnesota Mining & Mfg. Co., 143 F.Supp. 429 (1956), *aff'd* 247 F.2d 343 (1957), *cert denied*, 355 U.S. 952, 78 S.Ct. 537, 2 L. Ed. 529 (1958); Rayonier, Inc. v. Georgia-Pacific Co. 281 F.Supp. 687 (1967).

❼　Cowles Co. v. Frost White Paper Mills, Inc., 77 F.Supp. 124 (1948), *aff'd* 174 F.2d 868 (1949).

無法實行，則未欠缺實用性**❼**。

㈢操作結果未臻完善

聯邦最高法院於西元 1872 年 *Mowry v. Whitney* **❼**乙案中便指出，系爭輪胎的製造方法專利雖偶有操作失敗的情形，但其確有製造大量輪胎的實例存在，故仍具有實用性**❼**。

聯邦地院於 *University of Illinois Foundation v. Block Drug Co.* **❼**更指明，倘能證明發明的技術有部分成功，便已符合實用性要件**❼**。

實用性一般可分為兩種類型，一為「特定實用性」(specific utility)，另一為「一般實用性」(general utility)**❼**。

所謂「特定實用性」係指發明能達到其發明人所主張的特定功效而言**❼**，此包含「務實實用性」(practical utility)，其限於化學製法及成分的發明，與化學有關的發明若僅適用於研究階段者，不具「務實實用性」，此名詞係出自 *Brenner v. Manson* **❼**乙案，該案中，申請人 Manson 的申請技術內

---

❼ Remington Cash Register Co. v. National Cash Register Co., 6 F.2d 585 (1925).

❼ 81 U.S. 620, 20 L. Ed. 8600 (1872).

❼ 另請參閱 *Hildreth v. Mastoras*, 257 U.S. 27, 42 S.Ct. 20, 66 L.Ed. 112 (1921); Cincinnati Rubber Mfg. Co. v. Stowe-Woodward, Inc., 111 F.2d 239 (1940); Technical Tape Co. v. Minnesota Mining & Mfg. Co., 143 F.Supp. 429 (1956), *aff'd*, 247 F.2d 343 (1957), *cert denied*, 355 U.S. 952, 78 S.Ct. 537, 2L. Ed. 2d 529 (1958); Deccaa, Ltd. v. United States, 188 U.S.P.Q. 167 (1975); Sherman Industries, Inc. v. Photo-Vest, Inc., 219 U.S.P.Q. 256 (1983).

❼ 133 F.Supp. 580 (1955), *aff'd*, 241 F.2d 6 (1957), *cert denied*, 354 U.S. 922, 77 S.Ct.1382, 1 L.Ed.2d 1437 (1957).

❼ 聯邦法院於另案中更指出，具實用性發明技術不需是完善的。Hanson v. Alpine Valley Ski Area, Inc., 204 U.S.P.Q. 794 (1977), *aff'd*, 611 F.2d 156 (1979).

❼ Nathan Machin, *Prospective Utility: A New Interpretation of the Utility Requirement of Section 101 of the Patent Act*, 87 CALIF. L. REV. 421, 426 (1999); Dreyfuss et al, *supra* note 56, at 611～612.

❼ Machin, *id.* at 426～428; Dreyfuss et al., *supra* note 56, at 612.

容為組合特定類別的類固醇的方法，利用該方法組合成的物品為同族體 (homologues) 的類固醇，可用以治療老鼠身上的腫瘤。PTO 以其方法不具實用性為由不予專利，關稅暨專利上訴法院則以該技術完成之物品為已知、不具傷害性且具實用性，而撤銷 PTO 之處分 ❼，聯邦最高法院則推翻上訴法院的見解，支持 PTO 的處分，並謂 Manson 既未能舉證其發明於研究之外的用途，自不具實用性 ❽。不過，亦有作者批評「務實實用性」不同於專利法之「實用性」(usefulness) ❽。

「一般實用性」係指任何一項發明必須達到該事物本應有的功能，例如：燈有照明的功能、電扇有調節空氣的功能等等，倘發明技術內容為照明用燈卻無法發揮照明的效果，則不具一般實用性。

「商業成功」(commercial success)，亦即在市場上銷售成果，原本為實務上認定進步性的輔助性考量因素 ❽，惟，部分法院認定實用性時，亦一併考量其「商業成功」與否。最早見於西元 1877 年 Blake v. Robertson ❽ 乙案。聯邦最高法院謂系爭技術應視為具實用價值，「此可證諸於其銷售數字」(...the number sold, ...as shown by the record, is conclusive upon the subject.) ❽。該判決確立一項原則，即「商業成功」足以證明該技術具實用

---

❼ 383 U.S. 519 (1966)；另請參閱 In re Ziegler, 992 F.2d 1197, 1203 (Fed. Cir. 1993); Fujikawa v. Wattanasin, 93 F.3d 1559, 1563 (Fed. Cir. 1996); Genentech, Inc. v. Novo Nordisk A/S, 108 F.3d 1361, 1366 (Fed. Cir. 1997); Juicy Whip. Inc. v. Orange Bang, Inc., 185 F.3d 1364, 1366 (Fed. Cir. 1999).

❼ 383 U.S. at 521～522.

❽ 383 U.S. at 530～531.

❽ Eric Mirabel, *A Review of Recent Decisions of the United States Court of Appeals for the Federal Circuit: Article: "Practical Utility" is a Useless Concept*, 36 AM. U.L. REV. 811 (1987).

❽ 請參閱陳文吟，探討修改「進步性」專利要件以因應生物科技發展的必要性——以美國法為主，華岡法粹，第 27 期，頁 271, 285（民國 88 年 12 月）。已收錄於本書第八篇。

❽ 94 U.S. 728, 24 L.Ed. 245 (1877).

❽ 94 U.S. at 730, 24 L.Ed. at 245.

性**⑧**，相反地，縱使未有「商業成功」，該技術並不當然不具實用性**⑧**。

二、實用性審查基準

現行實用性審查基準**⑧**主要係因應生物科技而訂定者**⑧**，惟仍適用於所有發明專利申請案。

依審查基準，發明技術必須為已確立的實用性 (well-established utility)，始符合實用性要件**⑧**；所謂已確立的實用性，須具備下列情事之一者方可**⑳**：

㈠熟習該項技術之人可即刻由其發明特性辨知其發明之具有實用性。

㈡發明具特定、實質及可信的實用性。亦即，申請人必須主張其發明具有特定功效（即特定暨實質的實用性，specific and substantial utility），且為熟習該項技術之人認定可信者。

不同於舊基準，現行基準將特定暨實質實用性，列為已確立的實用性類型之一，論者謂，此將使主張特定暨實質實用性之申請人，須另證明其具已確立之實用性**⑨**。現行基準確係因應生物科技而修訂，惟其內容除「實

---

⑧ Gandy v. Main Belting Co., 143 U.S. 587, 12 S.Ct. 598, 36 L.Ed. 272 (1892); Einson-Freeman Co. v. Bohnig, 43 F.2d 609 (D.C.N.Y. 1930); Guiberson Co. v. Garrett Oil Tools, Inc., 205 F.2d 660 (5th Cir. 1953); Leach v. Rockwood & Co., 273 F.Supp. 779 (1967), *aff'd*, 404 F.2d 652 (7th Cir. 1968).

⑧ Technical Tape Co. v. Minnesota Mining & Mfg. Co., 143 F.Supp. 429 (D.C.N.Y. 1956) *aff'd* 247 F.2d 343 (2d Cir. 1957) *cert denied* 355 U.S. 952, 78 S.Ct. 537, 2 L. Ed. 529 (1958).

⑧ 66 F.R. 1092 (2001)

⑧ PTO 受到批評，指對生物科技申請案不夠嚴謹，遂於西元 1999 年 12 月及 2000 年 1 月公布實用性臨時基準修正版 (Revised Interim Utility Guideline)。並進一步彙整相關意見，修正公布現行基準，取代前揭臨時基準。

⑧ 66 F.R. at 1098.

⑳ 66 F.R. at 1098～1099.

⑨ *The Fate of Gene Patents Under the New Utility Guidelines* (Feb. 28, 2001), *at*

質」實用性係針對人體基因組序列發現的案例規範外，並未就生物科技的發明特質與一般化學組合物予以區分，致有適用上產生錯誤之虞。例如，將基因視為一般化學組合物：有關生物科技的發明專利申請案，多主張特定暨實質之實用性，縱如以往主張特定暨實質實用性，並符合其標準，申請人仍須證明該基因具已確立之實用性，以致可能因不符已確立之實用性而被駁回。而生物科技研究人員均知，培養成功的基因必須具有遺傳訊息傳達予下一代，以及製造功能組織的藍圖，此為其重要功用所在，本毋需如一般發明技術，強調其實用性❷。

　　生物科技的發展，備受爭議者為道德相關議題，然而，現行基準並未訂定任何與公共利益或道德有關的規定。

肆、胚胎幹細胞研究之利弊與道德實用性

　　胚胎幹細胞研究的目的及其遠景如本文貳、「幹細胞之概念」所述，惟，倘若此一研究對人類有如此重要的意義暨貢獻，何以仍須面臨強大的壓力，又何以美國總統布希宣布聯邦經費只資助現已摧毀的全球六十四枚胚胎所萃取的幹細胞？設若胚胎幹細胞的研究確有其疑慮，除經費的把關外，不予其專利權益當可更有效地遏止不當研究。茲就其利弊與道德實用性的重要性，分別探討如下。

---

http://www.law.duke.edu/journals/dltr/ARTICLES/2001dltr0008.html (last visited Aug. 20, 2001).

❷　Mattias Lunkkonen, *Gene Patents: How Useful Are the New Utility Requirements?* 23 T. JEFFERSON L.REV. 337, 355～356 (2001).

一、胚胎幹細胞研究的利弊

胚胎幹細胞的研究，經由科學家們所勾勒出的景象，似乎沒有任何反對的理由，然而，究竟有何弊端使反對者亟呼禁止相關研究？本節將探討胚胎幹細胞研究的利弊。

㈠弊　端

胚胎幹細胞研究的爭議主要在於胚胎幹細胞係取自於胚囊，甚至胎兒尚未成形的特定細胞，反對此項研究的論者（主要包括宗教團體、人道主義者、反墮胎團體等）相信生命在受胎時便已開始存在，無論前揭何方式，均將使其無法成為「人」，胚胎幹細胞的萃取等同戕害一個寶貴的生命，茲分述胚胎幹細胞研究可能衍生的弊端如下。

(1)生命的戕害——反對人士認為胚囊已是具有生命的生命體，一旦將胚胎幹細胞分離，無論是幹細胞抑或是胚囊外層細胞均無法長成為人，此舉無異於扼殺生命❸。更可能為了胚胎幹細胞的取得，鼓勵

❸　部分醫生亦持此見。Tanya Albert, *Stem Cell Research Divides Doctors Along with Country*. 44 AMERICAN MEDICAL NEWS 1~2 (Aug. 6, 2001); Stephanie Oestreich, *Implications of Policy Decisions on Human Embryonic Stem Cell Research in the United States-Conflicting Opinions*, 2 HAR. HEALTH POL'Y REV. 124 (Spring, 2001), *available at* http://hcs.harvard.edu/~epihc/currentissue/spring 2001/oestreich 2.html (last visited Aug. 12, 2001). 一百多名反對胚胎幹細胞研究的人士聯名發表聲明，並引用 Ramsey Colloquium 所言：凡屬於人的生命均為人，人類的胚胎便是如此，無論五天，或十五天，都是人，五天的胚胎看似非人，那表示你我在胚胎形成五天時也是那等模樣。Verbatim, *On Human Embryos and Medical Research: An Appeal for Ethically Responsible Science and Public Policy*, 15 ETHICS & MEDICINE 85 (1999) *reprinted in* 16 ISSUES L. & MED. 261, 264~265 (2001). (hereinafter referred to 'Verbatim'). 眾議院於西元 2001 年 4 月 26 日通過「未出生受害人防治暴力法」(Unborn Victims of Violence Act of 2001) 認定傷害母體內胎兒者視同殺害人。H.R. 503.

墮胎❾❹。

(2)人類成了白老鼠——以胚胎從事研究，無異於以人為研究對象，人類在實驗室裏用盡各種動物研究，最終，自己竟也淪為實驗室內被實驗、研究的對象。西元 1997 年，科學家以成年母羊的細胞核轉殖，成功地複製桃麗羊，舉世關注，數據顯示，它是 276 個複製胚胎中唯一成功者，目前面臨提早老化及體重過重的問題。我國於民國 90 年 9 月 1 日誕生第一頭複製牛（剖腹生產），身體有若干缺陷❾❺，該複製牛於 9 月 6 日死亡❾❻。此二例僅在說明，生物科技的研究即使技術再熟稔，仍有許多疑問及未知的資訊待進一步研究。科學家對胚胎的認識仍未臻完善，人體基因組序列的圖譜雖已完成，但其所司功能仍待研究，在此前提下，貿然以「人」為研究對象，除了將人視同白老鼠漠視人性尊嚴，更可能因認知有限濫行殘害生命。

(3)人類的複製——胚胎幹細胞的研究雖著眼於醫療目的，然而一旦技術成熟，便可能完成胚胎的複製，複製人的爭議將又再次浮現。

(4)人類成為交易的標的——以胚胎幹細胞培養成的細胞組織作為交易標的，相當於間接以人類作為交易之標的。

反對人士除據前揭弊端為由外，更指出，胚胎幹細胞的研究成效仍屬預期而未確定，幹細胞的研究，相對於胚胎幹細胞，另有成體幹細胞 (adult stem cell)❾❼。利用成體幹細胞研究治療，既不需摧毀任何胚胎，從事自體

---

❾❹　Oestreich, *id.*; Verbatim, *id.* 262～263; Linda Bevington, *Stem Cells and the Human Embryo*, http://www.bioethix.org/resources/overviews/stemcell.html (last visited Sept. 8, 2001).

❾❺　謝恩得暨林如森，催生 12 年，國內第一頭複製牛畜實亮相，聯合報（民國 90 年 9 月 4 日）。

❾❻　謝恩得，國內首頭複製牛死了，聯合晚報（民國 90 年 9 月 7 日）。

❾❼　除胚胎時期外，人體內的幹細胞統稱成體幹細胞，目前醫學上所知，成體幹細胞屬多效性幹細胞，如造血幹細胞、神經幹細胞等；科學家希望利用成體幹細胞以體外培養出複效性幹細胞，甚至利用某特定類型的幹細胞培養另一類型的幹細胞。陳敏慧，同註38，頁 13。NIH, *supra* note 7.

移植治療，亦無異體移植的排斥作用❾，未來更有可能利用其培養人體組織或器官❾。既然如此，便毋需資助、鼓勵胚胎幹細胞的研究。

（二）優　點

　　胚胎幹細胞的優點，在於其預期的醫療上的貢獻❿。部分研究已於老鼠身上實驗成功，其餘仍待進一步研究。利用胚胎幹細胞研究，可瞭解細胞分化過程，甚至遺傳性疾病的形成過程等等。

　　贊成胚胎幹細胞研究者，強調前揭優點外，並駁斥反對人士的見解。萃取胚胎幹細胞所需的胚胎，係受胎後約五天者，此時應僅屬「前胚胎期」(pre-embryos)，摧毀此類「胚胎」無關乎危害人命，更何況它的研究對社會將有鉅大貢獻❿。

　　至於成體幹細胞的研究，NIH 雖樂見其成，但指出目前有關人類成體幹細胞的態樣及位置所知仍屬有限，例如：心臟幹細胞、胰臟幹細胞，仍無法探查其位置，再者，成體幹細胞的數量會隨著年齡增加而減少，就研究所需的數量，顯有未足，對於急性病症患者，擬藉由體外培植細胞移植，於時間上，恐緩不濟急❿。至於能否利用特定成體幹細胞培植成另一類型

---

❾　陳敏慧，同上。

❾　Deborah Josefson, *Adult stem cells may be redefinable*, 318 BMJ 382 (Jan. 30, 1999), *available at* http://www.bmj.com/cgi/content/full/318/7179/282/b (last visited Sept. 2, 2001). 科學家利用骨髓造血幹細胞植入老鼠，使老鼠長出新的心臟細胞。Nicholas Wade, *Findings Deepen Debate On Using Embryonic Cells*, NEW YORK TIMES, April 3, 2001.

❿　請參閱本文「貳」二之（三）「胚胎幹細胞」。

❿　請參閱 Albert, *supra* note 93. Oestreich, *supra* note 93, Jason Casell, *Lengthening the Stem: Allowing Federally Researchers to Derive Human Pluripotent Stem Cells From Embryos*, 34 U. MICH. J.L. REV. 547, 567～568 (2001). NIH 亦持此立場。*Id.*

❿　NIH, *supra* note 7. 有關胚胎幹細胞的優點及成體幹細胞的缺點，請參閱 Casell, *id.*

幹細胞，NIH 持保留態度，醫學上雖已有數件有關老鼠研究的成果報告，但有關人類部分，仍須進一步研究❿，反之，胚胎幹細胞含有構成人體所有器官組織的幹細胞且數量豐富，無論就現階段研究所需，抑或未來提供基因治療，均能充分有效地供應。足見胚胎幹細胞的重要性。

　　胚胎幹細胞的研究確有其優缺點，所謂的缺點（或弊端），係發生於研究標的的取得及研究過程，其優點則指其研究成果，基於其研究成果對人類的重要性，西元 2000 年美國 NIH 便決定資助其相關研究❿，並公布施行「利用人類複效性幹細胞的研究基準」(Guidelines for Research Using Human Pluripotent Stem Cells)❿，NIH 將幹細胞的取得，限於體外受孕的胚

---

❿　NIH, *supra* note 7. Marqaret Goodell 博士曾於西元 1999 年發表文章指出，已成功地將肌肉幹細胞培植成造血幹細胞，然而兩年後，Goodell 博士承認那是一項錯誤，因為被認為是造血幹細胞的族群最後仍依附於肌肉組織。Brian Vastag, *Many say adult stem cell reports overplayed*, 280 JAMA 293 (July 18, 2001).

❿　西元 1998 年，當 Thomson 及 Gearhart 相繼成功地培養胚胎幹細胞系後，國會曾舉行聽證會，就聯邦經費得否資助其相關研究進行討論；NIH 於會中指出已就是否資助該類研究進行評估。*Use of Stem Cells Still Legally Murky, But Hearing Offers Hope*, 282 SCI. 1962 (Dec. 11, 1998).

❿　65 F.R. 51976 (Aug. 25, 2000)，嗣經修正 65 F.R. 69951 (Nov. 21, 2000), *available at* http://www.nih.gov/news/stemcell/stemcellguidelines.htm. NIH 所資助的研究對象，包括㈠流產胎兒組織 (human fetal tissue)，及㈡體外受孕的人類胚胎 (human embryos that are the result of in vitro fertilization). Guideline Sec. I. 除此，基準主要內容為，科學家不論就前揭㈠或㈡取得胚胎幹細胞，均須書面同意，無論前者的流產或後者體外受孕都非基於供研究目的而實行，且該決定與同意捐與研究的決定，係各別無關的兩項決定，亦非受利誘或脅迫所致。任何費用的給付，僅得包括運輸及萃取、保存幹細胞所需之合理費用。所做研究不以直接提供捐與人醫療上的利益為目的。捐贈人無權對幹細胞研究成果的商業利益主張任何權益。Guideline Sec. II. 基準並臚列不予資助的研究項目，如：㈠以人體胚胎為標的研究萃取複效性幹細胞的方式；㈡利用複效性幹細胞培植人體胚胎；㈢萃取幹細胞的胚胎來源係為研究而提供；㈣體細胞核轉殖研究，亦即利用人類體細胞核 (somatic cell nucleus) 轉殖入人類或動物卵細胞，使獲得人類複效性幹細胞的研究；㈤研究所利用的人類複效性幹細胞，係體細胞核

胎及流產胎兒組織 ⑩ 。

　　美國政府在權衡利弊輕重後，決定有限制地資助研究，俾免科學家們在經費充裕的情況下，濫行實驗研究，耗費胚胎的使用量。

　　然而，此係針對領取聯邦政府經費補助的情形所做的限制，對於已募得經費從事研究的私人研究機構，前揭限制並無任何效果。胚胎幹細胞的研究趨勢既已形成，惟有賴科學家的道德、良知與法律予以規範。

二、道德實用性

　　各國政府固然得以刑法等規範研究胚胎幹細胞的行為，惟，觀諸其研究，與醫藥品、微生物甚至動物發明等研發的動力一致，除了促進人類健康福祉外，主要是生物科技市場的經濟誘因，其誘因又源自專利制度的保護，蓋以排他性權利的行使可得到豐厚的利潤 ⑩ 。專利權利的准否不失為科技發展的重要指標，此可證諸於 Chakrabarty 乙案，聯邦最高法院判決人為製造的生物可予專利後使得生物科技急遽發展。是以，藉由專利制度的准否規範，更可達到監控科學家們合於法令、道德標準從事胚胎幹細胞的研究。

　　法院於決定發明實用性時，亦曾以是否符合「公共利益」為考量實用性要件的因素，認為賦予發明專利必須該發明本身具公共利益暨目的 ⑩ 。

　　轉殖而成；㈥研究將人類複效性幹細胞與體細胞核結合以製造複製人。Guideline Sec. III.

⑩　*Id.*

⑩　由 PTO 專利資料顯示，依專利摘要中提及幹細胞為準進行統計，PTO 於西元 1983 年 10 月核准首件有關幹細胞的專利，西元 1986 年至 1990 年共有 6 件相關專利案獲准，西元 1991 年至 1995 年間，有 29 件，1996 年迄 2001 年 9 月 18 日止，有 198 件專利案。http://patft.uspto.gov/netahtml/search-bool.html. (last visited Sept. 18, 2001).

⑩　Mercoid Co. v. Mid-Continent Inv. Co., 320 U.S. 661, 64 S.Ct. 268, 88 L.Ed. 376 (1994); Brenner v. Manson, 383 U.S. 519, 86 S.Ct. 1033, 16 L.Ed.2d 69 (1966).

然而，此係就發明的目的及效用而言，觀諸胚胎幹細胞，其預期的研究成果無疑將對人類有重大貢獻，受到爭議者，為胚胎的來源取得方式及研究實驗過程，就理論而言，應可以胚胎的取得戕害生命為由，認定其有違公共利益，然而，實務上，此類爭議屬道德議題，而未見案例以「公共利益」討論者。

　　道德實用性亦為前揭「一般實用性」中的特定類型❿。其源自於西元1817 年 *Lowell v. Lewis*⓾乙案，Story 法官的附帶意見 (dictum) 中指出實用性要件的目的在保護大眾免於受到任何損害，法律要求發明不得為不重要的 (frivolous)，亦不得有損於社會福利、完善的政策或道德律⓫。Story 法官復於同年的 *Bedford v. Hunt*⓬乙案中重申其見解。

　　嗣後，亦有些許案例引用 Story 法官的意見，作成判決。如 *Converse v. Cannon*⓭，法院謂發明毋需具高度的實用性，但必須無害於社會的道德、健康及良好秩序。又如：*Mitchell v. Tilghman*⓮，法院亦謂，當發明技術的操作導致操作者暴露於喪失生命或重大身體上的傷害時，不得視為實用的技術；進而指明國會雖賦予發明人排他性權利，保護其發明，惟絕無意圖鼓勵具有危險的發明⓯。

　　除此，以違反道德致欠缺實用性為由否准專利者，多為與賭博有關的發明案件。早期法院常以違反道德致欠缺實用性為由，否准與賭博有關的發明專利⓰。惟，倘經證明發明得使用於其他有益的用途，則仍有獲准專利的可能，如 *Fuller v. Berger*⓱。直至西元 1977 年 *Ex Parte Murphy*⓲乙案，

⓼　Machin, *supra* note 76, at 435.

❿　15 F. Cas. 1018 (1817).

⓫　15 F. Cas., at 1019.

⓬　3 F. Cas. 37 (1817).

⓭　6 F. Cas. 370, 372 (1873).

⓮　86 U.S. 287, 22 L.Ed. 125 (1874). 該案係有關脂肪酸及甘油的製造方法。

⓯　86 U.S. at 296～297.

⓰　如：Reliance Novelty v. Dworzek, 80 F. 902 (1897); Meyer v. Buckley Mfg. Co., 15 F.Supp. 640 (1936).

PTO 專利訴願暨衝突委員會（Board of Patent Appeals and Interferences，簡稱 'BPAI'）指明專利法第 101 條並未規範有違道德的賭博發明不得予以專利 **⑲**。

聯邦法院於 *In re Nelson* **⑳** 中指出，涉及道德問題的發明技術是否准予專利，可採平衡原則 (balancing test)，就該發明的優點及其不道德的因素，權衡二者之輕重，倘其優點遠勝於其負面的不道德，則仍可給予專利。然而，在多數不道德的考量均繫於抽象的觀念而無實際證據予以佐證時，平衡原則的適用，仍因發明具有改善人類健康福祉等優點，而獲准專利 **㉑**。

作者間亦有不同見解：Chisum 教授主張發明具備實用性須符合的基準之一，即其所擬達成的目的不得為不法、不道德或違反公共政策 **㉒**。惟 Rosenberg 則認為道德標準因時代而異，近代已鮮有以道德為由否准專利者，故道德已非准否專利之考量因素 **㉓**。

西元 1980 年 *Diamond v. Chakrabarty* **㉔** 此一對生物科技發展具指標作用的案例中，聯邦最高法院拒絕適用道德實用性，並指出：法院無權決定有關遺傳研究可能致潛藏危害的爭點，此係政策性考量議題，應屬國會立法的權限 **㉕**。西元 1988 年 *Whistler Co. v. Autotronics* **㉖**，聯邦地院也拒絕以

⑰　120 F. 274 (7th Cir. 1903).

⑱　200 U.S.P.Q. 801 (1977).

⑲　200 U.S.P.Q. at 802.

⑳　280 F.2d 172 (C.C.P.A. 1960).

㉑　Thomas Magnani, *Biotechnology and Medical Devices: The Patentability of Human-Animal Chimeras*, 14 BERKELEY TECH. L. J. 443, 455～456 (1999). 早於西元 1903 年，便有聯邦法院拒絕採用「平衡原則」，理由為該原則將使發明的可專利性處於不確定的狀態。*Fuller*, 120 F. at 275～276.

㉒　Chisum, *supra* note 57, §4.01. 另有作者亦採此見解，ARTHUR MILLER & MICHAEL DAVIS, INTELLECTUAL PROPERTY, PATENTS, TRADEMARKS AND COPYRIGHT 66 (2d ed. 1990).

㉓　1 PETER ROSENBERG, PATENT LAW FUNDAMENTALS §8.04 (2d ed. 1980, rev. 1998).

㉔　447 U.S. 303, 100 S.Ct. 2204, 65 L.Ed.144 (1980).

不符道德實用性為由否准專利，並重申使用上違反法律的發明，不因此欠缺實用性，除非國會立法明文規範❶。西元 1999 年 *Juicy Whip, Inc. v. Orange Bang, Inc.*❷乙案中，聯邦巡迴上訴法院指出，依西元 1952 年專利法，實用性的意義不應涵蓋道德的考量❸。換言之，道德並非決定是否准予發明專利的因素。

　　然而，隨著生物科技的發展，醫藥品、微生物甚至動物發明相繼獲准專利，有關道德實用性的議題再次受到重視，而有復甦的趨勢。現已有部分論者主張適用道德實用性❹，俾使違反道德的生物科技發明等無法取得專利，使科學家在無利可圖的情況下，不再從事違反道德的研究。

　　西元 1998 年里夫金 (Rifkin) 與紐曼 (Newman) 向 PTO 以含有人類及非人類基因的胚胎申請專利，希冀藉由該案使眾人關注此一涉及道德的問題，他們認為縱使取得專利，亦可因排他性權利的特質，使他人無法從事類似的研究。此申請案的確受到重視，PTO 於同年 4 月 1 日發布新聞稿❺，除重申申請專利之發明須符合專利要件外，並指出 PTO 對於華而不實 (specious) 的技術或甚至未揭露其實用效能的技術，均不予專利。PTO 並以 *Tol-O-Matic, Inc. v. Proma Produkt-Und Marketing Gesellschraft m.b.H*❻為

---

❶　447 U.S. at 316～317, 100 S.Ct. at 2212, 65 L.Ed. at 155.

❷　14 U.S.P.Q.2d 1885 (1988).

❸　14 U.S.P.Q.2d at 1886.

❹　185 F.3d 1346 (Fed. Cir. 1999).

❺　185 F.3d at 1367.

❻　Danna Visser, *Who's Going to Stop Me from Patenting My Six-Legged Children? An Analysis of the Moral Utility Doctrine in the United States*, 46 WAYNE L. REV. 2067 (2000)；Magnani 贊成應用道德實用性，但認為應經由立法，始具拘束力。Magnani, *supra* note 121, at 444 & 460.

❼　PTO, *Facts on Patenting Life Forms Having a Relationship to Humans*, Media Advisory (April 1, 1998), *available at* http://www.uspto.gov/web/offices/com/speeches/98-06.htm (last visited Sept. 1, 2001).

❽　945 F.2d 1546 (Fed. Cir. 1991). 此案係原告 Tol-O-Matic 告被告 Proma 侵害其無桿活塞汽缸專利權，Proma 反訴主張系爭專利應為無效。就專利實用性部分，

例，引用 Story 法官於 Lowell 乙案中的附帶意見：實用性要件應排除任何有害人類福祉、社會道德或良好政策的發明。PTO 就 Rifkin 與 Newman 之申請案說明其不具可專利性，因不符公共政策 (public policy) 以及具道德觀的實用性。

三、因應措施

胚胎幹細胞的研究，受到反對的主因一如其他生物科技，擔心人類淪為少數不道德的科學家實驗的對象或工具，從事複製人的研究（亦即以人為方式製造人類），甚至為了研究，濫行摧毀胚胎，或誘騙他人墮胎以取得胚胎等等行為。如何兼顧鼓勵胚胎幹細胞的研究以及遏止不當的研究方式暨目的，考驗著司法與立法者的智慧。其因應措施，不外於實務採道德實用性以及制定或修改相關法令。

㈠實務採道德實用性

如前所言，相關法令對此議題付諸闕如。現行專利法自西元 1952 年立法迄今，歷經多次修正，惟，有關實用性乙節，仍沿用當年規定。追溯當年立法背景，國會顯然無法預見 50 年後科技的變遷為何，科幻小說中的情節竟有成真的可能：人類的複製、人與動物結合而成的似人動物、以人類為實驗對象的研究行為等等。是以，揆諸專利法第 101 條，無法得知實用性的考量是否涵蓋道德觀。此亦何以司法實務及論者謂，立法者既未明定，則實用性自不應考量道德因素。

然而，如 Rosenberg 所言，道德標準因時代而異，現階段鮮有以道德為由否准專利者，顯然，道德標準仍有存在的可能，只是因時代的背景差

法院認為系爭專利既符合第 101 條規定及 *In re* Nelson 的要件，便當然符合實用性，945 F.2d at 1553. 而 *In re* Nelson 乙案係引用 Lowell 法官見解，認為發明必須無損於社會的福祉、良好政策及道德，因此，實用係相對於有害的或不道德的行為。*In re* Nelson 280 F.2d 172, 178～179 (C.C.P.A. 1960).

異，而有不同需求。是以，今為因應生物科技的發展、杜絕不當及不必要的研究，仍有考量道德因素的可能性暨必要性。再者，揆諸聯邦憲法第 1 條第 8 項第 8 款明定，國會有權為提昇實用技術，而就發明人的發現賦予其排他性權利❸，輔以實務案例有關「對價」原則及「公共利益」的適用，當可確認道德實用性要件對胚胎幹細胞、甚至所有生物科技相關發明專利的重要性及適用上的合法性。

(二)訴諸立法

基於法院對於實用性是否涵蓋道德標準意見分歧，倘訴諸法律，又如何❸？有作者主張適用美國聯邦憲法第 13 條增修條文❸，禁止含有人類基

---

❸　U.S. Const. Art. 1, §8, Cl. 8.

❸　依據 WTO 的 TRIPs 協定第 27 條各盟員得訂定有違公序良俗之發明不予專利之規定。歐洲專利公約（European Patent Convention，簡稱 'EPC'）第 2 條，日本特許法第 32 條以及我國專利法第 21 條第 6 款（按：即現行法第 24 條第 3 款），均有類似規定。此外，德、日亦另有其他法令規範：西元 1990 年德國制定「基因科技管制法」及胚胎保護法，前者規範基因改造生物及其產品之製造等，但並未涉及人類複製、生殖醫學及基因療法等情事；後者則為有關基因療法的規範，禁止種系基因的改造。徐偉群，各國基因治療法律管制介紹，生物科技與法律研究通訊，第 4 期，頁 8, 13（民國 88 年 10 月）。日本於西元 1993 年由厚生科學委員會公布「基因治療臨床研究準則」，西元 1998 年文部省學術審議委員會公布「關於人類無性生殖研究準則」禁止複製人類。紀凱峰，日本基因科技法令政策發展現況，生物科技與法律研究通訊，第 2 期，頁 19（民國 88 年 4 月）。更於西元 2001 年 4 月施行人類基因——遺傳分子分析研究關係之倫理準則。隅藏康一，人類基因與專利——朝研究成果之適當保護邁進，「基因科技的倫理、法律與社會議題」學術研討會，頁 18，註 66（民國 90 年 5 月 27 日）。西元 1998 年，歐盟議會亦公布一項生物科技的指令 Council Directive 98/44/EC, *available at* Lexis-Nexis Academic Universe. 其中第 5 條明定禁止以人類為發明標的的專利，包括任何人體形成階段（筆者按：如胚胎等）(Art. 5.1)，但以人為方式將組織自人體分離並能證明其功能者（筆者按：如人體基因組序列圖譜）仍可給予專利 (Arts. 5.2 & 5.3). 第 6 條明定倘發明的商業利用違反公序良俗者不予專利 (Art. 6.1)；另列舉違反公序良俗之事由，如複製

因的生物發明取得專利，然此僅限於發明物品，倘為方法則無從適用。況生物科技發展迄今，以含有人類基因取得專利的發明比比皆是，首件動物專利哈佛老鼠，便是經由基因轉殖、含有人類致癌基因的老鼠。PTO 於西元 1987 年 4 月的公告 ⓛ，旨在說明人為多細胞發明的可專利性，以及含有人類的發明（如，人與動物的嵌合體），不得為專利保護客體，其公告亦僅限於物品，不及於製法。NIH 有關複效性幹細胞研究基準，僅得拘束擬申請或已取得 NIH 經費補助的研究人員暨其研究計畫，而不及於以私人經費從事研究者；至於聯邦眾議院通過的人類複製禁止法案，又以禁止人類或人類胚胎複製為主，無一得以有效解決胚胎幹細胞研究的相關疑慮。是以，擬有效解決發明不得有違反法律或公共政策的行為，仍應回歸到其三權分立的制度，由國會立法明文予以限制，最簡易的方法為，修改專利法第 101 條，明定發明須符合道德實用性，並明文禁止複製人類的行為 ⓛ。

　　論者對於是否增訂道德實用性有不同見解。肯定見解謂當一項技術（如生物科技）同時兼具優缺點，而其優點又關乎眾人健康福祉，國會應當立法規範其可能產生的弊端，而非禁止該項技術的研發 ⓛ；亦即，於專利法中明定有關公共政策的例外規定 ⓛ。否定見解則認為，「道德」本為技術發

人類，改變司人類屬性的遺傳基因（筆者按：如將人類與其他動物基因進行轉殖培養成非人的動物），改變動物遺傳屬性而其研究對人類或動物無任何助益者 (Art. 6.2). 該指令並明定成立十二人組成的「科學暨新技術的歐洲道德組」，評估有關生物科技有關道德的議題 (Art. 7). 我國相關法令的訂定，請參閱註 159。

ⓛ Magnani, *supra* note 121, at 449. 美國聯邦憲法第 13 條增修條文係禁止奴役的規定。

ⓛ *Policy Statement on Patentability of Animals*, issued by the Commissioner of Patents and Trademarks, April 7, 1987.

ⓛ 美國聯邦眾議院已於今年（西元 2001 年）7 月通過禁止複製人的法案，現須俟參議院審理方得定案。

ⓛ Kojo Yelpaala, *Biotechnology and the Law: Owning the Secret of Life: Biotechnology and Property Rights Revisited*, 32 MCGEORGE L. REV. 111, 197 (2000).

展過程中必然面臨的議題，惟，在專利法中加諸道德規範，將因種種因素
導致適用上的不確定性，如：道德標準為何？審查人員如何認定？有無能
力認定？以及認定上的分歧等等❶；另有謂，生物科技引發的道德爭議，
在於權利取得後實施的行為所致，而非發明技術本身，故應另立法規範保
護該些可能受損害的權利，而非於專利法中明定道德規範❶。然而，以胚
胎幹細胞及多數生物科技而言，其主要爭議在於其研究過程而非取得專利
後的實施行為。

　　本文以為立法規範確有其必要性，可採取下列兩種方式之一：(1)於專
利法中列舉不予專利保護之客體；(2)於專利法中明定違反法律或公共秩序
者不予專利，並另制定法律規範相關研究行為。前者雖較簡易，卻面臨為配
合科技發展須經常修法的困擾；後者雖較繁複，卻得以較周延地予以規範，
確保發明技術本身與研究過程的合法性，以及專利取得後實施的合法性。

伍、我國專利法上之實用性要件暨道德規範

　　我國專利法兼具實用性要件與道德規範。第 20 條明定，發明必須具備
實用性、新穎性及進步性等專利要件。其第 1 項前段：「凡可供產業上利用
之發明……」即「實用性」要件❷；第 21 條第 6 款❸則明定發明違反公共

---

❸　Yelpaala, *id*. at 204; Magnani, *supra* note 121, at 444 & 460.

❶　Cynthia Ho, *Patent Law and Policy Symposium: Re-Engineering Patent Law: The
　　Challenge of New Technologies: Part III: International and Comparative Law
　　Issues: Splicing Morality and Patent Law: Issues? Arising from Mixing Mice and
　　Men*, 2 WASH. U. J. L. & POL'Y 247, 283～284 (2000).

❶　Lydia Nenow, *To Patent or not to Patent: The European Union's New Biotech
　　Directive*, 23 HOUS. J. INT'L L. 569, 605～606 (2001).

❷　邇來部分文獻改以「產業上可利用性」稱之，包括智慧財產局專利審查基準及
　　行政法院判決均採如是名稱。http://www.moeaipo.gov.tw/sub3/pato2-3c.htm.

秩序、善良風俗或衛生者，不得予以專利。本節將探討前揭規定，如何因應胚胎幹細胞所衍生的道德問題及我國法與美國法之異同。

一、實用性要件

我國法有關實用性要件，最早見於民國 28 年修正的獎勵工業技術暫行條例第 1 條第 2 款「關於物品……合於實用之新型者。」俟民國 33 年公布之專利法始明定發明須具實用性❹❹：該法明定發明須有工業上利用價值（第 1 條），並另明定其意義為合於實用及達到工業上實施階段（第 3 條）。

依智慧財產局的專利審查基準，產業指：工、礦、農、林、漁、水產、畜牧等產業，以及輔助產業之運輸業、交通業等❹❺。審查基準並臚列不具實用性之類型有三❹❻：㈠未完成的發明；㈡非供營業上利用，以及㈢實際上顯然無法實施之發明者。茲分述如下。

㈠未完成的發明

所謂未完成的發明，又可分欠缺達成目的之技術手段的構想或雖有技術手段但無法達成目的者。此亦為實務上最常見之情事，例如：缺乏實驗數據❹❼或實驗數據無法證明技術內容可達之功效❹❽。甚至說明書內容未臻

---

❹❸　按：即現行專利法第 24 條第 3 款。

❹❹　民國元年暨 12 年之獎勵工藝品暫行章程第 1 條以「工藝品」包括發明，民國 17 年獎勵工業暫行條例暨 21 年獎勵工業技術暫行條例第 1 條規定關於「工業上」之物品及製造方法，首先發明……，以及民國 28 年修正之獎勵工業技術暫行條例第 1 條……研究「工業技術」……第 1 款關於……首先發明者；雖未明定實用性要件，惟，由「工藝」、「工業」等用語，應可窺知發明須能於工藝上或工業上實施、使用者，否則，仍不予以獎勵，亦即其本應具有實用性。

❹❺　專利審查基準，同註 142。

❹❻　同上。

❹❼　行政法院八十五年度判字第八一七號判決；行政法院八十五年度判字第二七五一號判決；行政法院八十七年度判字第七三五號判決；行政法院八十八年度判

明確者亦是，如：行政法院分別以(1)說明書未揭示具體實質內容，致一般熟習該項技術之人無法據以完成發明技術❶❹❾；以及(2)說明書僅論及局部效益，未能全盤考量整體經濟效益，致解決問題之技術手段無法產生說明書所述之具體功效❶❺⓿；(3)申請專利範圍過廣❶❺❶，致無法由說明書及實施例證明均可實施及具有所稱功效❶❺❷，認定發明技術不具實用性。

(二)非供營業上利用

此係指發明雖可完成其目的，但係因人而異，或甚至降低同類物品應有的效能。例如，僅係個人習慣而利用之方法，無營業上之用途者。又如：發明技術之操作較現有技術所費時間冗長，致不具經濟效益❶❺❸；或造成功能障礙❶❺❹；以及將簡單的烹調動作，作複雜的控制其過多及繁複的程序，導致其他失誤，造成不必要的動作❶❺❺。凡此，均屬非可供營業上利用，故不具實用性。

字第七八三號判決。

❶❹❽　行政法院七十六年度判字第六二九號判決；行政法院八十五年度判字第二七五一號判決；行政法院八十六年度判字第一八一六號判決；行政法院八十六年度判字第九四六號判決；行政法院八十八年度判字第一○○九號判決；行政法院九十年度判字第九六○號判決。

❶❹❾　行政法院七十年度判字第九一五號判決；行政法院七十七年度判字第一七七一號判決；行政法院八十五年度判字第八六四號判決；行政法院八十五年度判字第二四○一號判決；行政法院八十八年度判字第二六七六號判決；行政法院九十年度判字第九○三號判決；行政法院九十年度判字第一四○號判決。

❶❺⓿　行政法院七十一年度判字第一九六號判決；行政法院八十七年度判字第二七四四號判決。

❶❺❶　行政法院八十六年度判字第一五四號判決。

❶❺❷　行政法院八十九年度判字第五八一號判決；行政法院八十九年度判字第二○四○號判決；行政法院九十年度判字第一四○號判決。

❶❺❸　行政法院七十九年度判字第一九一四號判決。

❶❺❹　行政法院八十六年度判字第三一三四號判決。

❶❺❺　行政法院七十七年度判字第九十五號判決。

㈢實際上顯然無法實施之發明

即理論上可實施實際上卻無法實施，例如審查基準所舉例子：以收臭氧層之塑膠膜包覆地球❻，行政法院亦以倘技術內容僅係理論或構想，尚未發展成具體之製造或使用之技術者，不具實用性❼。

實務上，未曾以發明違反道德為由，認定其不具實用性者，此因專利法已明定妨害公序良俗或衛生之發明不予專利，故然。

二、妨害公共秩序、善良風俗及衛生者

我國自民國元年獎勵工藝品暫行章程，便已明定有紊亂秩序妨害風俗之虞者不在獎勵之列（第 2 條第 3 款），沿用迄今❽。

何孝元教授謂：舉凡發明的使用目的違反社會公序、道德及危及人類健康者，均不得予以專利❾。實務上，鮮有因違反公共秩序善良風俗而否准專利者，其適用上的標準又恐不一而足。

涉及胚胎幹細胞相關發明，除治療方法非我國法所准予保護之客體外，仍應准予專利。倘科學家以不法或不當方式取得胚胎者，本應以違反公共秩序、善良風俗否准其專利，惟，「公共秩序」「善良風俗」係概括抽象規定，難以明確訂定，此何以審查基準未就其訂定標準之故。「不法」「不當」固可視為違反公共秩序、善良風俗；惟，「不法」的前提需有法律的存在，而「不當」則又難以具體規範。本文以為宜立法明文規範胚胎幹細胞以及

---

❻　專利審查基準，同註 142。

❼　行政法院七十二年度判字第七九〇號判決。

❽　其間僅文字略做增修，目前所採行者，係沿用民國 21 年公布施行之獎勵工業技術暫行條例第 3 條第 2 款規定迄今。

❾　何孝元，工業所有權之研究，頁 98（重印 3 版，民國 80 年 3 月）。此規定不同於發明的使用違反法律之情事，蓋以個人的使用方式暨目的，往往取決於使用人本身的意思，與發明之預期目的未必相同，故，若以發明物品的使用決定是否獲准專利制度的保護，便有未妥。

整個生物科技領域應遵守的研究法則，在確立尊重（人類暨動物）生命的前提下，規範研究標的的取得、研究方式，以及研究目的。任何違反該法則所為的發明，自得以違反公共秩序為由不予其專利。

三、我國法與美國法之異同

我國法與美國法均採實用性要件，我國法囿於另有妨害公共秩序等發明不予專利之規定，故於實用性的認定上不考量其道德因素；反之，美國法並無類似規定，復以其普通法系特質，故於適用實用性之際有較廣泛的考量空間，包括道德因素等。

儘管美國聯邦法院並不全然排除道德實用性的適用，多數法院仍以適用道德實用性將逾越司法權限為由拒絕採行。唯有藉由立法禁止不當的研究，並於專利法中明定違反法律的研究不予專利或欠缺（道德）實用性，使 PTO 與法院得以確切地執行道德實用性。我國法雖已明定妨害公序良俗及衛生者不予專利，仍賴立法制定研究生物科技應遵守的法則。

我國法與美國法固有相異之處，惟，就胚胎幹細胞議題，甚至整體生物科技領域，均面臨欠缺周延法令管理的窘境。

陸、結　語

Thomson 與 Gearhart 相繼培養出胚胎幹細胞系，使許多瀕臨絕望的患者及其家屬重新燃起生機。科學家們預言，胚胎幹細胞的研究可發展基因療法、醫藥品等等對人類健康有極大助益，對於生物科技公司而言，它，更潛藏著龐大的經濟利潤。然而，所謂「胚胎幹細胞」係源自於胚胎，使論者質疑科學家的胚胎來源，有戕害生命之虞，並憂心其日後的發展是否形成人類複製的研究。

美國聯邦眾議院已通過禁止複製人類的法案，布希總統公開聲明，聯

邦經費僅有條件地補助胚胎幹細胞研究；然而，對於不受聯邦經費補助的科學家而言，其得據以研究的胚胎幹細胞便不受限制。胚胎幹細胞的研究也導引出人們對整體生物科技有關道德的疑慮。本文以為，科學家們的研究，惟有賴專利制度予以規範管理，此因生物科技發展的主要誘因，便是專利制度所賦與的排他性權利因此衍生的經濟價值。

美國專利法早期藉道德實用性否准專利，合於「道德」與否，係以人類福祉、社會道德及公共政策為考量因素；惟，嗣經法院以三權分立為由不予採行。為確保生物科技健全地發展，以及貫徹三權分立的精神，應由聯邦國會立法，明定㈠禁止任何戕害人類生命或複製人類的行為，並㈡應於專利法中增訂違反法律的研究成果不得為專利保護客體，或明定實用性考量因素包括發明過程有無違反法律、人類福祉等。後者㈡不予專利的規定使發明人因無利可圖而不從事此等研究，前者㈠禁止規定則令少數不擬申請專利以規避㈡之規定者仍無法得逞；二者相輔相成。

鑑於美國因生物科技的飛速發展所面臨的議題，我國亦應檢視相關規範為因應生物科技發展有無增修的必要性。我國專利法實用性要件雖未考量「道德」因素，但已明定違反公序良俗及衛生不得予以專利，似不須另行立法規範；惟，權衡生物科技的重要性及其弊端，本文以為除前揭不予專利之規定外，更應於專利法中制定專章或另定法律規範相關事宜❶⁶⁰，禁止任何危害人類的研究方式、成果或執行方法。

---

❶⁶⁰　我國目前有關生物科技的立法主要有：衛生署的「人工生殖技術管理辦法」禁止無性生殖（即複製）、「醫療法」中有關人體試驗的規定、農委會「基因轉移植物田間試驗管理規範」以及環保署「遺傳工程環境用藥微生物製劑開發試驗研究管理辦法」及國科會「基因重組實驗守則」推動基因重組研究並確保實驗之安全性等；其中僅醫療法屬法律性質。另今年（民國90年）6月公布的「基因科技安全管制法」建議草案，該草案係以非人類胚胎或人體之基因改造有機體等為規範對象。蔡宗珍，「基因科技安全管制法」草案總說明，生物科技與法律研究通訊，第11期，頁16（民國90年7月）。凡此，雖均直接或間接涉及人類健康，惟，除前揭衛生署的管理辦法明定禁止人類無性生殖外，我國並無一套完善的法律規範整體生物科技之研究（包括人體基因及人類胚胎的研究）。

參考文獻

中文文獻:

1. 王玉祥,造血幹細胞移植的演進,臺灣醫學,第 4 卷,第 2 期,頁 177～186 (民國 89 年 3 月)。

2. 王舜平,生命的福祉──人類幹細胞再造生機,健康世界,第 161 期,頁 101～102 (民國 88 年 5 月)。

3. 王麗娟,幹細胞放行,美宗教界反彈,聯合報 (民國 90 年 8 月 11 日)。

4. 何孝元,工業所有權之研究 (民國 80 年 3 月重印三版)。

5. 李治宇,造血性幹細胞的觀念,臨床醫學,第 19 卷第 5 期,頁 403～406 (民國 76 年 5 月)。

6. 李瑞梅,保健食品對幹細胞生物活性的探討 (民國 88 年 7 月)。

7. 林天送,幹細胞──生命的根源,健康世界,第 163 期,頁 81～83 (民國 88 年 7 月)。

8. 周永強,自體周邊造血幹細胞移植,臨床醫學,第 32 卷,第 2 期,頁 121～123 (民國 82 年 8 月)。

9. 吳劍男,神經幹細胞相關研究,國防醫學,第 27 卷第 5 期,頁 320 (民國 87 年 11 月)。

10. 紀凱峰,日本基因科技法令政策發展現況,生物科技與法律研究通訊,第 2 期,頁 19～24 (民國 88 年 4 月)。

11. 徐偉群,各國基因治療法律管制介紹,生物科技與法律研究通訊,第 4 期,頁 8～19 (民國 88 年 10 月)。

12. 隅藏康一,人類基因與專利──朝研究成果之適當保護邁進,「基因科技的倫理、法律與社會議題」學術研討會 (民國 90 年 5 月 27 日)。

13. 陳文吟,探討修改「進步性」專利要件以因應生物科技發展的必要性──以美國法為主,華岡法粹,第 27 期,頁 271 (民國 88 年 12 月)。

14.陳信孚與楊友仕，複製技術與人類幹細胞培養之未來應用，臺灣醫學，第4卷，第6期，頁734～737（民國89年11月）。

15.陳敏慧，複效性幹細胞與多效性幹細胞的應用，生物醫學報導，第5期，頁10～14（民國90年1月）。

16.張世權及于湲，談醫檢師熟悉的朋友——母細胞(stem cell)簡介，中華民國醫檢會報，第14卷第3期，頁42～46（民國88年9月）。

17.馮克芸，美宣布資助胚胎幹細胞研究，聯合報（民國90年8月11日）。

18.雍建輝，周邊血幹細胞（民國83年9月）。

19.雍建輝、周武屏暨王聲遠，對骨髓與造血幹細胞移植之認識，當代醫學，第22卷，第1期，頁54～60（民國84年1月）。

20.蔡宗珍，「基因科技安全管制法」草案總說明，生物科技與法律研究通訊，第11期，頁16～18（民國90年7月）。

21.謝恩得暨林如森，催生12年，國內第一頭複製牛畜實亮相，聯合報（民國90年9月4日）。

22.謝恩得，國內首頭複製牛死了，聯合晚報（民國90年9月7日）。

23.錢基蓮，胚胎幹細胞研究布希准予資助，聯合報（民國90年8月11日）。

24.魏厦貞，Bc 1-2及Retinoic Acid在胚胎幹細胞神經分化過程中所扮演的角色（民國88年6月）。

25.嚴慧文與李坤雄，胚幹細胞株之建立與應用，科學農業，第38卷，第3～4期，頁65～68（民國79年4月）。

26.智慧財產局專利審查基準，http://www.moeaipo.gov.tw/sub3/pato2-3c.htm.

27.醫生首度用幹細胞治療心肌梗塞，http://www.sinocell.com.tw（上網日期：民國90年8月12日）。

28.民國元年獎勵工藝品暫行章程

29.民國12年獎勵工藝品暫行章程

30.民國17年獎勵工業品暫行條例

31.民國21年暨民國28年獎勵工業技術暫行條例

32.行政法院七十年度判字第九一五號判決

33. 行政法院七十一年度判字第一九六號判決
34. 行政法院七十二年度判字第七九〇號判決
35. 行政法院七十六年度判字第六二九號判決
36. 行政法院七十七年度判字第九十五號判決
37. 行政法院七十七年度判字第一七七一號判決
38. 行政法院七十九年度判字第一九一四號判決
39. 行政法院八十五年度判字第八一七號判決
40. 行政法院八十五年度判字第八六四號判決
41. 行政法院八十五年度判字第二四〇一號判決
42. 行政法院八十五年度判字第二七五一號判決
43. 行政法院八十六年度判字第一五四號判決
44. 行政法院八十六年度判字第九四六號判決
45. 行政法院八十六年度判字第一八一六號判決
46. 行政法院八十六年度判字第三一三四號判決
47. 行政法院八十七年度判字第七三五號判決
48. 行政法院八十七年度判字第二七四四號判決
49. 行政法院八十八年度判字第七八三號判決
50. 行政法院八十八年度判字第一〇〇九號判決
51. 行政法院八十八年度判字第二六七六號判決
52. 行政法院八十九年度判字第五八一號判決
53. 行政法院八十九年度判字第二〇四〇號判決
54. 行政法院九十年度判字第一四〇號判決
55. 行政法院九十年度判字第九〇三號判決
56. 行政法院九十年度判字第九六〇號判決

外文文獻：

1. Albert, Tanya, *Stem Cell Research Divides Doctors Along with Country*, 44 *American Medical News* 1 (Aug. 6, 2001).

2. Benowitz, Steve, *Bone Marrow Experts Are Still Debating the Value of Purging*, 92 J. NAT'L CANCER INST. 190 (2000), *available* at Lexis-Nexis Academic Universe.

3. Bensinger, W. I & H. J. Deeg, *Blood or Marrow?* 355 LANCET 1199 (April 8, 2000).

4. Bevington, Linda, *Stem Cells and the Human Embryo*, http://www.bioethix. org/resources/overviews/stemcell.html (last visited Sept. 8, 2001).

5. *Bush's Stem-Cell Decision Gets Mixed Reviews*, FindLaw Legal News (Aug. 11, 2001), *available* at http://news/s/20010810/sremcelldc.html) (last visited Aug. 11, 2001).

6. Cairo, M. & J. Wagner, *Placental and/or Umbilical Cord Blood: An Alternative Source of Hematopoietic Stem Cells for Transplantation*, 90 BLOOD 4665 (Dec. 15, 1997).

7. Casell, Jason, *Lengthening the Stem: Allowing Federally Researchers to Derive Human Pluripotent Stem Cells From Embryos*, 34 U. MICH. J.L. REV. 547 (2001).

8. Chartrand, Sabra, *Patents: Amid the debate on stem cell studies, a small but growing number of patents are issued in the field*, NEW YORK TIMES, Aug. 13, 2001.

9. CHISUM, DONALD, PATENTS, vol. 1 (1978, rev. 2001).

10. CHISUM, D., C. NARD, H. SCHWARTZ, P. NEWMAN & E. KIEFF, PRINCIPLES OF PATENT LAW (1998).

11. Cohen, Elizabeth, *Stem cells help heal paralyzed rats* (Aug. 3, 2001), http://asia.cnn.com/2001/HEALTH/08/03/stemcell.research/index.html (last visited Sept. 8, 2001).

12. Council Directive 98/44/EC, *available at* Lexis-Nexis Academic Universe.

13. *$2.2 Million for Parkinson's Research*, NEW YORK TIMES, Sept. 7, 2001.

14. Donn, Jeff, *As disease-causing genes are discovered, the rush to the patent*

office grows, FindLaw Legal News (Aug. 24, 2001), http://news.findlaw.com/ap/1/0000/8-22-001/20010822002744910.html (last visited Aug. 24, 2001)

15. DREYFUSS, R. & R. KWALL, INTELLECTUAL PROPERTY (1996).

16. *Embryology: Immortal Cells Spawn Ethical Concerns*, 282 SCI. 2161 (1998).

17. *Facts on Patenting Life Forms Having a Relationship to Humans*, Media Advisory, April 1, 1998, *available at* http://www.uspto.gov/web/offices/com/speeches/98-06.htm (last visited Sept. 1, 2001).

18. Fountain, John, *President's Decision Does Not End the Debate*, NEW YORK TIMES, Aug. 12, 2001.

19. GOLDSTEIN, PAUL, COPYRIGHT, PATENT, TRADEMARK AND RELATED STATE DOCTRINE (1999).

20. Goodstein, Laurie, *Abortion Foes Split Over Bush's Plan on Stem Cells*, NEW YORK TIMES, Aug. 12, 2001.

21. Hettinger, Ned, *Patenting Life: Biotechnology, Intellectual Property, and Environmental Ethics*, 22 B. C. ENVTL AFF. L. REV. 267 (1995).

22. Ho, Cynthia, *Patent Law and Policy Symposium: Re-Engineering Patent Law: The Challenge of New Technologies: Part III: International and Comparative Law Issues: Splicing Morality and Patent Law: Issues? Arising from Mixing Mice and Men*, 2 WASH. U. J. L. & POL'Y 247 (2000).

23. *House Passes Legislation Banning Human Cloning*, http://www.house.gov./judiciary/.news731.01.htm (last visited Aug. 12, 2001).

24. H.R. 2505: "Human Cloning Prohibition Act of 2001", http://thomas.loc.gov/cgi-bin/query//C?r107:/temp/~r10707iKig (last visited Aug. 12, 2001).

25. Jenney, Meriel, *Umbilical Cord-Blood Transplantation: Is There A Future?* 346 LANCET 921 (Oct. 7, 1995).

26. Josefson, Deborah, *Adult stem cells may be redefinable*, 318 BMJ 382 (Jan. 30, 1999), *available* at http://www.bmj.com/cgi/content/full/318/7179/282/b (last visited Sept. 2, 2001).

27. Kempermann, G. & F. H. Gage, *New Nerve Cells in the Adult Brain*, SCIENCEWEEK (June 18, 1999), *available* at http://scienceweek.com/search/reports 1/trozosh.htm (last visited Aug. 20. 2001).

28. Leiper, Alison, *Stem-Cell Transplantation*, 354 LANCET 1644 (Nov. 6, 1999).

29. Loff, Bebe & Stephen Cordner, *Multi-Centre Team Grows Human Nerve Cells From Stem Cells*, 355 LANCET 1344 (April 15, 2000).

30. Lumelsky, N., O. Blondel, P. Laeny, I. Velasco, R. Ravin & R. Mckay, *Differentiation of Embryonic Stem Cells to Insulin-Secreting Structures Similar to Pancreatic Islets*, 292 SCI 1389 (May 18, 2001).

31. Lunkkonen, Mattias, *Gene Patents: How Useful Are the New Utility Requirements?* 23 T. JEFFERSON L.REV. 337 (2001).

32. Machin, Nathan, *Prospective Utility: A New Interpretation of the Utility Requirement of Section 101 of the Patent Act*, 87 CAL. L. REV. 421 (1999).

33. Magnani, Thomas, *Biotechnology and Medical Devices: The Patentability of Human-Animal Chimeras*, 14 BERKELEY TECH.L.J. 443 (1999).

34. Marshall, Eliot, *Cell Biology: A Versatile Cell Line Raises Scientific Hopes, Legal Questions*, 282 SCI. 1014 (1998).

35. *Michael Fox Says Bush Did Not Go Far Enough*, FindLaw Legal News (Aug. 11, 2001), http://news.findlaw.com/entertainment/s/20010810/stemcellfoxdc.html (last visited Aug. 11, 2001).

36. MILLER, A. & M. DAVIS, INTELLECTUAL PROPERTY, PATENTS, TRADEMARKS AND COPYRIGHT (2d ed. 1990).

37. Mirabel, Eric, *A Review of Recent Decisions of the United States Court of Appeals for the Federal Circuit: Article: "Practical Utility" Is a Useless*

Concept, 36 AM. U.L. REV. 811 (1987).

38. Most Cell Colonies Not Yet Usable — U.S. Official (Sept. 7, 2001), http://news.findlaw.com/politics/s/20010905/health stemcell dc.html (last visited Sept. 7, 2001).

39. NIH, *National Institutes of Health Update on Existing Human Embryonic Stem Cells* (Aug. 27, 2001), http://www.nih.gov/news/stemcell/082701list. htm (last visited Sept. 8, 2001).

40. National Institutes of Health, Stem Cells: A Primer (May, 2000), http://www.nih.gov/news/stemcell/primer.htm (last visited Aug. 12, 2001).

41. Nenow, Lydia, *To Patent or not to Patent: The European Union's New Biotech Directive*, 23 HOUS. J. INT'L L. 569 (2001).

42. *On Human Embryos and Medical Research: An Appeal for Ethically Responsible Science and Public Policy*, 15 ETHICS & MEDICINE 85 (1999) *reprinted in* 16 ISSUES L. & MED. 261 (2001).

43. *Oestreich, Stephanie, Implications Of Policy Decisions On Human Embryonic Stem Cell Research In The United States—Conflicting Opinions*, 2 HAR. HEALTH POL'Y REV. (Spring, 2001), *available at* http://hcs.harvard.edu/~epihc/currentissue/spring 2001/oestreich 2.html (last visited Aug. 12, 2001).

44. PTO, Policy Statement on Patentability of Animals, issued by the Commissioner of Patents and Trademarks, April 7, 1987.

45. PTO, The Fate of Gene Patents Under the New Utility Guidelines (Feb. 28, 2001),
http://www.law.duke.edu/journals/dltr/ARTICLES/2001dltr0008.html (last visited Aug. 20, 2001).

46. Recer, Paul, *Scientists excited about stem cells*, THE ASSOCIATED PRESS (Aug. 9, 2001), *available at* http://www.pe.com/digitalextra/nation/stemcell/ stories/080901-scientistsexcited.html (last visited Aug. 11, 2001).

47. Remarks by the President on Stem Cell Research (Aug. 9, 2001) *available* at http://www.whitehouse.gov/news/releases/2001/08/20010809-2.html　(last visited Aug. 12, 2001).

48. ROSENBERG, PETER, PATENT LAW FUNDAMENTALS, v. 1 (2d ed. 1980, rev. 1998).

49. Rottman, Gerald, Manuel Ramirez & Curt Civin, *Cord Blood Transplantation: A Promising Future*, 99 PEDIATRICS 475 (March, 1997), *available at* Lexis-Nexis Academic Universe.

50. Senior, Kathryn, *Putting Nerve Cell Development into Reverse*, 356 LANCET 915 (Sept. 9, 2000).

51. Stem cells show promise in treating neurological diseases (July 29, 1999). http://asia.cnn.com/HEALTH/9907/29/stemcell.advance/ (last visited Sept. 8, 2001).

52. Stolberg, Sheryl, *Bush Administration Announces Patent Deal on Stem Cells*, NEW YORK TIMES, Step. 5, 2001.

53. Stolberg, Sheryl, *U.S. Concedes Some Cell Lines Are Not Ready*, NEW YORK TIMES, Sept. 6, 2001.

54. The Walter and Eliza Hall Institute of Medical Research, *Birth, Life and Death of Neurons*, http://www.wehi.edu.au./reasearch/devneur/neurons.html (last visited Sept. 8, 2001).

55. Thomson, J., J. Itskovitz-Eldor, S. Shapiro, M. Waknitz, J. Swiergiel, V. Marshall & J. Jones, *Embryonic Stem Cell Lines Derived from Human Blastocysts*, 282 SCI. 1145 (1998).

56. *Use of Stem Cells Still Legally Murky, But Hearing Offers Hope*, 282 SCI. 1962 (Dec. 11, 1998).

57. Vastag, Brian, *Many say adult stem cell reports overplayed*, 280 JAMA 293 (July 18, 2001).

58. Visser, Danna, *Who's Going to Stop Me from Patenting My Six-Legged*

Children? An Analysis of the Moral Utility Doctrine in the United States, 46 WAYNE L. REV. 2067 (2000).

59. Wade, Nicholas, *Findings Deepen Debate On Using Embryonic Cells*, NEW YORK TIMES, April 3, 2001.

60. Wakayama, T., V. Tabar, I. Rodriguez, A. Perry, L. Studer & P. Mombaerts, *Differentiation of Embryonic Stem Cell Lines Generated from Adult Somatic Cells by Nuclear Transfer*, 292 SCI. 740 (2001).

61. Work Group on Cord Blood Banking, *Cord Blood Banking for Potential Future Transplantation: Subject Review*, 104 PEDIATRICS 116 (July, 1999), *available at* Lexis-Nexis Academic Universe.

62. Yelpaala, Kojo, *Biotechnology and the Law: Owning the Secret of Life: Biotechnology and Property Rights Revisited*, 32 MCGEORGE L. REV. 111 (2000).

63. Bedford v. Hunt, 3 F. Cas. 37 (1817).

64. Bennett v. Halahan, Aronson & Lyon, 285 F.2d 807 (C.C.P.A. 1961).

65. Blake v. Robertson, 94 U.S. 728, 24 L.Ed. 245 (1877).

66. Brenner v. Manson, 383 U.S. 519, 86 S.Ct. 1033, 16 L.Ed.2d 69 (1966).

67. Converse v. Cannon, 6 F. Cas. 370 (1873).

68. Cowles Co. v. Frost White Paper Mills, Inc., 77 F.Supp. 124 (1948), *aff'd*, 174 F.2d 868 (1949).

69. Diamond v. Chakrabarty, 447 U.S. 303, 100 S.Ct. 2204, 65 L.Ed.144 (1980).

70. Einson-Freeman Co. v. Bohnig, 43 F.2d 609 (D.C.N.Y. 1930).

71. *Ex Parte* Murphy, 200 U.S.P.Q. 801 (1977).

72. Fuller v. Berger, 120 F. 274 (7th Cir. 1903).

73. Fujikawa v. Wattanasin, 93 F.3d 1559 (Fed. Cir. 1996).

74. Gandy v. Main Belting Co., 143 U.S. 587, 12 S.Ct. 598, 36 L.Ed. 272 (1892).

75. Genentech, Inc. v. Novo Nordisk A/S, 108 F.3d 1361 (Fed. Cir. 1997).

76. Guiberson Co. v. Garrett Oil Tools, Inc., 205 F.2d 660 (CA5Tex 1953).

77. Hanson v. Alpine Valley Ski Area, Inc., 204 U.S.P.Q. 794 (1977), *aff'd*, 611 F.2d 156 (1979).

78. Hildreth v. Mastoras, 257 U.S. 27, 42 S.Ct. 20, 66 L.Ed.112 (1921).

79. *In re* Brana, 51 F.3d 1560 (Fed. Cir. 1995).

80. *In re* Chilowsky, 229 F.2d 457 (C.C.P.A. 1956).

81. *In re* Nelson, 280 F.2d 172 (C.C.P.A. 1960).

82. *In re* Swartz, 232 F.3d 862 (2000).

83. *In re* Ziegler, 992 F.2d 1197 (Fed. Cir. 1993).

84. Juicy Whip. Inc. v. Orange Bang, Inc., 185 F.3d 1364 (Fed. Cir. 1999).

85. Leach v. Rockwood & Co., 273 F.Supp. 779 (1967), *aff'd*, 404 F.2d 652 (CA7wis. 1968).

86. Lowell v. Lewis, 15 F. Cas. 1018 (1817).

87. Mckenzie v. Cummings, 24 App.D.C.137 (D.C.Cir. 1904).

88. Mercoid Co. v. Mid-Continent Inv. Co., 320 U.S. 661, 64 S.Ct. 268, 88 L.Ed. 376 (1994).

89. Meyer v. Buckley Mfg. Co., 15 F.Supp. 640 (1936).

90. Mitchell v. Tilghman, 86 U.S. 287, 22 L.Ed. 125 (1874).

91. Mowry v. Whitney, 81 U.S. 620, 20 L. Ed. 8600 (1872).

92. Process Control Co. v. Hydreclaim Co., 190 F.3d 1350 (1999).

93. Raytheon Co. v. Roper Co., 724 F.2d 951 (Fed. Cir. 1983).

94. Rayonier, Inc. v. Georgia-Pacific Co. 281 F.Supp. 687 (1967).

95. Reliance Novelty v. Dworzek, 80 F.902 (1897).

96. Remington Cash Register Co. v. National Cash Register Co., 6 F.2d 585 (1925).

97. Technical Tape Co., v. Minnesota Mining & Mfg. Co., 143 F.Supp. 429 (1956), *aff'd*, 247 F.2d 343 (1957), *cert denied*, 355 U.S. 952, 78 S.Ct. 537, 2L. Ed. 529 (1958).

98. Tol-O-Matic, Inc. v. Proma Produkt-Und Marketing Gesellschaft m.b.H., 945 F.2d 1546 (Fed. Cir. 1991).

99. University of Illinois Foundation v. Block Drug Co., 133 F.Supp. 580 (1955), *aff'd*, 241 F.2d 6 (1957), *cert denied*, 354 U.S. 922, 77 S.Ct. 1382, 1 L.Ed.2d 1437 (1957).

100. Whistler Co. v. Autotronics, 14 U.S.P.Q.2d 1885 (1988).

101. NIH, Guidelines for Research Using Human Pluripotent Stem Cells, 65 F.R. 51976 (Aug. 25, 2000).

102. NIH, Guidelines for Research Using Human Pluripotent Stem Cells, 65 F.R.69951 (Nov. 21, 2000), *available at* http://www.nih.gov/news/stemcell/ stemcellguidelines.htm.

103. PTO, Utility Examination Guidelines, 60 F.R.36263 (1995).

104. PTO, Utility Examination Guidelines, 66 F.R.1092 (2001).

105. 35 U.S.C. §§101～103 (2001).

106. 69 C.J.S. *Patents* §§ 46～47 (2001).

五、探討基因治療相關發明專利暨其必要之因應措施*

＊ 探討基因治療相關發明專利暨其必要之因應措施，本篇係國科會補助之研究計畫：由美歐生物科技相關專利規範評估我國以專利制度保護基因醫藥暨療法之可行性 (II)，NSC 93-3112-H-194-001。原載於政大法學評論，第 93 期，頁 269～329，民國 95 年 10 月。

摘 要

　　基因疾病者，係指因基因突變、缺失或表達異常等所致的疾病。基因治療，則係針對諸多目前仍難以治癒的基因疾病所進行的治療方式。它利用正常或具有治療效果的 DNA 或 RNA 片段，藉由載體轉移到人體的標的細胞，進行修正基因缺陷、抑制或關閉異常基因的表現，達到改善疾病的治療方法。美國 NIH 於西元 1990 年完成首件成功的病例，並以此向 PTO 申請取得體外基因治療專利。

　　專利權的賦予，固然有著鼓勵研發的效果。惟，專利權顯現的經濟上的誘引，卻也使研究人員汲汲營營於研究的完成與試驗，而忽略其生物安全性；專利權的取得，亦誤導受試驗者或患者相信其療效暨安全性。研究人員亦常對受試驗者隱瞞其研究之潛在經濟利益，如專利之申請。再者，其亦使得申請人試圖擴張其專利權利範圍，甚至就尚未知悉功能的基因發現申請專利。凡此，無論就人類健康或產業科技的發展均呈負面的影響。

　　不同於美國，我國專利法並不予治療、診斷方法專利，是以基因治療、診斷方法亦非專利保護客體。然而，無論基因治療本身、抑或其相關發明技術，均有著前揭患者權益堪虞及廣泛專利權之疑慮。

　　下列措施當可確保患者權益：(1)專利法上之產業上可利用性（或實用性）之兼顧生物安全性，適度防止危險性過高的發明取得專利。專利審查人員於審查時應審慎審理其安全性，倘未知其安全性為何、或危險過高，則應以其不具產業上可利用性否准其專利。(2)告知同意——依現行告知同意之規範，研究人員對患者施行基因治療相關發明之試驗前，應告知與醫療、研究行為直接有關的事項。本文以為應於告知事項中，增列其潛在經濟利益（如專利之申請）。

　　至於廣泛專利權的賦予，可採行現有的相關制度以為因應：(1)產業上可利用性的審查從嚴——專利專責機關於審查時，對申請專利範圍之界定應予從嚴，俾免予以廣泛專利權，箝制產業科技的發展。(2)研究、教學暨試驗目的——研究人員亦可基於研究、教學暨試驗目的免費使用專利技術，而毋需負專利侵權責任。(3)強制授權（特許實施）——除使其他業者，得以合理的權利金，使用專利權人之技術；亦可兼顧公共利益及避免專利權人的濫用。凡此，當可有助於解決基因治療相關發明專利所衍生之疑慮。

關鍵詞：基因治療、專利保護客體、專利要件、產業上可利用性、生物安全性、廣泛專利權、實驗研究、強制授權、告知同意

ABSTRACT

Genetic diseases are genetic disorders caused by gene flaws, gene mutations...etc. Gene therapy is a technique for correcting defective genes responsible for disease development. In most gene therapy studies, a "normal" gene is inserted into the genome to replace an "abnormal," disease-causing gene. A carrier molecule called a vector must be used to deliver the therapeutic gene to the patient's target cells. In 1990, first gene therapy clinical trial was approved and was announced to be successful. However, none of government in the world has approved any human gene therapy product for sale.

Gene therapy may terminate our pain for disease, the question whether it is a real hope, an illusion or a tragedy is determined by how the scientists approach it. The premature scientific technique, such as gene therapy, may cause more harms than good to human beings when applied to the society without thorough study. The patent system, surely, brings up economic incentive to study gene therapy. The death of Jesses Gelsinger taught us the importance of biosafety and no gene therapy should be conducted on the human being without thorough study and evaluation. Moore case and Greenberg case remind us the patient's right to be fully informed, including potential economic interests. In sum, the patient's interest should not be ignored, and, the broad patent that may deter the innovation should be restricted. The mentioned issues may occur in the case of gene therapy and testing as well as gene therapy-related inventions, such as, genes, proteins, vectors...etc.

In order to protect patient's interest, the author suggests the utility requirement under the patent system may guard the biosafety, and the informed consent under the health regulation should include the revelation of potential economic interests.

To avoid the deterrence of innovation, the application of broad patent should be restricted. The following measures may be taken into consideration: 1. Application of utility requirement to define the claims narrowly, 2. Application of research/experiment use to avoid patent infringement, 3. Compulsory license to avoid patentee's abusing his right.

Keywords: Gene Therapy, Patentable Subject Matter, Patent Requirement, Utility, Biosafety, Broad Patent, Experiment/Research, Compulsory License, Informed Consent

壹、前　言

　　西元 1869 年德國科學家佛德瑞米歇爾 (Friedrich Miescher) 博士發現去氧核醣核酸（deoxyribonucleic acid，簡稱 'DNA'）❶，歷經多位科學家的戮力研究，84 年後（西元 1953 年），詹姆士華特生 (James Watson) 與法蘭西斯柯瑞克 (Francis Crick) 建立 DNA 雙螺旋構造的模型❷，科學家們因此對 DNA 有更具體的認識。在此之前，科學家早已著手研究 DNA 對人類遺傳及疾病的影響❸。西元 1973 年，史坦利可漢 (Stanley Cohen) 與賀伯波義爾 (Herbert Boyer) 發明 DNA 重組技術，可謂生物科技之濫觴。自此，科學家利用生物科技而研發多項生物藥品❹，甚至從事基因治療 (gene therapy)❺。

　　西元 2003 年 4 月 14 日，美、德、英、法、日及中國大陸共同發表聲明，指出人類基因組序列 (human genome sequence) 的排序已告完成；各界引頸期盼其研究成果能終結人類的病痛。相關議題如：各部分基因的功能與控制方式，以及基因與人類生理及疾病的確切關聯等，雖仍有待研究，基因治療的研究卻已如火如荼地進行。西元 1990 年便已開啟了基因治療的

---

❶　當時，米歇爾博士並未全然瞭解其性質，僅知其不同於其他已知的蛋白質，故而取其名為「核質」(nuclein)。

❷　兩人因此於西元 1962 年獲得諾貝爾獎。

❸　西元 1910 年，湯瑪士摩根 (Thomas Morgan) 與凱文布里吉斯 (Calvin Bridges) 證明基因位於染色體上；西元 1944 年，奧斯沃德愛佛瑞 (Oswald Avery)，考林馬可里歐德 (Colin Mcleod) 與麥克林馬卡提 (Maclyn McCarty) 三人確認 DNA 係生物遺傳的物質基礎。

❹　有關生物藥品專利議題，請參閱陳文吟，由美國法制探討生物藥品專利，月旦民商法，4 期，頁 75～90（民國 93 年 6 月）。

❺　Gene therapy 乙詞，國內文獻多以基因治療或基因療法稱之，尤以基因治療為最，故本文亦採「基因治療」。

首例。只是，誠如前臺大醫院副院長許世明教授於其論述中所言：「太多人對未來的生物科技與醫學寄予太高的憧憬，甚至幻想，……」❻。基因治療的快速發展，究係因人類的殷切期盼所致，抑或其隱含的經濟利益所驅使❼；後者又必然與專利制度有著密切的關聯。以美國為例，自西元 1987 年迄今（西元 2005 年 5 月 24 日），與基因治療有關的發明專利至少有 673 件專利案❽。

專利制度對生物科技的重大影響，可證諸於 *Diamond v. Chakrabarty* ❾乙案後，生物科技暨其相關產業的迅速發展。基因治療是否如生物藥品般，宜以專利制度規範保護，關乎專利制度之政策性考量，自宜審慎評估其利弊。

美國基因治療相關發明專利之賦予已行之有年，其相關實務經驗，值得吾人引以為鑑。故本文兼論我國法與美國法，依序探討下列議題：基因

---

❻　許世明，請勿期待醫學烏托邦，載：基因大狂潮，頁 109（民國 90 年）。

❼　現階段基因治療發展的主導者，既非學術界，亦非聯邦政府資助的研究人員，而係以營利為取向的私人企業。請參閱 Rick Weiss & Deborah Nelson, *Gene Therapy's Troubling Crossroads*, WASHINGTON POST (Dec. 31, 1999). *available at* http://www.mindfully.org./GE/Gene-Therapys-Troubling-Crossroado.htm (last visited Nov. 27, 2004). 西元 1990 年以降，企業陸續參與基因治療的研究（包括生產供研究人員使用的載體（其產量占市場供應量的三分之二，其餘由學界及研究單位提供），並積極資助基因治療的試驗；美國國家衛生研究院（the National Institute of Health，以下簡稱 'NIH'）於西元 1995 年取得的活體外基因治療 (ex vivo gene therapy) 專利亦以專屬授權方式授權予 Genetic Therapy 公司。LEROY WALTERS & JULIE GAGE PALMER, THE ETHICS OF HUMAN GENE THERAPY 26 (1997).

❽　此數據係利用美國專利商標局（Patent and Trademark Office，簡稱 'PTO'）網站之專利檢索系統，以 "gene therapy" 檢索前揭系統之專利摘要所得專利案件數為 643 件，檢索前揭系統之申請專利範圍所得專利案件數為 155 件，檢索說明書所得專利案件數為 1188 件。（按：迄 2011 年 4 月 12 日止，前揭件數各為 1083 件，300 件及 21549 件。）

❾　447 U.S. 303, 100 S. Ct. 2204, 65 L. Ed. 2d 144 (1980).

治療之概述、基因治療相關發明專利暨 *Greenberg v. Miami Children's Hospital* ❿乙案的省思、以及基因治療相關發明專利的因應措施等。

貳、基因治療之概述

伴隨著生物科技的發展，人體治療方法不再限於物理、化學原理的運用與操作，而擴及生物技術的運用，即基因治療。目前基因治療不得適用於胎兒，且僅限使用於依一般療法無法存活超過十年以上者。本部分將概述基因治療的定義、方法暨發展，以及論者對基因治療研究之正反見解。由以下介紹可知，除基因治療本身外，診斷方法、載體、病毒等亦屬與基因治療有關之發明。

一、基因治療的定義

基因治療係指利用正常或具有治療效果的 DNA 或 RNA 片段，藉由載體轉移到人體的標的細胞 (target cell)，進行修正基因缺陷、抑制或關閉異常基因的表現，達到改善疾病的治療方法❶。

---

❿　264 F. Supp. 2d 1064 (2003).

❶　此為狹義的定義，為現行基因治療的方式，並為多數作者所引用。*Gene Therapy*, Human Genome Project Information, *at* http://www.ornl.gov/sci/techresources/ Human_Genome/medicine/genetherapy.shtml (last visited March 15, 2005)（以下簡稱 'Gene Therapy'); Emilie Bergeson, *The Ethics of Gene Therapy* (1997), *at* http://www.cc.ndsu.nodak.edu/instruct/mcclean/plsc431/students/bergeson.htm (last visited Nov. 27, 2004); JOSEPH PANNO, GENE THERAPY─TREATING DISEASE BY REPAIRING GENES 135 (2005)；杜實恒，基因治療概論，載：基因治療的原理與應用，頁 3，杜實恒主編（民國 90 年 3 月）；李維欽，基因治療產業的進展與未來，頁 1（民國 93 年 7 月）；羅淑慧，基因治療的展望，頁 8（民國 90 年 12 月）。廣義的基因治療，則泛指應用基因或基因物質治療疾病

進行基因治療前，首先須確定擬治療的疾病為「基因疾病」❷。診斷基因疾病的方式有：⑴臨床診斷──經由病史、檢體及遺傳家譜分析而得；⑵生化檢查──蛋白質分析和酶學測定；⑶分子生物學檢查──包含聚合酶鏈反應 (polymerase chain reaction)、DNA 雜交 (DNA hybridization)、限制性內切酶 (restriction enzymes)、單鏈構形多態分析 (single-strand conformation polymorphism)、連接酶鏈反應 (ligase chain reaction) 等❸。

二、基因治療的方法

基因治療方法，以標的細胞區分，有生殖細胞 (germline cell) 基因治療❹及體細胞 (somatic cell) 基因治療❺，前者涉及倫理問題，是以，目前

者均是。Gavin Brooks, *An Introduction to DNA and Its use in Gene Therapy, in* GENE THERAPY─THE USE OF DNA AS A DRUG 1, 1 & 17 (Gavin Brooks ed., 2002).

❷　杜實恒，同註11，頁1；張玉瓏、徐乃芝暨許素菁，生物技術，頁291～292（民國93年3月2版）。基因疾病，指基因突變、缺失或表達異常等所致的疾病，除遺傳性疾病外，另如感染性疾病、心血管疾病、自體免疫疾病，甚至癌症等均是。張玉瓏等，同註。目前已確定的基因疾病有三千多種，最常見的疾病為：1號染色體的高雪氏症、2號染色體的家族性結腸癌、3號染色體的色素性視網膜炎、4號染色體的慢性遺傳性舞蹈病、5號染色體的家族性腸息肉病、6號染色體的血色病和脊髓小腦共濟失調、7號染色體的囊性纖維化、8號染色體的多發性外生骨疣、9號染色體的惡性黑色素病、10號染色體的多發性內分泌瘤II型、11號染色體的鐮狀細胞性貧血、12號染色體的苯丙酮尿症、13號染色體的成視網膜細胞瘤、14號染色體的阿茲海默氏症（俗稱老年痴呆症的一種）、15號染色體的家族性黑蒙性白痴、16號染色體的多囊腎、17號染色體的乳腺癌、18號染色體的澱粉樣變、19號染色體的家族性高膽固醇血症和強直性肌萎縮、20號染色體的腺苷脫胺酶缺乏症、21號染色體的肌肉萎縮性側素硬化和唐氏症候群、22號染色體的神經纖維瘤、X和Y染色體的血友病和假肥大性肌肉萎縮。杜實恒，同前註。

❸　杜實恒，同註11，頁4～5。

❹　生殖細胞基因治療係針對生殖細胞進行基因治療，主要將基因植入繁殖細胞

僅限於體細胞基因治療**⓰**。

(reproductive cells)（即精子或卵子）或胚胎中使成為遺傳性基因 (inheritable genome)，俾修正可能傳至下一代的遺傳缺陷。David Petechuk, *An Introduction to Gene Therapy, in* GENE THERAPY 48, 50 (Clay Naff ed., 2005). 此等療法將影響患者的下一代子孫，是以，不易為人們所接受。美國聯邦政府於西元 1985 年明定，基因治療只得限於體細胞之治療（羅淑慧，同註11，頁14）；英國亦禁止之。*Human Gene Therapy: A Cure for All Ills? at* http://www.twnside.org.sg/title/twr/27b.htm (last visited Nov. 27, 2004).

⓯　羅淑慧，同註11，頁14。張玉瓏等，同註12，頁293。至於常見標的細胞有淋巴細胞、造血細胞、肌肉細胞、肝細胞、纖維細胞及腫瘤細胞等。基於幹細胞的自我再生及細胞分化能力，科學家亦試圖以幹細胞為標的細胞，惟此研究勢必面臨諸多問題；如：幹細胞數量有限，體外栽培不易，且其處於細胞週期的不分裂階段，治療基因不易植入等。張玉瓏等，同註。

⓰　應否採行人類生殖細胞基因治療，有正反見解。肯定見解主張：㈠醫療人員對患者有提供最佳醫療服務的責任。㈡父母為擁有健康的子女，有權利尋求可能的醫療技術。㈢對遺傳性缺陷所造成的傷害而言，此項治療恐係唯一的方式。㈣使下一代的子女毋需承襲上一代的遺傳缺陷。㈤此項治療可一勞永逸，毋需如體細胞基因治療般反覆接受治療。㈥保護探索科學的自由及知識的內在價值。反對見解則主張：㈠此項治療對下一代的影響是永久性的，甚至一再遺傳予下一代，其隱藏的危險係不可預見與避免，所造成的傷害亦無從回復。致病基因亦可能具有潛在的特定保護功能，施予生殖細胞基因治療，將使其後代喪失該功能，例如導致「鐮狀細胞貧血症」(sickle-cell anemia) 的基因可抵抗瘧疾。㈡對於避免遺傳性疾病，除了人類生殖細胞基因治療，尚有其他可行的方法，如墮胎及營養療法 (nutritional therapy)。㈢與遺傳缺陷有關的疾病占人類所有疾病中約百分之二，醫療資源應利用在其他方面。㈣此項治療對預防疾病的功能有限，實毋需於胚胎階段進行遺傳性的改造。㈤此項治療可能涉及胚胎或胎兒的犧牲。㈥使少數人得以操控人類的未來發展，使有心人士濫用此方式進行優生的改造。㈦此治療費用昂貴，非一般人得以負擔，亦未得一般公共醫療照護之資助。㈧人類應有承襲其父母遺傳性特質的權利，無論動機為何，均不宜對生殖細胞做任何遺傳性變更。Walters et al., supra note 7, at 80～85; *Debate: Germ-Line Gene Modification, at* http://zygote.swarthmore.edu/gene7.html (last visited March 15, 2005)；另請參閱 Nelson Wivel & LeRoy Walters, *Germ-Line*

　　體細胞基因治療，係指以治療物質引入人類體細胞，進行基因治療的方法。其治療方法主要分為：㈠活體外 (ex vivo) 基因治療；及㈡體內 (in vivo) 基因治療❶。茲分述如下。

Gene Modification and Disease Prevention: Some Medical and Ethical Perspectives, 262 SCI. 533～538 (1993); David Danks, *Germ-Line Gene Therapy: No Place in Treatment of Genetic Disease*, 5 GENE THERAPY 151～152 (1994); Christine Willgoos, *FDA Regulation: An Answer to the Questions of Human Cloning and Germline Gene Therapy*, 27 AM. J. L. & MED. 101, 103～112 (2001).

❶　羅淑慧，同註11，頁14。此外，另有用於抑制癌症基因表現的⑴反義 (antisense) 基因治療以及⑵核酶 (ribozyme) 基因治療。⑴反義基因治療係藉由遏止或降低標的基因（或異常基因）的表現，以達到治療的目的。亦即，利用人工合成與遺傳疾病或癌症產生相關產物的相反寡核醣酸 (oligo nucleo tides) 或表現反義藥物的載體導入細胞，達到校正基因異常表現。無論利用反義 RNA 與 mRNA 結合，或利用反義序列與基因組 DNA 結合，均可達到抑制 mRNA 的產生，進而減少蛋白質的形成，達到其治療效果。此治療方法可採直接注射法、載體導入法及受體介導法。按蛋白質的合成有兩個步驟，即轉錄 (transcription) 及轉譯 (translation)。轉錄過程中，DNA 分子的兩條鏈先解開，RNA 利用其中一鏈作為模型，轉錄成為訊息 RNA（messenger RNA，簡稱 mRNA），mRNA 鏈完成後，DNA 又交叉合併起來，mRNA 便離去。轉譯階段，則由 mRNA 複製部分 DNA 密碼，由攜帶型 RNA（transfer RNA，簡稱 tRNA）根據該些訊息轉譯成蛋白質。DNA 與 RNA 皆由核苷酸分子構成的有機化合物，而屬反義藥物的寡核苷酸較核苷酸鏈小，當其接觸到互補的 mRNA 結合為 DNA 分子，使該 mRNA 成為無法讀取的酸小體 (ribosome)，致無法形成蛋白質。羅淑慧，同註 11，頁16；李維欽，同註11，頁5～6；張玉瓏等，同註12，頁68～69, 306。另請參閱陳文吟，從美國 NIH 申請人體基因組序列專利探討我國專利制度對生物科技發展的因應之道，國立中正大學法學集刊，1 期，頁119，1998 年 7 月。已收錄本書第三篇。⑵核酶基因治療則利用核酶具有核酸內切酶活性的 RNA 分子，可切割標的 RNA 序列的特性。核酶的作用原理在於其特異性序列透過互補鹼基對，可識別並結合特異性標的 RNA；據此，可針對特定 RNA 設計出其核酶分子，使其既能破壞病毒轉錄產物又不對有機體造成任何傷害。核酶因具有序列特異性，不編碼蛋白質無免疫性，以及可重複使用等優點，而受到重視。羅淑慧，同註11，頁 17～18；張玉瓏等，同註12，頁 65～67。

㈠活體外基因治療

　　活體外基因治療包括四個步驟[18]：⑴將帶有基因缺陷的細胞或標的細胞自患者體細胞取出；⑵將其與帶治療物質的載體 (vector) 一起培養；⑶選擇及培養（以基因工程）已修復或具療效的細胞；⑷將前揭細胞以融合或移植方式重新植入患者體內。此種使用自體細胞的方式可避免人體對再植入的細胞產生免疫排斥反應；惟，自患者體內取出標的細胞並非易事，且大多數組織細胞的分離會造成損傷，無法純化，只能獲得混合物[19]。又，如何將具療效的基因精確地送達標的細胞並發揮持久功能，仍有待研究。

㈡體內基因治療

　　體內基因治療，係將具治療功能的基因經由載體傳遞到患者體內（如：血液或受影響的組織），到達標的細胞，發揮療效[20]。此方式亦無排斥的問題，惟與體外基因治療同有植入治療基因後，是否到達標的細胞的疑慮[21]。

㈢載　　體

　　無論前揭何種基因治療，均須藉由載體，將正常基因或治療基因傳送到人體標的細胞[22]。載體可分病毒載體 (viral vector) 及非病毒載體 (non-viral vector)。

---

[18]　羅淑慧，同註11，頁15；張玉瓏等，同註12，頁296；李維欽，同註11，頁1。

[19]　Walters et al., *supra* note 7, at 167；羅淑慧，同前註。

[20]　Walters et al., *id.*；羅淑慧，同註11，頁14；李維欽，同註11，頁1。

[21]　林淑華，基因治療的展望，生物醫學報導（民國89年9月），http://www.cbt.ntu.edu.tw/General/BioMed/Biomed3/Biomed3-4.htm（上網日期：民國94年3月19日）。

[22]　羅淑慧，同註11，頁18。治療基因無法藉由簡單的生理化學過程（如滲透）進入細胞，且依前揭方法，該基因極可能遭免疫系統摧毀。李維欽，同註11，頁2。

　　病毒載體，顧名思義係以病毒作為載體。主要的病毒載體有反轉錄病毒 (retrovirus)、腺病毒 (adenovirus)、腺相關病毒 (adeno-associated virus)、慢病毒 (lentivirus) 及皰疹病毒 (herpes simplex virus)❷❸。其中反轉錄病毒及慢病毒屬 RNA 病毒，其餘為 DNA 病毒。迄西元 2005 年 1 月，最常用的載體為反轉錄病毒（263 件）及腺病毒（262 件）❷❹。病毒可尋找標的細胞，將治療基因傳送到標的細胞，並與該細胞之遺傳物質結合；病毒載體可配合標的細胞之不同類型予以修飾調整，增進載體進行基因轉殖的效率及其針對性。其優點為對細胞的針對性 DNA 傳輸效率高以及能將 DNA 送入細胞核；缺點則為對人體具有毒性❷❺。

　　首先須利用限制性內切酶切除病毒本身有害的 DNA 片段，再將需要植入的 DNA 基因嵌入病毒的 DNA 中，進行 DNA 重組，形成攜帶正常基因或治療基因的載體，用以感染人體標的細胞，使正常基因或治療基因進入標的細胞，達到療效❷❻。

　　非病毒載體 (non-viral vector)，係利用物理方法進行基因轉殖，如脂質體 (liposome)、裸 DNA (naked DNA)，及電穿孔法 (electroporation)❷❼。非病

---

❷❸　Katrina Bicknell & Gavin Brooks, *Methods for delivering DNA to target tissues and cells*, in Gene Therapy—The Use of DNA as a Drug, *supra* note 11, at 23, 28 ～35; 羅淑慧，同註 11，頁 8～30; 李維欽，同註 11，頁 2; 杜實恒，同註 11，頁 7; 張玉瓏等，同註 12，頁 297～300; Gene Therapy, *supra* note 11.

❷❹　反轉錄病毒與腺病毒占基因治療的百分之五十三。Vectors Used in Gene Therapy Clinical Trials, Gene Therapy Clinical Trials Worldwide, *at* http://82.182.180.141/trials/FMPro?-db=Trials.FP5&-format=vectors.html&-lay=Vectors &-findAll (last visited May 10, 2005).

❷❺　李維欽，同註 11，頁 2。

❷❻　杜實恒，同註 11，頁 7; 羅淑慧，同註 11，頁 8～30。

❷❼　Bicknell et al., *supra* note 23, at 35～42; Gene Therapy, *supra* note 11; 羅淑慧，同註 11，頁 18; 李維欽，同註 11，頁 2～3。其中，脂質體載體係利用融合法 (fussion)，將 DNA 以人造雙層磷脂質包裹，形成脂質體——DNA 複合體，藉由疏水與靜電相互作用，複合體與細胞膜發生融合或結合，使 DNA 進入細胞，其成功機率約百分之十，係非病毒載體中應用最廣者。羅淑慧，同註 11，頁

毒載體的優點為不致發生如病毒載體所致的免疫及發炎反應，可轉殖的治療基因長度較不受限制，缺點則為效率及針對性較差 **㉘**。

三、基因治療的發展

西元 1960 年代末期，科學家發現某些引起腫瘤的病毒的功能，它們可隨意地整合其基因資訊，進入其所感染的染色體，當細胞分裂時，新整合的基因便與其餘基因混在一起，病毒基因的茁壯引發腫瘤成長。科學家思慮如何利用病毒引介有用的基因進入缺陷細胞 **㉙**。三十年後終於有了首件成功病例。茲將依序介紹其緣起、首件病例及其治療之利弊。

㈠緣　起

西元 1970 年初期，科學家發現將基因輸入病毒的方法，繼而於西元 1972 年泰爾多佛萊得蒙 (Theodore Freidmann) 及理查羅賓 (Richard Robin) 在其發表於科學雜誌的文獻中，首次使用基因治療乙詞，渠等建議使用隔離的 DNA 片段或病毒來治療人類的基因疾病，惟又指出，礙於對人類基因及基因缺陷與疾病關聯的瞭解極為有限，不宜貿然進行基因治療 **㉚**。

西元 1980 年，馬丁克林 (Martin Cline) 博士向加州大學洛杉磯分校 (UCLA) 的機構審查委員會 （Institutional Review Board，簡稱 'IRB'） 提出一項治療鐮狀細胞貧血症和其他有關 DNA 重組的基因血液病症的計畫，

30～31；杜寶恒，同註11，頁 6；張玉瓏等著，同註12，頁 301～302。

㉘ Bicknell et al., *supra* note 23, at 35；李維欽，同註11，頁 2～3。

㉙ Thomas Lee，蔡幼卿譯，Gene Future，基因未來，頁 158（民國 86 年）。

㉚ 蔡幼卿，同前註，頁 158～159。在此之前，西元 1970 年，美籍科學家史丹費爾德羅傑斯 (Stanfield Rogers) 曾為三名患有精氨酸貧血症 (argininemia) 的姊妹注射無害的「體普氏乳頭病毒」(shope papilloma virus)。此三名姊妹因氨基酸精氨酸酶累積在血液和脊髓液內，而有嚴重的智力障礙。但羅傑斯的治療並未發生任何效果。*Gene therapy: the first halting steps*, at http://www.wrclarkbooks.com/downloads/healers_chapter.txt (last visited May 10, 2005)

嗣後修正為轉輸基因的調查報告書。在 IRB 做出決定前，克林博士已於以色列及義大利先後治療兩名嚴重地中海型貧血症患者，他取出患者骨髓，暴露於含正常血紅蛋白基因的 DNA 中，再將其注射回患者體內，其結果並未改善、亦無變化其病症，嗣後 IRB 駁回其報告書。此事件的爭議在於，克林博士未經許可，即逕對人體進行試驗❸❶。

㈡首件成功病例

　　西元 1990 年，美國國家衛生研究院（National Institute of Health，簡稱 'NIH'）的法蘭奇安德森 (French Anderson) 與其他研究人員完成首件有治療作用的成功病例❸❷。接受治療的患者 Ashanthi DeSilva 為年僅 4 歲的嚴重複合免疫缺乏症（the severe combined inmunodeficiency，簡稱 'SCID'）病童，她承繼了父母親各自一個缺陷基因，該基因無法產生腺苷脫胺酶，而人體免疫系統的正常運作有賴腺苷脫胺酶，一旦欠缺該酶，免疫功能便喪失。基因治療過程，先抽取患者骨髓液，分離淋巴細胞，再將攜帶腺苷脫胺酶基因的反轉錄病毒混合培養，經由病毒感染使腺苷脫胺酶基因進入淋巴細胞。清洗淋巴細胞去除多餘的病毒，再篩選帶有腺苷脫胺酸基因的淋

---

❸❶ *A Short History of Gene Therapy*, at http://duke.usask.ca/~wjb289/PHL236/handouts/A%20Short%20History%20of%20Gene%20Therapy.pdf#search='martin%20cline (last visited May 10, 2005); BOB BURKE & BARRY EPPERSON, W. FRENCH ANDERSON—FATHER OF GENE THERAPY 211～214 (2003).

❸❷ 西元 1989 年，Anderson 團隊曾為一名罹患惡性黑色瘤 (malignant melanoma)（筆者按：此係一種皮膚癌）的患者 Maurice Kuntz 進行基因治療。此為 NIH 核准的首件基因治療病例。Anderson 團隊成員 Rosenberg 自 Kuntz 胸骨下方取出腫瘤，其中含有數百萬的癌細胞，Rosenberg 將癌細胞純化（即從腫瘤中分離出 TILs，將其與白介素 2 (interleukin-2) 共同培養，殺死癌細胞）後與名為 neo-R 的標記基因 (marker gene) 結合，植入 Kuntz 體內。Kuntz 在接受治療後癌細胞數量減少，亦未顯示不良反應，惟，數月後 Kuntz 因癌細胞擴散至腦細胞而不治。Jeff Lyon & Peter Gorner, *The First Human Gene Therapy Trial*, in Gene Therapy, *supra* note 14, at 57; Burke et al., *supra* note 31, 254～257.

巴細胞，檢測細胞內外的腺苷脫胺酶含量，確定其成效後，再將其輸入患者體內 ❸。該病例結果是成功的，惟無法根治，患者須每週接受一次基因治療 ❹。

(三)近　況

至西元 2005 年 1 月止，全世界共有 1020 件基因治療臨床試驗案例，分布於至少 25 個的國家，以美國為主 ❺。遺憾地，西元 1999 年及 2002 年卻先後於美、法發生失敗的案例。

西元 1999 年，賓州大學對一名患有烏胺酸甲醯基轉移酵素缺乏症（ornithine transcarboxylase deficiency，簡稱 'OTCD'）的高中生 Jesses Gelsinger 進行基因治療，該項治療亦利用經 DNA 重組的腺病毒，注射到肝臟進行治療，惟 3.8×10^{13} 的高劑量 DNA 重組腺病毒中，僅百分之一到達標的器官——肝臟，其餘多進入其他組織及器官中，導致強烈急性免疫反應，治療後四天死亡 ❻。此結果使得病患對此療法失去信心，不願參與試

---

❸　杜實恒，同註11，頁9；French Anderson，趙裕卿譯，胡天其校，基因療法，自然雜誌，第21卷3期，頁14～19（民國87年3月）。另請參閱 Burke et al., *supra* note 31, at 259～274.

❹　Ashanthi 每週須注射一次 PEG-ADA，主要係基於預防作用。Burke et al., *supra* note 31, at 274。

❺　按：迄 2011 年 3 月則有 1703 件。Gene Therapy Clinical Trials Worldwide, Geographical Distribution of Gene Therapy Clinical Trials (by countries), *at* http://www.abedia.com/wiley/countries.php (last visited April 16, 2011). 按件數多寡依序為 1.美國（1084 件）；2.英國（197 件）；3.德國（79 件）；4.瑞士（50 件）；5.法國（45 件）；6.澳洲（28 件）；7.荷蘭（27 件）；8.比利時（25 件）；9.加拿大（22 件）；10.義大利（21 件）；11.中國大陸（20 件）；12.日本（19 件）；13.南韓、西班牙及跨國案例（各 13 件）；14.以色列（9 件）；15.瑞典（8 件）；16.波蘭（6 件）；17.芬蘭（5 件）；18.挪威（4 件）；19.奧地利、丹麥、紐西蘭及新加坡（各 2 件）；20.捷克、埃及、愛爾蘭、墨西哥、羅馬尼亞、俄羅斯及我國（各 1 件）。

❻　羅淑慧，同註11，頁27；李維欽，同註11，頁9。

驗；導致西元 2000 年的基因治療試驗申請案降低百分之五十❸❼。西元 2000年，FDA 與 NIH 為控管臨床試驗的安全性，以維護患者安全，公布兩項措施 ❸❽：㈠基因治療臨床試驗監控計畫 (The Gene Therapy Clinical Trial Monitoring Plan)，以及㈡定期召開基因治療安全性研討會 (The Gene Transfer Safety Symposia)。

西元 1999 年，法國利用反轉錄病毒為載體，將遺傳基因送到造血幹細胞內，此法用以治療十一名 SCID 患者，原有九名患者可離院正常生活，惟於西元 2002 年 9 月，其中一名 3 歲患者經診斷證實罹患血癌，同年 12 月另一名患者亦罹患血癌 ❸❾。美國食品暨藥物管理局（Food and Drug Administration，以下簡稱 'FDA'）隨即於同年 12 月中止有關人類的基因治療試驗，隔年 2 月 28 日 FDA 方才同意二十七件試驗繼續進行❹⓪。法國亦於西元 2003 年 1 月中止試驗，迄西元 2004 年夏天又恢復試驗❹❶。

❸❼　Marilynn Marchione, *A Heart Treatment Revives Hopes for Gene Therapy*, *in* Gene Therapy, *supra* note 14, 159, 162.

❸❽　李維欽，同註11，頁9；陳介甫，基因療法簡介，中國醫藥研究叢刊，25 期，頁 9～10（民國 93 年 4 月）。*New Initiatives To Protect Participants in Gene Therapy Trials*, March 7, 2000, *at* http://www.asgt.org/news_releases/03072000.html (last visited March 20, 2005).

❸❾　李維欽，同註11，頁 9。Gene Therapy Trials Halted, October 3, 2002, *at* http://news.bbc.co.uk/2/low/health/2295707.stm (last visited March 20, 2005). Gene Therapy for SCID Halted, January 31, 2003, *at* http://www.aaaai.org/AADMC/inthenews/wypr/2003archive/gene_therapy.html (last visited March 20, 2005).

❹⓪　Raja Mishra, *Some Gene Therapy Trials Resume While Others Remain Frozen*, *in* GENE THERAPY, 同註 14, 155, 155～158.

❹❶　Andy Coghlan, *Gene therapy to resume on "bubble boys"*, NEW SCIENTIST 12 (Jan. 8, 2005).

四、基因治療研究的正反見解

基因治療迄今仍在試驗階段，因著人類對其有限的認識，而對其相關研究有正反不同見解。肯定見解主張：(1)基因治療將對人類有極大助益——目前仍有許多疾病為現有療法所無法治癒，基因治療或許為患者與家屬僅存的希望；縱令無法治癒，亦得以救助其生命，減輕患者與家屬的痛苦與負擔。(2)相關單位若控管得當，對人類健康有極大助益 **❷**。(3)開放基因治療，使貧富患者均可得到同等、公平的醫療照護——各國對基因治療的立場未臻一致，倘 A 國禁止人體基因治療，A 國的富人仍可到未立法禁止的 B 國接受治療；經濟能力較差的患者便無此能力。致使基因缺陷將繼續存在於經濟狀況屬中下階層的民眾，而富人則無此問題 **❸**。

否定見解則主張基因治療仍屬新穎不可預測的技術，隱含諸多疑慮，以目前人類對基因的有限認識，基因治療的研究，期期不可為 **❹**。基因治療的問題如 **❺**：(1)潛在的危險性——如病毒感染，治療或正常基因的遺失及誘發癌變。(2)欠缺穩定性——標的細胞於複製時，遺失新基因，可能因基因轉錄系統不穩定、不正確的 mRNA、標的細胞死亡，產生毒素等。(3)免疫反應——基因治療需多次注射，致使人體產生免疫反應，排斥攜帶基因的病毒載體或標的細胞。(4)倫理問題——基於前揭潛在危險性等缺失，基因治療必須在完善的設施及嚴格控制下進行，否則可能引發倫理道德問題 **❻**。(5)造成人類的不平等——基因治療所費不貲，富人可選擇擁有健康

---

❷ Bergeson, *supra* note 11.

❸ Gregory Stock, *Gene Therapy's Contribution Toward Equality, in* GENE THERAPY, *supra* note 14, 203, 207.

❹ Bergeson, *supra* note 11.

❺ 杜實恒，同註11，頁 12。Gene Therapy, *supra* note 11.

❻ 因應前揭缺失，亟待解決的問題為：(1)改善載體設計；(2)提高載體轉移標的細胞的效率；(3)建立理想的傳送系統；(4)建立穩定的基因表現；以及(5)減少病毒載體對人體的危險性。杜實恒，同註11，頁 13；陳介甫，同註38。

聰慧的下一代，經濟能力較差者則反之。

參、基因治療相關發明專利暨 Greenberg v. Miami Children's Hospital 乙案的省思

　　一項發明技術能否受專利制度保護，取決於其是否具可專利性，亦即，須屬專利保護客體且符合專利要件，此於各國皆然。專利權的賦予常涉及公共政策 (public policy) 的考量，諸如公共利益、發明的特質等。除此，亦應顧及專利權的賦予，不致箝制產業科技的發展。*Greenberg v. Miami Children's Hospital* 乙案（以下簡稱 'Greenberg' 乙案）正足以凸顯基因治療相關發明專利之若干疑慮。本文以下分別就我國法與美國法探討基因治療相關發明之可專利性暨 Greenberg 乙案之省思。

一、專利保護客體

　　有關發明之為專利保護客體，我國專利法第 24 條明定不予保護之發明，美國專利法第 101 條則規範予以專利保護之情事。與基因治療有關的發明主要為㈠以生物化學變異或遺傳工程產生的微生物、酶或其組合物 (C12N)[47]，其中又以涉及基因工程之 DNA 或 RNA 載體或其宿主之應用技術 (C12N15) 為主[48]。㈡醫用類 (A61K)，其中又以「引入活體細胞以使治療基因疾病之基因物質」的醫藥製品及基因治療為主 (A61K 48/00)。

---

[47]　此為國際專利分類（International Patent Classification，簡稱 'IPC'）。

[48]　例如西元 2003 年德州大學所取得的第 6,511,847 號「重組 p53 腺病毒方法及組成物」專利案 (Recombinant p53 adenovirus methods and compositions)，即以 DNA 重組技術取得 Advexin 基因治療的藥物。其中 p53 係抑制腫瘤基因，科學家利用腺病毒為載體，將 p53 傳送到標的細胞，治療癌症。

㈠我國專利法

決定發明應否為專利保護客體之考量因素為：⑴國內產業科技水準；⑵發明之重要性；以及⑶公共利益**❹**。

基因治療相關發明於我國是否必然不受專利制度**❺**之保護，應視其所涵蓋之技術為何而定：基因治療或診斷方法本身，不受我國專利制度之保護；其相關之發明技術如基因、載體及其他相關方法等，則可受專利之保護。

我國專利法第 24 條明定，人體或動物疾病之診斷、治療或外科手術方法不受專利制度之保護，此係基於國民健康之公共利益考量**❺**。依經濟部智慧財產局專利審查基準彙編**❺**，與疾病有關之診斷方法若包含下列要件，則不予專利：⑴以有生命的人體或動物為對象；⑵有關疾病之診斷；以及⑶以獲得疾病診斷結果為直接目的。不予發明專利之人體或動物疾病之治療方法係指以有生命之人體或動物為對象，且限於以治療或預防疾病為直接目的之方法。是以，基因治療中之診斷方法、治療方法等均不得予以專利。

又依審查基準彙編中特定技術領域之審查基準第一節生物相關發明**❺**，與生物技術領域相關之投遞基因的治療方法屬於施用於人體或動物體之治療方法，為不予專利之項目。惟，活體外修飾基因之方法、活體外

---

❹ 陳文吟，我國專利制度之研究，頁 55～56（民國 94 年 4 月 4 版 2 刷）。（按：前揭內容可見於 99 年修正第 5 版，頁 37。）

❺ 我國專利法所規範之專利權包括發明專利、新型專利、及新式樣專利三種。生物科技之發明以申請發明專利為主；故本文僅討論發明專利之相關規範。

❺ 陳文吟，我國專利制度之研究，同註49，頁 58～59。（按：前揭內容可見於 99 年修正第 5 版，頁 39。）

❺ 經濟部智慧財產局，專利審查基準彙編，http://www.tipo.gov.tw/patent/patent_law/examine/patent_law_3_1_2.asp#b（上網日期：民國 94 年 5 月 10 日）。

❺ 經濟部智慧財產局，http://www.tipo.gov.tw/patent/patent_law/explain/patent_law_3_1_8.asp（上網日期：民國 94 年 5 月 10 日）。

偵測或分析生物物質之方法、供基因治療方法用之基因、載體或重組載體，均得為專利保護之客體。

㈡美國專利法

美國專利法第 101 條明定，任何新穎、實用的方法、機械、製成品、或組合物的發明或發現，甚至改良均可獲得專利。

西元 1980 年 Chakrabarty 乙案釐清下列疑義：發明物品不因其係生物或係自然界原已存在之物質，而影響其可專利性。聯邦最高法院於 Chakrabarty 乙案中引用國會的見解，謂❺❹：專利保護客體包括「陽光下任何人為的事物。」至此，發明技術內容是否受專利制度保護，取決於是否以人為方式所完成者。是以，以人工方式培育或藉由 DNA 重組技術所產生的微生物、基因等，均得為專利保護客體。

基因治療相關發明，可包含⑴經基因工程製成的病毒載體；⑵醫藥製品；⑶醫療器材及⑷基因治療本身。其中醫藥製品及醫療器材，前者屬生物藥品，後者屬機械、電子、電機等器材，其可專利性，毋庸置疑。至於病毒載體，因著 Chakrabarty 乙案，亦當然為專利保護客體。

人體治療方法的發明，一向為美國專利法所保護❺❺，基因治療亦屬人體治療方法之一，理應受專利制度之保護。惟，為兼顧公共利益，於西元 1996 年增訂聯邦專利法第 287 條第 c 項❺❻，使醫療人員或醫療中心的人員從事醫療行為時，不致構成專利權之侵害。

---

❺❹　S. Rep. No. 1979, 82d Cong., 2d Sess. 5 (1952); H.R. Rep. No. 1923, 82d Cong., 2d Sess. 6 (1952), *quoted* in Chakrabarty, 447 U.S. at 309.

❺❺　有關治療方法發明之可專利性，其正反意見，請參閱陳文吟，由 35 U.S.C. §287(c) 之訂定探討人體治療方法之可專利性，智慧財產權，1 期，頁 47～62（民國 88 年 1 月）。

❺❻　35 U.S.C. §287(c).

二、專利要件

　　專利制度藉由專利權的賦予，鼓勵研發，以達到提昇產業科技的目的。是以，研發的成果必須為實用、新穎、且較現有的技術進步者，方對產業的提昇有正面助益。換言之，發明應具備下列專利要件：產業上可利用性（即實用性）、新穎性、進步性、以及充分揭露要件。

　　基因治療相關發明技術（如：活體外修飾基因之方法、活體外偵測或分析生物物質之方法、供基因治療方法用之基因、載體或重組載體），在屬於專利保護客體之前提下，仍須符合前揭專利要件方得獲准專利。

㈠我國專利法

　　依我國專利法第 22 條第 1 項，發明技術必須為可供產業❺❼上利用者，否則不予專利。倘為下列情事之一者，則非可供產業上利用❺❽：⑴未完成之發明（欠缺達成目的之技術手段的構想、或有技術手段但無法達成目的之構想）；⑵非可供營業上利用之發明；以及⑶實際顯然無法實施之發明。

　　倘發明技術已為大眾所使用或知悉者，便不宜允許任何人就該技術主張排他性權利，此即新穎性。換言之，申請案於申請前不得公開，否則喪失新穎性，如：申請前已見於刊物、已公開使用，或為公眾所知悉者，皆然。然而兼顧公益暨私益，專利法賦予申請人六個月的優惠期，使其於下列事由發生後六個月內申請專利，不致喪失新穎性：⑴發明技術需藉由實驗研究以改進其技術、⑵參展以促進技術交流，以及⑶申請人因發明技術

❺❼　專利法所指之產業應包含任何領域中利用自然法則而有技術性的活動，亦即包含廣義的產業，例如工業、農業、林業、漁業、牧業、礦業、水產業等，甚至包含運輸業、通訊業、商業等。經濟部智慧財產局，專利審查基準彙編，http://www.tipo.gov.tw/patent/patent_law/examine/patent_law_3_1_3.asp（上網日期：民國 94 年 5 月 10 日）。

❺❽　同上。另請參閱陳文吟，我國專利制度之研究，同註49，頁 132～133。（按：前揭內容可見於 99 年修正第 5 版，頁 97～98。）

遭他人任意揭露者。除此，專利法第 23 條明定，倘申請案之申請專利範圍，可見於申請在先之申請案的說明書或圖式者，縱令先申請案在後申請案申請前尚未公開或公告，仍擬制其喪失新穎性❺❾。

　　發明技術於申請時雖無相同之技術存在，惟基於提昇產業科技之目的，倘相較於現有技術，其效能之提昇有限者，仍不予專利。專利法第 22 條第 4 項明定，倘申請專利之技術為所屬技術領域中具有通常知識者依申請前之先前技術所能輕易完成者，不具進步性。

　　專利技術內容必須確實為業者所知悉，俾可達技術的改進提升、避免重複發明，並使專利權人於專利權期限屆至後不致變相繼續獨享該項技術。是以，專利法第 26 條第 2 項明定，發明專利申請人於申請專利時，應詳細記載其技術內容及操作方式，使該發明所屬技術領域中具有通常知識者能瞭解其內容並據以實施。此即充分揭露要件。

㈡美國專利法

　　依美國專利法，專利要件為❻⓪：新穎性 (novelty)、實用性 (utility) 及「非顯而易見性」(non-obviousness)，以及充分揭露要件。

　　依美國專利法第 102 條，發明之為新穎的技術，須以其發明前未有相同或類似技術存在；而縱使符合此要件，倘發明於提出專利申請前一年前已公開者，仍不得予以專利❻❶。前者即新穎性要件，是否具備此要件係以發明之日期定之，此因美國採先發明主義使然；後者係法定禁止規定，則以申請專利前一年前已否公開為斷，此規定目的在於促使申請人於發明後儘早申請專利，公開其技術，俾免重複發明、並能提昇產業科技。

---

❺❾　有關新穎性要件及擬制新穎性之探討，請參閱陳文吟，我國專利制度之研究，同註 49，頁 135～154。（按：前揭內容可見於 99 年修正第 5 版，頁 99～112。）

❻⓪　35 U.S.C. §§101～103, 112. 其中第 102 條包括新穎性及「法定禁止」(statutory bar) 要件。

❻❶　有關新穎性要件之相關論述，請參閱陳文吟，由美國棟樹發明專利探討新穎性相關規定之合理性，臺大法學論叢，第 31 卷 1 期，頁 249～288（民國 91 年 1 月）。

　　發明須具有產業利用的可能，否則不予專利。專利權的賦予，是一種對價關係，發明人的發明必須能對社會有所貢獻，方賦予其專利權；反之，一項無用的技術對社會無所助益，則不予其專利，此即實用性要件。依美國專利審查基準，發明技術具備實用性之標準有二❷：第一項標準為「特定、具體且可信的實用性」(specific, substantial and credible utility)──(1)所謂「特定」係指就申請專利保護的客體而言，具特有的功能；(2)所謂「具體」係指該技術具有實際的用途，毋需進一步研究；(3)所謂「可信」係指該領域具通常知識之人認可該項技術。第二項標準即「確立的實用性」(well-established utility)，該領域具通常知識之人可即刻由其發明特性辨知其發明具有實用性。

　　專利制度本於鼓勵發明創作之意旨，不予一般性或習見技術專利權利。是以，發明相較於先前技術 (prior art)，其改良創作的程度，對從事該技術領域之人須非顯而易見者，亦即具有進步性 (inventive step)。PTO 審查專利案時，須就其不具非顯而易見性負舉證責任，嗣由申請人提出反證。美國為因應生物科技的發展，於西元 1995 年增訂專利法第 103 條 b 項例示合於非顯而易見性之生物技術發明❸。

　　美國專利法第 112 條第 1 項❹的充分揭露要件，依該規定，申請人須於說明書中充分揭露下列內容：(1)發明技術內容──描述要件 (description requirement)；(2)製造及使用發明的方式及步驟──可實施性要件

---

❷　Utility Examination Guidelines, 66 FR 1092, 1098～1099 (2001). 有關實用性要件之相關論述，請參閱陳文吟，由胚胎幹細胞研究探討美國專利法上道德實用性因應生物科技的必要性，臺北大學法學論叢，49 期，頁 179～223（民國 90 年 12 月）。已收錄於本書第四篇。另請參閱 Melissa Horn, *DNA Patenting and Access to Healthcare: Achieving the Balance Among Competing Interests*, 50 CLEV. ST. L. REV. 253, 257 (2003).

❸　35 U.S.C. §103(b). 有關非顯而易見性要件之相關論述，請參閱陳文吟，探討修改「進步性」要件因應生物科技發展的必要性──以美國法為主，華岡法粹，第 27 期，頁 271～299（民國 88 年 12 月）。已收錄於本書第八篇。

❹　35 U.S.C. §112, para. 1.

(enablement requirement)；以及⑶發明人自認實施其發明的最佳方式──最佳實施例要件 (best mode requirement) ❻。

　　充分揭露發明技術的意旨為：⑴發明人與社會間存在一種對價關係，由發明人就其發明技術取得有限的排他性權利，社會大眾因此得以知曉其技術內容 ❻。⑵為使他人不致從事相同的發明，亦不致對專利權人構成侵害 ❻，此亦確定專利制度保護的技術範圍 ❻。另有作者主張前揭意旨均係「可實施性」要件的重要性，至於書面描述要件的目的，則在確定申請人修改其申請專利範圍時，不得擴張其原申請案的技術範圍 ❻，而最佳實施例的目的為，使大眾有權利知悉專利權人就其技術的實施例究竟為何 ❼。

　　專利申請人必須載明其所要求專利保護的技術內容，使於該技術領域具通常知識之人 ❼ (person of ordinary skill in the art) 得以瞭解其專利技術範圍，縱使日後修正申請專利範圍，亦不得逾越前揭描述的技術範圍，方

---

❻　3 Donald Chisum, Patents §7.01 (rev. 2003).

❻　*Id.* Emanuel Vacchiano, *It's Wrongful Genome: The Written-Description Requirement Protects the Human Genome from Overly-Broad Patents*, 32 J. MARSHALL L. REV. 805, 813 (1999). 或謂專利權的賦予係一項社會契約 (social contract)。Brian O'Shaughnessy, *The False Inventive Genus: Developing a new Approach for Analyzing the Sufficiency of Patent Disclosure within the Unpredictable Arts*, 7 FORDHAM INTELL. PROP. MEDIA & ENT. L. J. 147, 149 (1996).

❻　Mark Lemley, *Intellectual Property and Shrinkwrap Licenses*, 68 S. CAL. L. REV. 1239, 1276 n.168 (1995); Matthew Kellam, *Making Sense out of Antisense: The Enablement Requirement in Biotechnology after Enzo Biochem v. Calgene*, 76 IND. L. J. 221, 224 (2001).

❻　DONALD CHISUM, CRAIG NARD, HERBERT SCHWARTZ, PAULINE NEWMAN, F. SCOTT KIEFF, PRINCIPLES OF PATENT LAW 155 (1998).

❻　MARTIN ADELMAN, RANDALL RADER, JOHN THOMAS & HAROLD WEGNER, PATENT LAW 567〜568 (1998).

❼　*Id.* at 618.

❼　此翻譯係採用我國專利審查基準之用詞。以下均以「具通常知識之人」稱之。

可確定申請人自原申請案提出時，即已擁有該項技術❼❷。

三、Greenberg v. Miami Children's Hospital 乙案的省思

　　此案源於原告 Greenberg 的兒子於出生六個月後，診斷出患有加能芬症 (Canavan disease)，加能芬症係一種遺傳性疾病，因第十七號染色體上的缺陷，導致缺乏「天門冬胺醯酵素」(aspartoacylase)，造成腦部退化，為嬰兒腦部退化性疾病 (degenerative disease) 的一種。患者存活期間不到十年。西元 1987 年 Greenberg 求助任職於伊利諾大學的 Matalon 醫師（即本案被告之一），Greenberg 尋求 Matalon 的合作，希望其從事 Canavan 症的研究，找出缺陷基因所在，俾能進一步發展出對該基因的檢測，以及胎兒時期的基因檢測。Greenberg 和戴薩斯 (Tay Sachs)❼❸暨相關病症協會（National Tay-Sacho and Allied Disease Association, Inc. 簡稱 'NTSAD'），追蹤其他 Canavan 症的家庭，說服他們提供人體組織（包括血液、尿液、切片組織），並資助 Matalon 從事研究。西元 1990 年 Matalon 加入另一研究機構，即被告 Miami Children's Hospital Research Institute, Inc.（以下簡稱 'MCH'），並

---

❼❷　此亦關係其申請日 (filing date) 的取得。Sherry Knowles, *Writter Description and Enablement Requirements for Pharmaceutical, Chemical and Biotechnology Inventions* (updated April 2003), *available at* http://www.kslaw.com/library/pdf/pharmaknowledges.pdf (last visited March 13, 2004) In re Alton, 76 F.3d 1168, 1172 (Fed. Cir. 1996). 具通常知識之人須於閱覽說明書後，即刻知悉其技術範圍。In re Hayes Microcomputer Prod. Inc., 982 F.2d 1527, 1533～1535 (Fed. Cir. 1992); Purdue Pharma L.P. v. Fauling Inc., 230 F.3d 1320, 1322 (Fed. Cir. 2000).

❼❸　此又名黑矇性家族性白痴或黑內障性白痴，好發於東歐的阿胥肯納斯猶太人 (Ashkenazi Jerwish)，罹患此症的嬰兒因缺乏一種己醣胺素 A (hexosaminidase A)，其與神經節苷酯 (ganaliosides) 代謝有關，導致 GM2 物質聚集並逐漸破壞腦部與神經細胞，致中樞神經系統完全喪失功能。患者多只能存活至 5 歲。黃淵德, Tay Sachs 症, http://ntuh.mc.ntu.edu.tw/gene/genehelp/database/disease/Tay-Sachs%20disease_940415.htm（上網日期：民國 94 年 4 月 10 日）。

仍維持與原告的關係，接受後者提供的組織、血液等，以及經費贊助。

㈠缺陷基因的發現暨專利權的取得

西元 1993 年，Matalon 與其研究小組完成了 Canavan 症缺陷基因的分離，原告仍繼續提供組織，希冀 Matalon 能對該病症有更進一步的研究。西元 1994 年 9 月，Matalon 向 PTO 申請專利，並於西元 1997 年 10 月獲准第 5679635 號專利，嗣將專利權移轉予 MCH。專利範圍包括天門冬胺醯素基因、蛋白質以及篩檢有關 Canavan 症突變的方法。原告對專利乙事無所知悉。直至西元 1998 年 11 月，MCH 開始嚴格限制他人從事 Canavan 症的篩檢，換言之，除取得授權者外，不得從事篩檢工作。至此，原告始得知被告已取得專利。此結果違背原告與被告合作的原意，原告原希望基因的確定及篩檢的程序，能有助於胎兒時期的篩檢，並使基因的發現成為公共財，供所有研究人員研究，期待早日有醫療用的藥品或療法產生。原告遂於西元 2000 年 10 月 30 日對被告提起訴訟。

㈡爭　議

原告於本案中主張六項訴因：⑴欠缺告知同意 (informed consent)❼⁴；⑵違反忠實義務 (fiduciary duty)❼⁵；⑶不當得利 (unjust enrichment)；⑷不實

---

❼⁴ 原告主張，被告自始至終並未告知將就研究成果申請專利。原告並以他州判決為例，如 Moore v. Regents of University of California. 793 P.2d 479 (Cal. 1990). 被告主張告知義務僅存在於醫師與接受治療的患者之間，對於從事研究的醫師，則無此義務：⑴佛州相關醫療告知法規原則上僅適用於醫生與接受治療的患者之間，而不適用於醫療研究人員。264 F. Supp. 2d at 1068. 佛州法律對於就他人細胞組織進行遺傳性分析時，雖明定須取得告知同意 (Florida Sta. §760.40)，惟，其僅適用於檢驗結果，而不適用於醫療研究。⑵聯邦法規雖明定對任何人進行研究時，應先告知並取得其同意。惟本案原告係主動提供組織供研究，而自己並非研究的對象。故無前揭法規之適用。264 F. Supp. 2d at 1069. ⑶告知同意雖亦有適用於醫療研究人員的特殊情況，但不得擴及研究人員經濟利益的揭露。264 F. Supp. 2d at 1070～1071.

的隱瞞 (fraudulent concealment) ❼；⑸強占 (Conversion) ❼；以及⑹營業秘
密的竊占 (misappropriation of trade secret) ❼。被告以原告的主張未符合「表
面證據案例」(prima facie case) 為由，聲請法院駁回原告之訴。其中除不當
得利外，法院駁回其他五項訴因。

就告知同意之訴因，法院認定原告並未成立 prima facie case 而予以駁
回 ❼：⑴佛州法律對於醫療研究有無告知義務仍不明確；⑵縱令部分特殊
情事使醫療研究人員有告知義務，亦僅及於醫療行為的告知，而不及於經
濟利益的揭露。否則將導致研究人員須一再評估任何事件應否揭露，並使
捐贈者完全控制研究的進行以及何人得分享研究成果。⑶原告雖捐贈組織
等，但本身並非受研究試驗的對象。⑷美國醫學協會（American Medical

---

❼ 違反忠實義務的前提，須當事人間有忠實關係存在。是以，原告須證明其與被
告間有交付信託及接受信託的關係。法院指出，原告並未證明當被告接受醫療
捐贈時，亦接受信託。原告既未說明其間有信託關係，自無從推斷被告有違反
忠實義務。264 F. Supp. 2d at 1071～1072.

❼ 原告主張被告隱瞞下列行為，故構成不實的隱瞞：㈠MCH 將因 Canavan 症的
研究得到經濟利益；㈡MCH 將以 Canavan 症的基因申請專利；及㈢MCH 將
以專利授權方式同意他人使用其檢測方法。法院指出依佛州法律，不實隱瞞的
要件有四：㈠對主要事實的不實陳述；㈡陳述人明知或可得而知其陳述內容為
不實；㈢意圖誘使他人基於其陳述而作為；以及㈣該他人因合理信賴其陳述而
遭受損害。法院進而指出，原告的主張與前揭要件不符，其亦未說明被告隱瞞
意圖申請專利乙事與原告提供組織的時間上有任何關聯。故駁回此訴因。264
F. Supp. 2d at 1074.

❼ 法院指出，依佛州法律強占係指永久性地或無限期地非法剝奪他人的財產。就
本案而言，原告係自願將組織等提供予被告，且並不期待取回該些物質，自無
構成強占之情事。故原告此訴因亦遭駁回。264 F. Supp. 2d at 1074～1075.

❼ 原告亦主張被告不當占有 Canavan 症患者的登記資料，故構成竊占營業秘密。
依佛州營業秘密法，營業秘密係指⑴任何資訊具備獨立經濟價值，⑵非他人所
知悉者，且⑶所有人以合理的方式確保其秘密性。法院指出本案中原告並未說
明其登記資料係具經濟價值的秘密資訊，以及被告有不當竊占的行為。是以，
駁回此項訴因。264 F. Supp. 2d at 1078.

❼ 264 F. Supp. 2d at 1070～1071.

Association，簡稱 'AMA'）雖於西元 1994 年公布道德規範第 2.08 條（以下簡稱 'E-2.08'）❽❶明定醫生及研究人員對患者有告知經濟利益的義務，惟，前揭規範無從適用於發生於西元 1994 年前之本案。

就「不當得利」乙項訴因，依佛州法律，其構成要件有三：⑴一造提供利益予另一造，後者明知利益的存在；⑵後者收受並持有該項利益；以及⑶一造僅收受利益而未有所付出是不公平的。本案中，原告提供組織、經費等予被告從事研究，被告亦確實收受。被告主張⑴ Canavan 症基因的成功分離，以及檢測方法的研發，已令原告蒙受利益；再者⑵被告投入時間與資力，卻需承擔研究失敗的風險；是以理應享有專利權益以為補償。法院指出原告亦有相同的風險存在。被告意圖藉專利權的取得，合法行使其權利乙事，並不足以使其免除「不當得利」的責任與指控。法院因此駁回被告要求「不受理」的聲請❽❶。

㈢本案的後續

西元 2003 年雙方達成和解，該和解於同年 8 月 6 日生效。公布的和解內容主要有二：⑴ MCH 仍得繼續就其含篩檢 Canavan 基因的專利授權他人使用並收取權利金。⑵ MCH 須免費授權使用者使用 Canavan 基因從事治療研究，包括基因治療的研究，純研究的基因檢測以及使用老鼠的基因檢測以研究 Canavan 症者。

㈣本文見解

就法理而言，聯邦法院駁回原告的五項訴因，並無違誤。惟，法院最後仍根據「衡平原則」，認定本案被告有「不當得利」之嫌，使原告之訴不致全部遭駁回。此項結果不外基於衡平的考量，Matalon 得以從事研究的資訊、資源，甚至經費均來自於原告，其顯然知悉原告免費捐贈組織及經費的目的不在期待經濟利益，而在於他日 Canavan 症得以治癒。渠等在研究

---

❽　　AMA Code of Ethics, E-2.08. 請參閱註 152。

❽❶　　264 F. Supp. 2d at 1073～1074。

資源無虞的情況下完成研究成果，卻申請取得專利牟利，不啻違背原告捐贈的初衷暨衡平原則。然而，本案的重要性非關衡平原則之適用，而係「告知同意」暨廣泛專利權之疑義。

聯邦地院依當時佛州法律，告知同意僅存在於具醫療關係的醫生與患者之間，其告知的內容除醫療行為以外，亦可能包括研究行為，如：Moore乙案中被告醫師之以原告切除的脾臟細胞作為研究之用，進而培養出 T 細胞系申准專利。惟，研究者與被研究者間，若無醫療關係，而係單純的研究行為；則研究人員對被研究者，並無告知其潛在經濟利益的義務，否則將導致「寒蟬效應」(chilling effect)❽❷。然而，有作者認為應擴張「告知同意」的適用範圍，使及於研究行為中可能的經濟利益的告知❽❸。專利誘因雖未必左右研究人員使其做成不正確的專業判斷，本文亦以為縱無醫療行為，基於對於被研究者（或被試驗者）❽❹自主性的尊重，渠等對被研究者（或受試驗者）應有告知其潛在經濟價值的義務，令被研究者（或受試驗者）得以充分考慮是否參與研究或試驗。

本案被告就天門冬胺醯素基因、蛋白質以及有關 Canavan 症突變的篩檢方法取得專利。其中天門冬胺醯素基因的發現專利，使得任何擬就該基因進行研究者，均有侵害該項專利權之虞；篩檢方法專利亦使得使用該方法的患者暨醫生成為侵害專利之人。前者涉及廣泛專利權 (broad patent)；二者又均涉及公益考量下，專利權的合理使用議題。茲於下列四、部分中一併探討。

---

❽❷　264 F. Supp. 2d at 1074.

❽❸　Anne Hill, *One Man's Trash is Another Man's Treasure, Bioprospecting: Protecting the Right and Interests of Human Donors of Genetic Material*, 5 J. HEALTH CARE L. & POL'Y 259, 281 (2002); Christopher Jackson, *Learning from the Mistakes of the Past: Disclosure of Financial Conflicts of Interest and Genetic Research*, 11 RICH. J.L. & TECH. 4 (2004), *available at* Lexis-Nexis Academic.

❽❹　被研究者與被試驗者之區別在於，前者須提供自己的細胞、組織等，供研究人員研究，後者則研究人員對其施予醫療試驗。

四、基因治療相關發明專利的隱憂

我國與美國專利法對於基因治療之相關發明是否予以專利保護規範並不相同。美國法上對於基因治療本身及相關發明技術均予專利。反之，我國對於基因治療及其診斷方法並不予專利，至於相關發明技術如活體外偵測方法、基因、載體⋯⋯等則可。然而無論基因治療、診斷方法、抑或其他相關發明專利，均涉及受試驗或被研究之患者（本文以下以「患者」稱之）權益及廣泛專利權。

㈠患者權益堪虞

基因治療相關發明與患者息息相關者為，生物安全性的考量與告知同意的權利。

本文前已論及，基因治療除有倫理及人類不平等的疑慮外，其臨床試驗暴露諸多問題，生物安全性 (biosafety) 便為其一：潛在的危險性、欠缺穩定性以及產生免疫反應等。凡此，在在顯示其難以具備生物安全性。以專利權之給予，必須技術符合實用性要件而言，仍在研究試驗階段的基因治療似難謂符合前揭要件；然而，取得專利者，所在多有。換言之，PTO 仍可在不確定其安全性的情況下核准其專利權，人們極可能因其係專利發明技術，誤信其具有安全性而願意參與其試驗❽❺。

基因治療的研究，因著專利制度的誘引而快速發展，惟，參與研究、試驗的患者鮮有知悉其潛在專利經濟利益者。研究人員對患者施以特定療

❽❺　西元 1901 年，聯邦第八巡迴上訴法院於 Mahler v. Animarium Co. 乙案中指出：給予一項純屬想像性的假設技術專利，將誤導大眾、欺騙大眾。111 F. 530, 537 (8ᵗʰ Cir. 1901). 該案原告 Animarium Co. 持有三項有關醫學上的發明與發現專利，渠等以被告 Mahler 侵害其專利權為由提起訴訟。Mahler 以系爭專利權無效聲請法院駁回原告之訴，法院否准其聲請並判決原告勝訴。Mahler 遂上訴至聯邦第八巡迴上訴法院，上訴法院以原告之專利權應屬無效為由，廢棄下級法院判決並指示駁回原告之訴。

程等，究係基於醫學上救人救世的熱忱，抑或專利權益的驅使❽，則令人質疑。相對地，參與研究試驗的患者除期盼此一新穎的治療得以治癒其疾病，亦有明知對自身無益，仍抱持拯救其他病患的無私意念❽。發明本身究係僅為了拯救患者、抑或為了專利牟利，治療施行前是否歷經縝密的研究規劃等，在在關乎患者的安危，患者自應有知悉前揭事由、並自行判斷的權利。

㈡廣泛專利權

專利權的賦予，使得其他研究人員受制於該專利，致使研究相同疾病的療法有侵害專利權之虞，授權的取得成為繼續研究的方式；然而，權利金過高又是一項阻礙。總之，專利對於仍在萌芽階段的基因治療，未必有正面鼓勵研發、提昇技術水準的效果，甚至，可能抑制其發展❽。此為基因相關發明專利的共通問題。

基因治療仍在試驗階段，無論所擬施予治療之疾病為何，必然須先確定導致基因疾病之特定基因、進而決定採行之治療方法、傳送治療基因的載體等。若該特定基因的發現已獲准專利權者，就該基因從事各項研究者，均應取得基因專利權人之授權。Greenberg 乙案即是。遑論擬採行治療方法若另為他人之專利權，研究人員恐須支付可觀的權利金。廣泛專利權的給予，時而有之，其妥適性，有待商榷。贊成適用廣泛專利權於生物科技領

---

❽　例如西元 1990 年 French Anderson 完成首件成功的基因治療病例，嗣後亦申請得專利，即體外基因治療專利。Anderson 似亦未於試驗前，告知受試驗患者及其家屬有關申請專利之事宜。

❽　例如西元 1989 年因惡性黑色瘤接受 Anderson 團隊基因治療試驗的 Maurice Kuntz（請參閱註 32），以及西元 1999 年參與賓州大學基因治療試驗的 Jesses Gelsinger 在參與試驗之初，即明知該治療無法治癒自身的疾病，但可能有助於其他的病患而自願參與的。又如 Greenberg 乙案中原告 Greenberg 亦基於此一信念而提供資金及細胞組織予被告。

❽　Vida Foubister, *Gene patent, available at* http://www.ama-assn.org/amednews/ 2000/02/21/prsb0221.htm (last visited Nov. 27, 2004).

域者主張，其效能將一如其適用於其他領域，有助於鼓勵發明、鼓勵公開暨鼓勵創新❽。反對者則主張廣泛專利權的賦予暨其可能的效益，無法適用、並見諸於生物科技領域❾。當一項專利涵蓋的技術範圍過廣時，勢必阻礙相關技術的發展❶；蓋以先取得專利權者，將使後續研發技術無法取得專利、抑或於實施其後發明專利時須支付權利金予前者，二者均足以箝制技術的研發。例如 NIH 取得的體外基因治療方法專利，並未就其治療的疾病予以限制；致使凡涉及體外基因治療之研發成果——不問治療之疾病為何，均須於實施時給付權利金予專利權人。

　　本文亦以為廣泛專利權之賦予，不宜適用於生物科技領域。生物科技的研發，常有賴於基礎科學研究的完成，而該等研究欠缺可替代性，賦予專利權，將因權利金的支付、專利權的侵害等因素，箝制了相關技術的研發。

肆、因應基因治療相關發明專利之合理措施

　　基因治療目前仍在試驗階段，卻已不乏取得專利權者。專利制度對提昇基因治療相關發明技術，固然具相當之助益；然而，如前所言，其亦衍

---

❽ 請參閱 Laurie Hill, *The Race to Patent the Genome: Free Riders, Hold Ups, and the Future of Medicals Breakthroughs*, 11 TEX. INTELL. PROP. L.J. 221, 237～239 (2003); Teresa Summers, *The Scope of Utility in the Twenty-First Century: New Guidance for Gene-Related Patents*, 91 GEO. L.J. 475, 488 & 493 (2003).

❾ 請參閱 Hill, *id.* at 242～245; Summers, *id.* at 488～490, 493.

❶ Jeroen van Wijk, *Broad Biotechnology Patents Hamper Innovation*, 25 Biotech. & Dev. Monitor 15 (1995), *available at* http://www.biotech-monitor.nl/2506.htm (last visited May 10, 2005); Andrea Brashear, *Evolving Biotechnology Patent Laws in the United States and Europe: Are They Inhibiting Disease Research?* 12 IND. INT'L & COMP. L. REV. 183, 215 (2001).

生若干疑慮。本文試圖提出其解決之道：⑴產業上可利用性要件暨其審查基準之從嚴，⑵實驗研究目的之利用，⑶強制授權及⑷告知同意——亦即取得患者接受試驗之書面同意前，應有義務告知患者潛在之經濟利益。

一、產業上可利用性要件暨其審查基準之從嚴

產業上可利用性要件應涵蓋安全性之審查，俾避免專利發明對人身構成任何傷害。產業上可利用性要件審查基準之從嚴，則可避免賦予專利權人過廣的專利權，致箝制產業科技的發展。

㈠產業上可利用性要件

我國專利專責機關所訂之專利審查基準彙編，有關產業上可利用性之審查是否包括發明技術之安全性乙事，並未予以訂定。

實務上常見欠缺產業上可利用性（即民國 83 年修法前之實用性）之實務案例，如：製法專利範圍過於廣泛、實驗數據無法證明其發明之功效、或根本欠缺實驗數據、以繁複的步驟代替原本簡單的動作、發明技術較現有技術不具經濟效益、……等等；未見就發明技術之欠缺安全性不予專利者。然而，本文以為專利制度之目的既在提昇產業科技，技術若欠缺安全性，對產業上之利用勢必造成負面影響；自難謂其具產業上可利用性。

美國聯邦專利法並未明定生物安全性要件，惟，基於人類生命安全，PTO 仍常就安全實用性 (safety utility requirement) 予以審查。

最早提及安全實用性要件者，為西元 1873 年 *Mitchell v. Tilghman* ❾❷乙案，聯邦最高法院於附帶意見中指出，系爭專利技術固然可達到所主張的成效；惟，當操作發明技術時，將導致操作者暴露於喪失生命或重大傷害，

---

❾❷　86 U.S. 287, 22 L.Ed. 125 (1873). 該案系爭專利係以天然油脂製造脂肪酸及甘油的方法——將水置於密閉容器中，加熱至高溫，並維持其液態使其成為分解媒介，可分解天然油脂的化學成分，即脂肪酸及甘油。原告 Tilghman 持有該項專利，本案中 Tilghman 主張被告 Mitchell 侵害其專利權，而提起訴訟。

是以，不得視為實用的技術❾❸。

　　西元 1957 年 *Isenstead v. Watson*❾❹ 係首件探討醫藥發明之安全實用性案例。聯邦地院於該案件中指出，實用性是一廣義概念，除係指得以完成申請人所主張的功能外；於醫療方面的發明，更應經由審慎、成功的試驗。蓋以專利權的賦予，雖不等同於療效的保證，卻仍使得人們信賴該項技術的功能❾❺。

　　西元 1966 年 *Radow v. Brenner*❾❻ 乙案中，聯邦地院維持委員會的決定，並指出專利申請人既主張特定治療功效，是以，除非熟習該項技術領域之人認定其功用係顯然有效、正確的；否則，必須具明確證據證明其治療實用性。

　　前揭案例中，聯邦地院均認定醫藥治療方面的發明應審慎評估其安全性；然而，另有些許案例，聯邦上訴法院持不同見解：(1)申請人只須證明醫藥發明適用於人體治療極具安全性 (sufficient probability of safety)，以及 (2)具備專利目的的實用性，即可。縱令其未必符合 FDA 的安全性，亦在所不問❾❼。

　　*In re Hartop*❾❽ 乙案中，聯邦上訴法院指出，所謂安全係指符合一般該

---

❾❸　86 U.S. at 396～397, 22 L.Ed. at 137.

❾❹　157 F. Supp. 7 (1957). 原告 Isenstead 發明一項藥劑，用以檢驗肝功能。PTO 及訴願委員會以該發明於申請前已見於刊物逾一年及不具實用性為由，不予專利。原告因此以 PTO 局長為被告，向聯邦地院提起訴訟。

❾❺　157 F. Supp. at 9.

❾❻　253 F. Supp. 923 (1966). 原告 Radow 發明一種藥劑，可控制痤瘡 (一種難以治療的皮膚病) 的病情、免除其損害及臨床上的症狀。PTO 及訴願委員會均不予專利，委員會更以欠缺「明確證據」(clear and convining proof) 證明其治療的實用性 (therapeutic utility) 為由，不准其專利。

❾❼　*In re* Hartop, 311 F.2d 249, 257 (1962); 4 DONALD CHISUM, PATENTS §4.04[3][b] (rev. 2003).

❾❽　*Id.* 申請人以供短時間麻醉用的巴比妥酸穩定性溶液申請專利。PTO 否准其專利，認為申請案缺乏人體臨床試驗的符合安全性證據，且過高的氫離子濃度有導致血管或管壁損害之虞；訴願委員會維持 PTO 見解。申請上訴至聯邦上訴

類物質的安全性為已足，毋需絕對安全。按兔子屬於一般標準試驗動物，以兔子試驗所得的安全數據已足以採信，而毋需附具人體試驗之結果。至於保護大眾免於購得有害的醫藥，應屬 FDA 或聯邦貿易委員會（Federal Trade Commission，簡稱 'FTC'）的職責。嗣於 *Ex parte Balzarini* ❾ 乙案中，訴願委員會指出抗病毒藥物的副作用是否高於其療效乙事，應由醫藥主管單位掌管。*Imperial Chemical, PLC. v. Barr Laboratories* ⓚ 乙案中，聯邦上訴法院指出：FDA 審核許可證所需的資料並非申請專利時所必需。此案中法院區分專利法上的實用性與安全性，指出實用性並不要求絕對安全性。本文以為法院並未全然否定專利技術應備安全性，只是其程度上有別於 FDA 所要求之安全性。

　　Scott v. Finney ⓛ 乙案中，Scott 並未進行人體測試。在衝突程序 (interferences) 中委員會便以 Scott 既未實際測試，自無法證明其發明於 Finney 申請專利前（亦即西元 1980 年）得付諸實施 (reduce to practice)；因而認定該項發明由 Finney 取得。聯邦上訴法院則以所謂付諸實施，不以實施為必要；只須有合理的證據顯示該發明足以解決其所擬解決的問題即可 ⓜ。法院進而指出有關技術的充分安全性應由 FDA 進行督導而非屬 PTO 職權 ⓝ。

　　In re Brana ⓞ 乙案中，系爭技術係抗腫瘤媒介的化合物，申請人 Brana 並未指明該藥物擬治療的特定疾病為何。PTO 核駁的理由為 Brana 並未檢附人體試驗的結果，故欠缺「務實實用性」(practical utility)。聯邦上訴法院指出專利法的實用性要件，意含著進一步研發的期待，其中尤以醫藥發明為然；是以，符合專利法上之實用性要件，毋庸完成申請 FDA 上市許可所

法院，聯邦上訴法院撤銷委員會的決定。

❾　21 U.S.P.Q. 2d 1892 (Bd. Pat. App. & Int'f. 1991).

ⓚ　795 F. Supp. 619, 626 n.3 (1992), *vacated*, 991 F.2d 811 (Fed. Cir. 1993).

ⓛ　34 F. 3d 1058 (Fed. Cir. 1994).

ⓜ　34 F. 3d at 1063.

ⓝ　*Id.*

ⓞ　51 F.3d 1560 (Fed. Cir. 1995).

需之第二階段試驗❿，亦即不需證明其可適用於人體⓯。再者，專利權的賦予，若要求申請人如申請上市許可般進行第二階段的測試，其所附加的成本將使得許多業者無法就其完成的發明取得專利；如此，將使得研發新藥失去動力，致使對新藥的研發，產生負面的影響⓰。

　　由前揭實務見解可知，PTO 對專利申請案，雖均認定其需具備安全實用性，法院卻有不同立場：早期案例（以聯邦地院為主）對安全實用性持肯定見解；西元 1962 年以降，聯邦上訴法院便持否定見解。此二者之差異，究應視為聯邦地院與聯邦上訴法院立場之不同，抑或年代上的差異，難以定奪；可確定者，近年來係以專利申請案不須具備安全實用性為主要趨勢。然而，本文以為聯邦上訴法院並未全然否定專利申請案應具備安全性之重要性。以 Brana 乙案為例，聯邦上訴法院僅認定專利申請人毋庸檢具第二階段之試驗結果，是以申請人仍應完成第一階段之試驗，亦即動物試驗及部分人體試驗。

　　本文以為我國法對於基因治療相關發明，至少亦應於產業上可利用性要件中採行類似措施，俾確保生物安全性。

㈡產業上可利用性要件審查基準之從嚴

　　我國行政法院認定申請專利範圍籠統過廣者，不具產業上可利用性⓱。

⓭　FDA 根據動物試驗結果及少數受試驗者的試驗數據，決定准否進行第二階段的臨床試驗。此時以較多受試驗者為對象，並在嚴格監控中；其目的在決定藥物施予較大多數的人群時，其安全性為何及其施予不同劑量的潛在功能性為何。

⓮　51 F.3d at 1568.

⓯　同前註。

⓱　行政法院八十七年判字第三十二號判決；行政法院八十八年判字第三五三八號判決。我國修正前專利法第 44 條之 1 第 4 項明定，審定公告後，申請人擬提出補充修正者限於特定事由，包括申請專利範圍過廣。現行專利法第 49 條雖已刪除前揭規定，惟專利專責機關仍得依職權或具申請人之申請，補充、修正其說明書或圖式。依其修法說明，目的在順應國際立法趨勢，概括規定該補充、

所謂產業上可利用性，係指發明技術具有手段以達成其目的，並可供產業利用者。廣泛專利權的賦予，有該技術能否達到所有預期成效之虞。倘未能達成其預期效果，自不具有產業上可利用性。又按，申請人應於申請專利的同時敘明其技術之功能為何，設若申請人本人亦未知悉其功能為何，自宜以其不具產業上可利用性而不予專利。再者對於未知悉功效之發明，抑或手段未必能全然達到其效果者，均與技術能否實際利用有關，自宜從嚴認定，俾免不當地箝制產業科技的發展。

美國 PTO 則於西元 2001 年 1 月修正公布實用性審查基準，意圖提高其審查標準，然而該基準並未達到限縮專利技術範圍的目的。或有建議 DNA 申請專利範圍應限於申請人所揭露的特定功能，PTO 的回應為❿：縱令組合物發明人於申請時僅揭露一項功能，專利權人於有限期間內仍享有排他性權利，包括排除他人使用該組合物的權利；是以，已分離、純化的 DNA 組合物的專利權人得於其專利權期限內，排除他人以任何方式使用該 DNA 組合物。PTO 另指出：倘 DNA 組合物 (DNA composition) 符合法定可專利性時，自應准予其專利；不得基於使公眾得於其專利期間內使用該技術之目的，而限制其專利範圍❿。足證 PTO 的立場亦認同廣泛專利權，致使如特定基因的發現、方法的發明均足以取得專利；而以基因的發現為例，其中不乏對該基因之功能未能確定者。對於廣泛專利權衍生的諸多疑義，實宜修改其實用性審查基準，從嚴審查申請專利之技術的功能性，所擬解決之特定問題（例如療法之治療特定疾病）。AMA 於其所訂的基因專利政策中指出專利權的賦予，不宜遏止先進醫療暨技術的研究；而 AMA 支持基因專利的要件之一，為該技術須具務實、實際、特定暨具體實用性❿。

修正不得逾越原說明書或圖式所揭露之範圍；而非廢除「申請專利範圍過廣」之補充、修正事由。是以倘現今有申請專利範圍過廣之情事，專利專責機關仍得依職權或據申請人之申請令其補充、修正其說明書或圖式。

❿　66 FR at 1095. 此為 PTO 對第十一點公眾意見 (Comment) 所做的回應。

❿　*Id.* 此為 PTO 對第十二點公眾意見 (Comment) 有關 DNA 應供大眾自由利用以從事研究的主張所做的回應。

❿　AMA Policy H-140.944, Report 9 of the Council of Scientific Affairs (I-00)(2000),

換言之，專利權人僅得就其確定且實際之功能取得專利權，方為妥適。

二、實驗研究目的之利用

各國專利制度基於學術研究暨產業科技之提昇等公益目的，多定有實驗研究目的利用之例外情事，使不構成專利權之侵害。是以，任何人因實驗研究目的而利用他人基因治療相關發明專利時，亦得主張前揭事由而免責。

我國專利法第 57 條第 1 項明定：「為研究、教學或試驗，實施其發明或創作，而無營利行為者，行為人毋需負侵權之責。」蓋以研究或試驗，既有助於科技水準的提昇，自應准其實施他人之發明，惟，須以無營利行為者為限。至於教學領域內，或有須藉實施他人發明創作以達到教學效果者，基於學術教育水準的提昇，自應准其實施該專利技術從事教學，惟，不得有營利之行為。據此，在無營利之前提下，使用人得基於研究、實驗及教學等事由，免費實施專利技術而無侵權之虞。此當有助於產業、學術、教育及研究的提昇。對於基因治療相關發明技術的亟待發展，研究、實驗暨教學目的的主張，更具有其重要性。惟，揆諸我國專利侵害之實務案件，被告以前揭事由為抗辯者，並不多見。相關疑義，如研究、實驗暨教學之定義，「營利目的」與「非營利目的」之界定，仍有待釐清。

美國專利法並未明定有關實驗、研究目的之利用，而係由實務案例法衍生的原則，惟並未擴及教學目的。實務以實驗、研究既無製造及使用他

---

at http://www.ama-assn.org/ama/pub/article/2036-3063.html，轉引自 Horn, *supra* note 62, at 280～281. 在此之前 AMA 於西元 1998 年訂定之 E-2.105「人類基因專利」(Patenting Human Genes) 明示：基因序列的分離、純化技術，基因及其蛋白質基因治療的媒介，純化蛋白質等較不具道德倫理問題，應可賦予其專利權。惟，專利制度對遺傳性研究的保護，不得有礙於新穎科技的發展及醫療與技術的提昇，並應確保專利技術的描述不致使專利權人限制自然存在物質的利用。*At* http://www.ama-assn.org/ama/pub/category/8431.html (last visited May 10, 2005).

物品專利或製法專利，且不以營利為目的，則屬合理使用，不負專利侵害之責；亦毋庸先行取得專利權人之授權。此見解最早源於西元 1813 年 *Whittemore v. Cutter* ⑫。Story 法官於該案中指出，專利制度之制定，對於僅以實驗為目的或僅研究機器之功效等情事並無意予以懲罰 ⑬。此案確立實驗研究目的之合理使用原則 ⑭。如：*Akro Agate Co. v. Master Marble Co.* ⑮、*Chesterfield v. United States* ⑯。

　　反之，縱令被告行為與實驗有關，惟其目的涉及營利者，法院將不適用實驗目的理論。如：*Poppenhusen v. New York Gutta Percha Comb Co.* ⑰，法院在指示陪審團相關法律時指出，倘行為人將實驗的物品推出市面從事營業，與原告的產品在市場上競爭，則縱令被告主張實驗目的，亦不足採⑱。

　　*Cimistti Unhairing Co. v. Derboklow*⑲，被告使用原告之專利去毛機器達三年之久，被告主張其目的在實驗其功效，期對該機器予以改良。法院以被告利用該機器在營業過程為顧客服務，已逾越實驗目的之合理使用範圍，故被告之行為已構成侵害⑳。

---

⑫　29 F. Cas. 1120 (C.C.D. Mass. 1813).

⑬　29 F. Cas. at 1121.

⑭　部分案例則以實驗目的理論係「法律不涉瑣事原理」(maxim de minimis non curat lex) 之衍生。Radio Corp. of Am. v. Andrea, 15 F. Supp. 685 (1936), *modified*, 90 F.2d 612 (2d Cir. 1937); Collins & Aikman Corp. v. Stratton Industries Inc., 728 F. Supp. 1570 (1989).

⑮　318 F. Supp. 305 (1937). 該案中被告於研發大理石製造機器過程中，曾使用原告發明專利的一部分，因效果不佳而中止。法院以被告僅止於實驗階段，而並未將大理石推出市面獲利，故其行為不足以對原告的專利權構成侵害。318 F. Supp. at 333.

⑯　159 F. Supp. 371 (1958). 原告擁有某種金屬合金的專利權，法院以被告的行為充其量為實驗研究，對原告之專利權不構成侵害。159 F. Supp. at 375.

⑰　19 F. Cas. 1059 (1958).

⑱　19 F. Cas. at 1063.

⑲　87 F. 977 (C.C.E.D.N.Y. 1898).

⑳　87 F. at 999.

　　聯邦巡迴上訴法院對於實驗目的暨瑣事原則之適用採較嚴謹的態度。如 *Roche Prods., Inc. v. Bolar Pharm. Co.* ㉑，聯邦上訴法院指出當檢驗本身具有明確具體的商業目的時，法院不會從寬認定其實驗目的㉒。*Embrex Inc. v. Service Engineering Co.* ㉓乙案中，原告持有一項專利方法——於尚未孵化的蛋的特定位置注射疫苗預防禽類感染疾病。被告為向客戶展示其機器的功能，而令兩名科學家利用其機器原型操作前揭專利方法。被告主張其行為僅係科學實驗且並未促成機器的販售，故不構成專利權之侵害。聯邦上訴法院則認定被告的行為係商業目的的行為而非實驗目的，縱令其無販售行為亦未造成原告實際損失，亦不得免責㉔。

　　聯邦巡迴上訴法院明確表示從嚴認定實驗目的及瑣事原則，固然限制前揭目的之合理使用。惟，若確係僅以實驗研究為目的、不涉及任何營利行為，仍毋庸負專利侵害之責㉕。

㉑　733 F.2d 858 (Fed. Cir. 1984). 此案係因原告 Roche 持有一項醫藥品專利，將於西元 1984 年 1 月屆滿。被告 Bolar 擬製造前揭學名藥，為配合 FDA 上市許可程序，被告遂於 1983 年自國外取得該專利藥品，從事測試俾取得申請上市許可所需的數據。Roche 告 Bolar 侵害其醫藥品專利。聯邦地院認定被告之行為不構成侵害。原告上訴，聯邦上訴法院認定被告之行為構成侵害，而廢棄下級法院判決。

㉒　733 F.2d at 863. 美國聯邦國會於西元 1984 年通過 1984 年藥價競爭暨專利權期間延長法 (Drug Price Competition and Patent Term Restoration Act of 1984)，其中增訂專利法第 271 條第 e 項 (35 U.S.C. §271(e))，推翻 Roche 乙案之判決。前揭規定明定任何人擬製造學名藥者，得於醫藥品專利權期間屆滿前，向 FDA 提起簡易新藥申請 (abbreviated new drug application)，而不致構成專利權之侵害。

㉓　216 F. 3d 1343 (Fed. Cir. 2000).

㉔　216 F. 3d at 1349.

㉕　西元 2002 年聯邦上訴巡迴法院於 Madey v. Duke University 乙案中指出被告 Duke 大學並不因本身之非營利性質，而當然得主張實驗研究目的而免責，而應以被告行為的本質予以認定。307 F.3d 1351, 1362～1363 (Fed. Cir. 2002). 有關本案所衍生之疑義，請參閱陳文吟，由美國專利實務探討專利侵害之實驗免

三、強制授權

強制授權的目的有二：⑴防止專利權人濫用其權利；⑵基於公益考量，在國家社會因重大事故須使用該專利技術或物品時，政府得強制專利權人授權予他人使用。是以，基因治療相關發明專利有前揭情事者，亦應適用強制授權制度。

我國專利法自民國 33 年公布、38 年施行以來，便已定有強制授權之規範，惟，我國法係以特許實施稱之。我國專利法第 76 條暨第 78 條第 5 項明定特許實施之規範。特許實施之事由有：⑴國家緊急情況；⑵增進公益之非營利使用；⑶以合理商業條件於相當期間內仍不能協議授權；⑷有不公平競爭之情事經判決或處分確定；⑸再發明專利之於原發明專利；以及⑹製法專利之於物品專利。

其中國家緊急情況暨增進公益之非營利使用，均與公共利益直接有關。前者如流行瘟疫之製藥，後者如增進國民健康、環境保護等。以合理商業條件於相當期間內仍不能協議授權，再發明專利之於原發明專利，以及製法專利之於物品專利，則在避免專利權人之濫用權利。至於有不公平競爭之情事經判決或處分確定者，則係基於維護公平競爭而定。

倘專利權人取得廣泛的專利權，以致箝制業者之研發時，應可據當時情勢，依前揭不同事由特許第三人實施。

美國現行專利法自西元 1952 年訂定，迄 1980 年始有強制授權之規定。專利法第 200 條[126]明定國會的立法政策暨目標之一，為確保政府於聯邦經費補助的發明有充分的運用權利，包括基於政府的需要，以及對不實施或未適當實施的發明，採行措施俾保護公眾利益。

專利法第 203 條[127]明定，聯邦政府得對於聯邦經費補助的發明採行兩

責，台北大學法學論叢，第 64 期，頁 85～120（民國 96 年 12 月）。

[126]　35 U.S.C. §200.

[127]　35 U.S.C. §203. 賦予權利人類似排他性權利的植物種苗保護法 (Plant Variety

項措施：⑴要求專利權人 ⑫ 在合理條件下，將其發明授權予申請人（即申請授權之人）使用（排他性、部分排他性或非排他性之授權均可），倘專利權人拒絕授權，則⑵聯邦政府基於特定事由，必要時得逕行核准授權予申請人使用。所謂特定事由，包括⑴專利權人尚未採行或不擬採行有效步驟實施其發明；⑵專利權人的實施不敷公共衛生或安全的需要；⑶專利權人的實施不符合聯邦規則有關公共使用的要件；⑷尚無符合同法第204條 ⑬ 的授權契約，或已拋棄，或專屬被授權人違反第204條之授權契約。

　　前揭規定雖未以「強制授權」稱之，然而，由政府要求專利權人授權予他人或政府逕行授權之行為，確屬強制授權的性質。當專利權人未實施或專屬被授權人未於美國境內製造，或因公共衛生或安全等情事，專利權人未能充分供應所需者，均構成強制授權的事由 ⑭ 。

Protection Act, 7 U.S.C. §§2321 *et seq.* (1970))，亦明定基於充分供應食物予大眾，政府得將受保護的種苗提供予大眾使用，但使用者須支付合理的權利金。7 U.S.C. §2404 (1994).

⑫　條文中以「承攬人」(contractor) 稱之，指獲得政府經費補助之人，依45 CFR 650.13 可知，其已就發明提出申請或取得專利，始有專利法之適用，故本文逕以專利權人稱之。

⑬　35 U.S.C. §204. 此係優惠美國產業 (preference for United States Industry) 的規定，取得聯邦經費補助的發明專利權人，不得專屬授權予他人，除非後者主要係於美國境內製造專利物品或以專利方法製造物品。不過，該條亦規定倘於美國境內製造有商業上困難者，不在此限。

⑭　美國聯邦眾議院亦先後提出數項與醫藥品專利有關的強制授權法案，如：西元 1994 年 3 月 24 日的基本藥物法 (Essential Pharmaceuticals Act of 1994)，H.R.4151 (2d Sess. 103d Cong.)；西元 1996 年 9 月 27 日的「健康照護的研發暨消費者保護法」(Health Care Research and Development and Consumer Protection Act)，H.R.4270 (2d Sess. 104th Cong.)；西元 1999 年 9 月 23 日的「可負擔的處方藥法」(Affordable Prescription Drugs Act), H.R.2927 (1st Sess. 106 Cong.)，其目的在使一般人均有能力購買專利藥品；西元 2001 年 5 月 3 日的「可負擔的處方藥與醫藥發明法」(Affordable Prescription Drugs and Medical Inventions Act), (1st Sess. 107th Cong.)，以及同年在美國九一一受攻擊事件後 11 月 7 日的「公共衛生緊急醫藥法」(Public Health Emergency Medicines Act) H.R.3235

　　美國有關公共利益之強制授權規範，亦可見於「潔淨空氣法」(Clean Air Act) [131]、西元 1933 年田納西流域管理局法 (Tennessee Valley Authority Act of 1933) [132]、以及專利權暨著作權案例 (patent and copyright cases) [133]之請求權。

　　美國司法實務上有關專利侵害案件，亦常基於專利權濫用 (patent misuse)、不潔之手 [134]、禁反言 [135]及公共利益等事由，作成具強制授權性質

(1st Sess. 107th Cong.)，後三項法案均由 Sherrod Brown 眾議員所提，均係增訂專利法第 158 條，明定醫藥品專利之強制授權。遺憾地，該等法案均未能通過立法。

[131] 42 U.S.C. §§7401 *et seq.* 該法明定美國司法部長於符合下列要件時，得強制業者授權其專利予同業使用：(1)為使所有業者符合潔淨空氣法的規定；(2)無其他技術可達到法定標準；(3)倘無強制授權，將使專利權人壟斷營業市場。此乃兼具防止空氣污染及同業間競爭能力之考量。

[132] 16 U.S.C. §831r (1999). 依此規定，田納西流域管理局得要求：(1)專利商標局提供任何足以使其水力發電更具效率暨經濟的專利技術內容；(2)未經專利權人同意逕行使用前揭技術。專利權人因前揭(2)之事由，得對該管理局提起訴訟要求合理的補償金。

[133] 28 U.S.C. §1498(a) (1998). 本條係有關專利權及著作權等事項請求聯邦政府補償的規定。基於政府徵用私有財產的權力 (eminent domain)，美國聯邦法規就聯邦政府使用或製造專利權人的專利技術或物品予以規範：聯邦政府在未取得專利權人授權或同意的情況下，使用或製造專利權人之專利技術或物品者，專利權人得向聯邦法院提起訴訟請求補償金，包括所有合理的費用（如律師費、專家證人 'expert witnesses' 的費用）；惟該費用的核給須符合下列情事之一：(1)前揭訴訟已繫屬於法院達十年，(2)法院認定聯邦政府的行為不當，或(3)給予專利權人該筆費用並不合理。依此規定，聯邦政府為強制授權的被授權人，其行為係基於公益、並不構成專利侵害；是以，專利權人不得要求法院核發禁令禁止之，僅得要求合理的補償金。請參閱 Standard Mfg. Co. v. United States, 42 Fed. Cl. 748 (1999); B. E. Meyers & Co. v. United States, 47 Fed. Cl. 375 (2000).

[134] 例如：Morton Salt Co. v. G.S. Suppiger Co. 乙案中，專利權人於授權契約中，附帶條件要求被授權人購買其未具專利之物品，聯邦最高法院先闡明法律不保護不潔之手的衡平原則，概以原告（專利權人）的行為構成違反公共利益的不

之判決。其中以「公共利益」為「專利侵害」之抗辯者，被告毋需證明原告的行為有違公共利益，僅須證明法院若裁定禁令，將損害公共利益 **⑯**。迄西元 1983 年 *Smith International Inc. v. Hughes Tool Co.* **⑰** 聯邦巡迴上訴法院指出：專利制度本涵蓋公共政策的考量，侵害專利權即違反其確保專利權益之公共政策 **⑱**；一旦構成專利侵害，便推定對專利權人造成即刻無可彌補的損失 (immediate irreparable harm)，法院自須核發禁令 **⑲**。此案成為嗣後案例之判決依據 **⑳**。聯邦法院雖未全然否決被告有關公共利益的主張，然而，在其維護專利權益之公共政策的前提下，被告勢必需提出更具

當行為，而禁止原告對被告行使任何救濟方式。314 U.S. 488, 62 S. Ct. 402; 86 L. Ed. 363, *reh'g denied*, 315 U.S. 826 (1942). 法院指出禁止被告的使用將違反公共政策 (public policy)，專利權濫用原則係源於衡平原則，其行為未必違反反托拉斯法 (anti-trust law)，卻必然違反該法之維持公平競爭的精神。314 U.S. at 490, 492～494, 62 S.Ct. at 404～406, 86 L. Ed. at 366～367.

⑮ 例如：Royal-McBee Corp. v. Smith-Corona Marchant, Inc. 專利權人明知被告侵害其專利權而默許之；法院認為原告既急於行使其權利，自不得於事後復主張其權利，故以禁反言原則，否准原告所提「禁令」的申請，但仍判決原告得就其損失獲得賠償。295 F.2d 1, 5～6 (2d Cir. 1961).

⑯ 如 City of Milwaukee v. Activated Sludge, 69 F.2d 577 (7th Cir. 1934), *cert. denied*, 293 U.S. 576 (1934); Nerney v. New York N.H & H.R. Co. 83 F.2d 409 (2d Cir. 1936); Vitamin Technologists, Inc. v. Wisconsin Alumni Res. Found., 146 F.2d 941 (9th Cir. 1945); Foster v. American Mach. & Foundry Co., 492 F.2d 1317 (2d Cir. 1974). 有關前揭案例之討論請參閱陳文吟，探討因應醫藥品專利之合理措施，國立中正大學法學集刊，8 期，頁 78～79（民國 91 年 7 月）。

⑰ 718 F.2d 1573 (Fed. Cir. 1983).

⑱ 718 F.2d at 1581.

⑲ 同前註。

⑳ 如：Eli Lilly v. Premo Pharmaceutical Laboratories, 630 F.2d 120 (3d Cir. 1980); Polaroid Corp. v. Eastman Kodak Co. 641 F.Supp. 828, 1985 U.S. Dist.Lexis 15003 (1985); Shiley v. Bentley Laboratories, 601 F.Supp. 964 (Cal. 1985), *aff'd*, 794 F.2d 1561 (Fed. Cir. 1986). 有關前揭案例之討論請參閱陳文吟，探討因應醫藥品專利之合理措施，同註 136，頁 79～81。

說服力的證據，證明其行為對公共利益之重要性。

綜上所述，美國可基於下列事由，採行強制授權措施：(1)專利法第 203 條；(2)基於公益——援引聯邦法規 (28 U.S.C. §1498(a)) 或司法實務。

四、告知同意[141]

告知同意者，係指對患者施以治療或試驗應事前取得患者同意，而醫療人員或研究人員必須先告知有關治療或試驗之相關內容；一般而言，告知的內容並不包含潛在經濟利益 (如專利權等)。以基因治療相關發明之欠缺安全性暨穩定性，研究人員究係經審慎評估，抑或急於專利權的取得，而進行試驗，不得而知。本文以為，基於確保患者權益，應將此事項列入必要告知內容，由患者得以在取得充分資訊的情況下決定是否參與試驗。

我國衛生署於民國 86 年因應基因治療之發展，公告「基因治療人體試驗申請與操作規範」[142] (以下簡稱「基因治療試驗規範」)。基因治療試驗規範第二章列舉相關法規之適用，包括告知同意之規範。如：醫療法第 57 條明定，施行人體試驗時，應善盡醫療上必要之注意，並應取得受試驗者或其法定代理人之同意。又依醫療法施行細則第 52 條，前揭同意應以書面為之，並應載明下列內容：(1)試驗目的及方法，(2)可能的副作用及危險，(3)預期試驗效果，(4)其他可能的治療方法及說明，以及(5)受試驗者得隨時撤回同意。依同法第 79 條暨第 80 條，違反第 57 條規定，醫療機構等須受罰鍰及停業之處分，醫師應受醫師法懲處。然而，揆諸告知之內容，並未及於潛在經濟利益 (如專利權)。本文以為宜於前揭施行細則第 52 條增訂

[141] 告知同意乙詞譯自美國法之 "informed consent"；至於我國法，依醫師法第 12 條之 1，則以告知義務稱之。令醫療人員於從事醫療行為前，應告知患者或其家屬下列事項：患者的病情、擬治療的方式、預後情形及可能的不良反應等；條文中雖未明定，然，患者當然有同意或拒絕的權利。是以，與告知同意於適用上應無不同。

[142] 衛署醫字第 86054675 號公告 (民國 86 年 8 月 28 日)，嗣於民國 91 年 9 月 13 日以衛署醫字第 0910062497 號公告修正。

告知內容，使涵蓋潛在經濟利益，俾維護受試驗者之權益。

　　基因治療試驗規範中有關「研究用人體檢體採集與使用注意事項」第四點亦定有對受檢者或其法定代理人等之告知同意事項[143]。除此，第五點明定採集檢體使用可能衍生其他權益時，檢體使用者應告知受檢人並為必要之書面約定。所謂衍生其他權益，理應包括專利權益；至於書面約定，自可指受檢人之書面同意。

　　美國有關告知同意，係由 Cardozo 法官於西元 1914 年 *Schloendorff v. Society of the N.Y. Hospital*[144] 乙案中所揭示：強調尊重患者的自主性，基於契約關係及忠實義務，醫療人員應充分告知醫療相關事項，由患者自行決定[145]。西元 1972 年，聯邦上訴法院雖於 *Canterbury v. Spence*[146] 乙案中指明，告知的內容應及於一般患者作成決定前所需知悉之事由，而非限於一般醫師認為與醫療相關聯者[147]。然而，醫師於告知患者相關醫療行為時，仍多以其認知必要者為主[148]。迄西元 1990 年 Moore 乙案，加州最高法院認定醫師應將其與醫療無關的個人研究行為或經濟上的利益告知患者。然而西元 2003 年 Greenberg 案中，聯邦地院指出 Moore 案揭示之告知內容，僅適用於醫師與患者間之醫療行為，而不及於 Greenberg 案中研究人員之研究行為。

　　美國有關告知同意之聯邦法規有：美國衛生及人類服務部（U.S. Department of Health and Human Services，簡稱 'HHS'）規範聯邦經費補助的人體研究[149]的「一般規則」（Common Rule），以及 FDA 管理的臨床研究

---

[143]　須告知之事項有：⑴採集目的及可能使用範圍與期間，⑵採集方法及數量，⑶可能的併發症與危險，⑷受檢人之權益與檢體使用者之義務，⑸檢體有無提供或轉讓他人或國外使用之情形，⑹研究經費來源及所有參與研究之機構，以及⑺其他相關重要事項。

[144]　105 N.E. 92 (1914).

[145]　105 N.E. at 93.

[146]　464 F.2d 772 (D.C. 1972).

[147]　464 F.2d at 786～787.

[148]　Jackson, *supra* note 83.

規範❿。二者就告知並取得同意之內容完全相同❿：⑴研究目的、預期研究所需時間、及施行步驟；⑵預期的危險；⑶預期的效果；⑷其他可能的治療方法及說明；⑸受試驗者身分的保密；⑹研究涉及輕度以上的危險時，有關傷害的補償與醫療的說明；⑺有關研究與受試驗者權益的諮詢，以及研究所致傷害的諮詢；⑻受試驗者得隨時撤回同意。

　　無論美國聯邦法規抑或前揭案例法，均未就研究人員之告知同意內容擴及潛在經濟利益。唯一提及者為 AMA 於西元 1994 年公布之 E-2.08「人體組織之商業利用」(Commercial Use of Human Tissue)❿。依 E-2.08：⑴利用患者的器官或組織從事研究者，應予告知並取得其同意；⑵應將潛在商業利益告知患者；⑶在取得原提供細胞之患者的同意前，不得就人體組織及其產品供做商業用途；⑷依據合法契約約定，患者得分享人體組織及其產品供商業用途所衍生之利潤；⑸醫師不得因潛在商業利益，而影響其專業的診斷及醫療行為。AMA 制定的職業道德規範並不具法律效果，惟，於醫師不當執業 (malpractice) 的訴訟中，法院常引以為認定注意義務的標準❿。

　　然而，AMA 之道德規範終究並非法規，為確保被研究者及受試驗者之權益，仍宜於前揭聯邦法規之告知同意規定❿中，增訂「潛在經濟利益」之告知內容方為妥適。

---

❿　45 C.F.R. §§46.101～46.124.

❿　21 C.F.R. §§50.1～50.27.

❿　45 C.F.R. §46.116; 21 C.F.R. §50.25.

❿　AMA E-2.08, *at* http://www.ama-assn.org/ama/pub/category/8427.html (last visited May 29, 2004).

❿　例如喬治亞州法院於 Ketchup v. Howard 乙案中指出：本院非唯一採用 AMA 道德規範以確立告知同意之醫療標準者；其並以 Culbertson v. Mernitz (602 N.E.2d 98 (Ind. 1992)) 乙案為例予以說明。543 S.E. 2d 371, 377 (Ga. 2000). 請參閱 Jackson，同註 83, n.55.

❿　即 45 C.F.R. §46.116 與 21 C.F.R. §50.25.

伍、結　語

　　基因疾病者，因基因突變、缺失或表達異常等所致的疾病。基因治療，則係針對諸多目前仍難以治癒的基因疾病所進行的治療方式。它利用正常或具有治療效果的 DNA 或 RNA 片段，藉由載體轉移到人體的標的細胞，進行修正基因缺陷、抑制或關閉異常基因的表現，達到改善疾病的治療方法。美國 NIH 於西元 1990 年完成首件成功的病例，並以此向 PTO 申請取得體外基因治療專利。

　　專利權的賦予，固然有著鼓勵研發的效果。惟，專利權顯現的經濟上的誘引，卻也使研究人員汲汲營營於研究的完成與試驗，而忽略其生物安全性；專利權的取得，亦誤導受試驗者或患者相信其療效暨安全性。研究人員亦常對受試驗者隱瞞其研究之潛在經濟利益，如專利之申請。再者，其亦使得申請人試圖擴張其專利權利範圍，甚至就尚未知悉功能的基因發現申請專利。凡此，無論就人類健康或產業科技的發展均呈負面的影響。

　　不同於美國，我國專利法並不予治療、診斷方法專利，是以基因治療、診斷方法亦非專利保護客體。然而，無論基因治療本身、抑或其相關發明技術，均有著前揭患者權益堪虞及廣泛專利權之疑慮。

　　本文以為，下列措施當可確保患者權益：⑴專利法上之產業上可利用性（或實用性）應兼顧生物安全性，適度防止危險性過高的發明取得專利。專利審查人員於審查時應審慎審理其安全性，倘未知其安全性為何、或危險過高，則應以其不具產業上可利用性否准其專利。⑵告知同意——依現行醫事相關法規，均訂有告知同意之規範，研究人員對患者施行基因治療相關發明之試驗前，應告知與醫療、研究行為直接有關的事項。本文以為應於告知事項中，增列其潛在經濟利益（如專利之申請），俾確保受試驗者之權益。甚且，於專利法施行細則第 15 條第 1 項發明說明書載明事項中增列一款「涉及人體試驗者，應載明其告知同意書之告知內容包含潛在經濟

利益。專利專責機關認有必要時，得通知申請人檢附告知同意書。」申請人未依前揭第 15 條載明相關事項者，將違反專利法第 26 條第 1 項，而構成不予專利以及舉發撤銷之事由。

至於廣泛專利權的賦予，可採行現有的相關制度以為因應❺：(1)產業上可利用性的審查從嚴——專利專責機關於審查時，對申請專利範圍之界定應予從嚴，俾免予以廣泛專利權，箝制產業科技的發展。(2)研究、教學暨試驗目的——研究人員亦可基於研究、教學暨試驗目的免費使用專利技術，而毋需負專利侵權責任。(3)強制授權（特許實施）——除使其他業者，得以合理的權利金，使用專利權人之技術；亦可兼顧公共利益及避免專利權人的濫用。凡此，當可有助於解決基因治療相關發明專利所衍生之疑慮。

---

❺　本文以為在兼顧公益及私益的前揭下，對於廣泛專利權之賦予，除宜從嚴外，宜採短期專利權期限、或併以延展制度。按專利權期限的長短，應權衡專利權人權益及產業整體利益，原則上，考量前者則宜予其較長專利權期限，考量後者則宜予其較短之專利權期限。（有關專利權期限之論述，請參閱陳文吟，論專利法上醫藥品專利權期間之延長——以美國法為主，華岡法粹，第 24 期，頁 171～217，民國 85 年 10 月。）如前所言，一旦賦予廣泛專利權，爾後利用該專利技術從事研究發明者，原則上均須取得專利權人之授權。授權契約的協議、權利金的支付等，均足以延宕或抑制他人利用該技術從事研發。是以，對於廣泛專利權的賦予，在兼顧產業科技及公共利益的前提下，可採下列措施，如：(1)限縮其專利權期限為自申請日起十五年屆滿；使該技術早日成為公共財，有助於基因治療相關發明的研發。或(2)賦予其自申請日起十年專利權期限，併以專利權期限延展制度，由專利權人於十年專利權期限屆滿前特定期間內（例如六個月）向專利專責機關申請延展五年。（延展程序可參酌修正前商標法之商標權延展註冊制度。由專利權人檢具文件說明其實施專利權的情況，專利專責機關於受理延展申請案時，應審查該專利權人有無濫用專利權之情事，以及專利權的延展對產業科技的正負面影響。）然而，此又恐有違世界貿易組織（World Trade Organization，簡稱 'WTO'）之與貿易有關之智慧財產權協定（Agreement on Trade-Related Aspects of Intellectual Property Rights，簡稱「TRIPs 協定」）第 33 條規定：專利權期限應自申請之日起至少二十年。再者，以美國過往較傾向於保護專利權人之情況觀之，美國恐不易通過立法限制廣泛專利權期限。

　　迄今，基因治療仍屬試驗階段。然而與基因治療有關的發明，包括基因治療、診斷方法本身，以及基因、載體……等等，取得專利權者，所在多有。遺憾地，在專利制度經濟利益的驅使下，科學家並不以罕見的基因疾病為研究對象，而以患者較多的癌症、愛滋病等為研究對象❺⑥，背離基因治療研究之初衷。或可適用我國罕見疾病防治及藥物法❺⑦，鼓勵研究人員研發罕見疾病之基因治療相關發明。

---

❺⑥　Weiss et al., *supra* note 7.

❺⑦　罕見疾病防治及藥物法第 6 條明定，由中央主管機關委託辦理罕見疾病之防治與研究。

 參考文獻

中文文獻:

1. 經濟部智慧財產局，專利審查基準彙編，http://www.tipo.gov.tw/patent/patent_law/examine/patent_law_3_1_2.asp#b（上網日期：民國 94 年 5 月 10 日）。

2. 基因治療人體試驗申請與操作規範，衛署醫字第 86054675 號公告（民國 86 年 8 月 28 日），嗣於民國 91 年 9 月 13 日以衛署醫字第 0910062497 號公告修正。

3. 林淑華，基因治療的展望，生物醫學報導（民國 89 年 9 月），http://www.cbt.ntu.edu.tw/General/BioMed/Biomed3/Biomed3-4.htm（上網日期：民國 94 年 3 月 19 日）。

4. 李維欽，基因治療產業的進展與未來（民國 93 年 7 月）。

5. 杜寶恒，基因治療概論，載：基因治療的原理與應用，杜寶恒主編（民國 90 年 3 月）。

6. 陳介甫，基因療法簡介，中國醫藥研究叢刊，25 期，頁 9～10（民國 93 年 4 月）。

7. 陳文吟，由 35 U.S.C. §287(c) 之訂定探討人體治療方法之可專利性，智慧財產權，1 期，頁 47～62（民國 88 年 1 月）。

8. 陳文吟，探討修改「進步性」要件因應生物科技發展的必要性——以美國法為主，華岡法粹，第 27 期，頁 271～299（民國 88 年 12 月）。

9. 陳文吟，由美國棟樹發明專利探討新穎性相關規定之合理性，臺大法學論叢，第 31 卷 1 期，頁 249～288（民國 91 年 1 月）。

10. 陳文吟，探討因應醫藥專利之合理措施，國立中正大學法學集刊，8 期，頁 78～79（民國 91 年 7 月）。

11. 陳文吟，由美國法制探討生物藥品專利，月旦民商法，4 期，頁 75～90（民

國 93 年 6 月）。

12. 陳文吟，我國專利制度之研究（民國 94 年 4 月 4 版 2 刷）。

13. 許世明，請勿期待醫學烏托邦，載：基因大狂潮，頁 109（民國 90 年）。

14. 黃淵德，Tay Sachs 症，http://ntuh.mc.ntu.edu.tw/gene/genehelp/database/ disease/Tay-Sachs%20disease_940415.htm（上網日期：民國 94 年 4 月 10 日）。

15. 張玉瓏、徐乃芝暨許素菁，生物技術（民國 93 年 3 月 2 版）。

16. French Anderson，趙裕卿譯，胡天其校，基因療法，自然雜誌，第 21 卷 3 期，頁 14～19（民國 87 年 3 月）。

17. Thomas Lee，蔡幼卿譯，Gene Future，基因未來（民國 86 年）。

18. 羅淑慧，基因治療的展望（民國 90 年）。

外文文獻：

1. Adelman, Rader, Thomas & Wegner, Patent Law (1998).

2. Anonymous, A Short History of Gene Therapy, *at* http://duke.usask.ca/~ wjb289/PHL236/handouts/A%20Short%20History%20of%20Gene%20Ther apy.pdf#search='martin%20cline (last visited May 10, 2005).

3. Anonymous, Debate: Germ-Line Gene Modification, at http://zygote. swarthmore.edu/gene7.html (last visited March 15, 2005).

4. Anonymous, Gene Therapy, Human Genome Project Information, *at* http://www.ornl.gov/sci/techresources/Human_Genome/medicine/genethera py.shtml (last visited March 15, 2005).

5. Anonymous, Gene Therapy for SCID Halted, January 31, 2003, *at* http://www.aaaai.org/AADMC/inthenews/wypr/2003archive/gene_therapy. html (last visited March 20, 2005).

6. Anonymous, Gene therapy: the first halting steps, *at* http://www. wrclarkbooks.com/downloads/healers_chapter.txt (last visited May 10, 2005).

7. Anonymous, Gene Therapy Trials Halted, October 3, 2002, *at* http://news. bbc.co.uk/2/low/health/2295707.stm (last visited March 20, 2005).

8. Anonymous, Geographical Distribution of Gene Therapy Clinical Trials (by countries), Gene Therapy Clinical Trials Worldwide, at http://82.182.180. 141/trials/FMPro?-db=Trials.FP5&-format=countries.Html&-lay=Countries &-findAll (last visited May 10, 2005).

9. Anonymous, Human Gene Therapy: A Cure for All Ills? *at* http://www. twnside.org.sg/title/twr/27b.htm (last visited Nov. 27, 2004).

10. Anonymous, New Initiatives To Protect Participants in Gene Therapy Trials, March 7, 2000, *at* http://www.asgt.org/news_releases/03072000.html (last visited March 20, 2005).

11. Anonymous, Vectors Used in Gene Therapy Clinical Trials, Gene Therapy Clinical Trials Worldwide, at http://82.182.180.141/trials/FMPro?-db= Trials. FP5&-format=vectors.html&-lay=Vectors&-findAll (last visited May 10, 2005).

12. Bergeson, Emilie, The Ethics of Gene Therapy (1997), *at* http://www.cc. ndsu.nodak.edu/instruct/mcclean/plsc431/students/bergeson.htm (last visited Nov. 27, 2004).

13. Bicknell & Brooks, *Methods for delivering DNA to target tissues and cells*, *in* GENE THERAPY—THE USE OF DNA AS A DRUG 23 (GAVIN BROOKS ED., 2002).

14. Brashear, Andrea, *Evolving Biotechnology Patent Laws in the United States and Europe: Are They Inhibiting Disease Research?*, 12 IND. INT'L & COMP. L. REV. 183 (2001).

15. Brooks, Gavin, *An Introduction to DNA and Its use in Gene Therapy*, *in* GENE THERAPY—THE USE OF DNA AS A DRUG 1 (GAVIN BROOKS ed., 2002).

16. BURKE & EPPERSON, W. FRENCH ANDERSON—FATHER OF GENE THERAPY (2003).

17. Chisum, Donald, Patents, vols. 3 & 4 (rev. 2003).

18. Chisum, Nard, Schwartz, Newman & Kieff, Principles of Patent Law (1998).

19. Coghlan, Andy, *Gene therapy to resume on "bubble boys"*, New Scientist 12 (Jan. 8, 2005).

20. Danks, David, *Germ-Line Gene Therapy: No Place in Treatment of Genetic Disease*, 5 Gene Therapy 151 (1994).

21. Foubister, Vida, *Gene patent*, *available at* http://www.ama-assn.org/amednews/2000/02/21/prsb0221.htm (last visited Nov. 27, 2004).

22. Hill, Anne, *One Man's Trash is Another Man's Treasure, Bioprospecting: Protecting the Right and Interests of Human Donors of Genetic Material*, 5 J. Health Care L. & Pol'y 259 (2002).

23. Hill, Laurie, *The Race to Patent the Genome: Free Riders, Hold Ups, and the Future of Medicals Breakthroughs*, 11 Tex. Intell. Prop. L.J. 221 (2003).

24. Horn, Melissa, *DNA Patenting and Access to Healthcare: Achieving the Balance Among Competing Interests*, 50 Clev. St. L. Rev. 253 (2003).

25. Jackson, Christopher, *Learning from the Mistakes of the Past: Disclosure of Financial Conflicts of Interest and Genetic Research*, 11 Rich. J.L. & Tech. 4 (2004), *available at* Lexis-Nexis Academic.

26. Kellam, Matthew, *Making Sense out of Antisense: The Enablement Requirement in Biotechnology after Enzo Biochem v. Calgene*, 76 Ind. L. J. 221 (2001).

27. Knowles, Sherry, *Writter Description and Enablement Requirements for Pharmaceutical, Chemical and Biotechnology Inventions* (updated April 2003), *available at* http://www.kslaw.com/library/pdf/pharmaknowledges.pdf (last visited March 13, 2004).

28. Lemley, Mark, *Intellectual Property and Shrinkwrap Licenses*, 68 S. Cal. L.

Rev. 1239 (1995).

29. Lyon & Gorner, *The First Human Gene Therapy Trial*, in GENE THERAPY 57 (Clay Naff ed., 2005).

30. Marchione, Marilynn, *A Heart Treatment Revives Hopes for Gene Therapy*, in GENE THERAPY 159 (CLAY NAFF ED., 2005).

31. Mishra, Raja, *Some Gene Therapy Trials Resume While Others Remain Frozen*, in GENE THERAPY 155 (CLAY NAFF ED., 2005).

32. O'Shaughnessy, Brian, *The False Inventive Genus: Developing a new Approach for Analyzing the Sufficiency of Patent Disclosure within the Unpredictable Arts*, 7 FORDHAM INTELL. PROP. MEDIA & ENT. L. J. 147 (1996).

33. PANNO, JOSEPH, GENE THERAPY—TREATING DISEASE BY REPAIRING GENES (2005)

34. Petechuk, David, *An Introduction to Gene Therapy*, in GENE THERAPY 48 (CLAY NAFF ED., 2005).

35. Stock, Gregory, *Gene Therapy's Contribution Toward Equality*, in GENE THERAPY 203 (CLAY NAFF ED., 2005).

36. Summers, Teresa, *The Scope of Utility in the Twenty-First Century: New Guidance for Gene-Related Patents*, 91 GEO. L.J. 475 (2003).

37. Vacchiano, Emanuel, *It's Wrongful Genome: The Written-Description Requirement Protects the Human Genome from Overly-Broad Patents*, 32 J. MARSHALL L. REV. 805 (1999).

38. WALTERS & PALMER, THE ETHICS OF HUMAN GENE THERAPY (1997).

39. Weiss & Nelson, *Gene Therapy's Troubling Crossroads, Washington Post* (Dec. 31, 1999). *available at* http://www.mindfully.org./GE/Gene-Therapys-Troubling-Crossroado.htm (last visited Nov. 27, 2004).

40. Wijk, Jeroen, *Broad Biotechnology Patents Hamper Innovation*, 25 BIOTECH. & DEV. MONITOR 15 (1995), *available at* http://www.biotech-monitor.nl/

2506.htm (last visited May 10, 2005).

41. Willgoos, Christine, *FDA Regulation: An Answer to the Questions of Human Cloning and Germline Gene Therapy*, 27 AM. J. L. & MED. 101 (2001).

42. Wivel & Walters, *Germ-Line Gene Modification and Disease Prevention: Some Medical and Ethical Perspectives*, 262 SCI. 533 (1993).

43. 45 C.F.R. §§46.101～46.124.

44. 21 C.F.R. §§50.1～50.27.

45. Diamond v. Chakrabarty 447 U.S. 303, 100 S. Ct. 2204, 65 L. Ed. 2d 144 (1980).

46. Greenberg v. Miami Children's Hospital, 264 F. Supp. 2d 1064 (2003).

47. Moore v. Regents of University of California. 793 P.2d 479 (Cal. 1990).

48. U.S. PTO, Utility Examination Guidelines, 66 FR 1092 (2001).

49. AMA E-2.08, *at* http://www.ama-assn.org/ama/pub/category/8427.html (last visited May 29, 2004).

六、由藥物基因體學探討「種族／族群特定」醫藥發明專利之可行性——以美國法為主[*]

---

* 由美國法探討賦予「種族／族群特定」發明專利權之必要性暨可行性，本篇係國科會補助之研究計畫：由美國立法暨實務經驗探討賦予「種族／族群特定」發明專利權之必要性暨可行性，NSC 97-2410-H-194-047。

摘　要

　　西元 1990 年「人類基因體計畫」的濫觴，使得藥物基因研究學邁入藥物基因體學的時代。個人化醫療成為眾所期待的願景。藉由缺陷基因或突變基因的事先檢測、預防疾病的發生，或研發可對應的醫藥，更進一步藉由 SNPs 及生物標記，研究個人罹患特定疾病的機率，以及對特定藥物的反應（包括療效及不良反應）。提升醫療效能、降低不良反應的風險。藥物基因體學的推動可鼓勵從事孤兒基因型疾病的研究；對於因藥效不彰或具危險性的藥物，倘研究結果可有利於部分患者，則應另行賦予其專利保護，以鼓勵藥廠的研究，並有助於研究經費的節省。本文以為，並非所有的疾病均與基因有關，客觀環境的差異對基因變異有重大影響；是以，應兼顧藥物基因體學及其他健康相關因素的研究。

　　BiDil 亦可謂藥物基因體學下的產物，然而其專利案的核准與取得上市許可，卻招致諸多負面批評，主因在於㈠研究數據的準確性以及試驗方式的瑕疵，㈡篩選試驗對象所造成的疑義。無論是申請專利範圍或 FDA 上市許可，均僅以非裔美國人為施予藥物的對象，甚且據以將「非裔美國人」列入申請專利範圍。形成種族／族群特定醫藥發明的趨勢，多數論者均憂心此舉將造成種族／族群的歧視，以及如何行使專利權利的疑慮。

　　本文以為，㈠申請專利範圍中包括種族／族群特定的醫藥發明專利申請案，不應准其專利。更不應准予具種族／族群歧視的發明專利。PTO 應適用道德實用性否准其專利，或逕以其違反憲法之「平等保護」原則，否准其專利。㈡不得將種族分類列為發明之非顯而易見性的考量因素。㈢種族／族群分類可作為發明實用性的考量因素，顯示發明對特定種族／族群具有其功效，有益於弱勢或受忽視的族群。

　　就我國法而言，專利專責機關審理種族／族群特定醫藥發明專利案件，亦不宜准予將特定種族／族群列入申請專利範圍；對於歧視種族／族群的醫藥發明，專利專責機關可逕依專利法第 24 條第 3 款「妨害公共秩序、善良風俗」，不予其專利之保護。

關鍵詞： 藥物基因體學、個人化醫療、單核苷酸變異、生物標記、種族特定／族群特定醫藥發明、BiDil 案

ABSTRACT

Human Genome Project was, among other things, the major cause that brought the pharmaceutical industry into a new era—so called pharmacogenomics. Scientists study human SNPs and biomarkers mostly on race/ethnicity bases so as to reach following goals: 1. realizing and detecting genetic diseases, 2. inventing proper treatment and medication, 3. avoiding adverse drug reaction. The author believe scientists shall focus on pharmacogenomics as well as other causes such as environmental issues, socioeconomic status...that may affect individual's health condition.

In 2002, PTO issued BiDil patent, which was approved by FDA for marketing. It gained worldwide attention due to its claims included "African-American". BiDil was not the first case to include race/ethnicity into patent, but was the first one to include race/ethnicity into patent claims. Discrimination is the major concern among those critics.

The author suggest: 1. The race/ethnicity would never be included into patent claims, whether pharmaceuticals or not; no patent involved racial discrimination would be issued. PTO shall reject that kind of cases on the bases of moral utility, or violation of equal protection under 14th Amend. of U.S. Const. 2. Race/ethnicity shall never be used as the consideration of non-obviousness (that was what happen with BiDil case). 3. Race/ethnicity may be taken into consideration for utility. Fortunately. Under our Patent Law, Cl. 3 of Art. 24 may solve the problems, our Patent Office may reject any case deemed to be against public order.

Keywords: Pharmacogenomics, Personalized Medicine, SNPs, Biomarker, Race specific/Ethnicity specific, BiDil case

壹、前　言

　　生物科技的日新月異，使人們期待它可主導人類的生、老、病、死。西元 1990 年以降，美國與其他國家聯手積極進行「人類基因體計畫」(Human Genome Project)❶，斯時，醫藥品的研發已逐步由傳統化學藥品發展到以生物材料製成的生物藥品；基因療法的研究與相關發明亦如雨後春筍❷。

　　爾來，藥物基因體學 (pharmacogenomics)❸更成為科學家積極從事的研究，科學家利用單核苷酸變異（single nucleotide polymorphism，簡稱 SNP）❹研究藥物對不同患者的療效及副作用的差異，以達到對症同時對人下藥❺。所謂「個人化醫療」(personalized medicine) 乃因應而生。各主

❶　HGP 已於西元 2003 年正式完成，換言之，人類基因組序列圖譜已完全底定。

❷　不過，基因療法本身仍在臨床試驗階段，尚無一取得 FDA 的上市許可。

❸　所謂藥物基因體學，係指探討與用藥或藥物反應有關的遺傳基因的研究。陳奕雄，後基因體時代個人化——醫療新趨勢，生物醫學報導，第 16 期，頁 4～6（民國 91 年）。

❹　另有譯為「單核苷酸多型性」、「單核苷酸多態性」或「單核苷酸多樣性」者。SNP 係指 DNA 序列因單一核苷酸發生變異，致使基因體序列亦隨之改變。換言之，SNP 雖係基因上細微的差異，卻足以使得個體間有顯著的差異。李作卿，與我何干的單核苷酸變異（民國 95 年 10 月 11 日），行政院國健局遺傳疾病諮詢服務窗口（上網日期：民國 96 年 12 月 7 日）；陳奕雄，同前註。

❺　以抗癲癇藥 Carbamazepine 為例，嚴重過敏者會發生「史帝文生強生症候群」(SJS)，眼、嘴、生殖器黏膜潰爛，皮膚長水泡，全身表皮脫離，眼角膜也可能受損失明，甚至腎衰竭需要洗腎，更嚴重者會致死。中研院和長庚醫院蒐集 44 名使用 Carbamazepine 而產生 SJS 的病人，另找來 101 名用藥安然無事的病人作對照。結果發現，過敏病人全帶有人類白血球抗原的特殊基因。換言之，這項基因預測病人用藥後會不會引起 SJS。Wen-Hung Chung, Shuen-Iu Hung, Hong-Shang Hong, Mo-Song Hsih, Li-Cheng Yang, Hsin-Chun Ho, Jer-Yuarn Wu

要國家政府均積極鼓勵、甚至推動個人化醫療。贊成以種族／族群為分類從事研究者，指出此舉可提升對特定疾病藥物研發的效率（包括經費支出的減少）❻，並消弭長久以來對弱勢族群的忽視與歧視，換言之，此可視為另一項平權措施❼。反對者質疑以種族／族群為分類從事研究的正確性暨妥適性，更憂心此舉將使種族歧視者堂而皇之地以基因的差異行種族歧視之實❽。

西元 2002 年美國專利商標局（Patent and Trademark Office，簡稱 'PTO'）核准 BiDil 醫藥專利❾，BiDil 亦可謂藥物基因體學下的產物，其係專為非裔美國人製造的心臟衰竭用藥，美國食品暨藥物管理局（Food and Drug Administration，簡稱 'FDA'）亦於 2005 年核准該藥上市，其所採證之臨床試驗的數據均以「自認」(self-identified) 係非裔美國人者為試驗對象❿。該專利權的隱憂暨爭議，不在其作用或副作用，而在於以種族或族群做分類、區隔，甚至以其為申請專利的標的，將種族／族群列入申請專

　　& Yuan-Tsong Chen, *Medical genetics: A marker for Stevens-Johnson syndrom*, 428 NATURE 486 (2004)。有關 SJS，請參閱本文貳、一、㈡ 2.HLA-B*1502。

❻　Rai Bawa, *Issuses in Nanodrug Delivery and Personalized Medicine, in* PharmaMedDevice 2007, 10 IDRUGS 455, 457～458 (2007).

❼　請參閱 Shubha Ghosh, *Race Specific Patents, Commercialization, and Intellectual Property Policy* 49 (Aug. 20, 2007), *at* http://www.bus.wisc.edu/insite/events/seminars/documents/Ghosh.pdf (last visited Dec. 2, 2007).

❽　請參閱 Jonathan Kahn, *Race-ing Patents/Patenting Race: An Emerging Political Geography of Intellectual Property in Biotechnology*, 92 IOWA L. REV. 353, 380～382, 385～386 (2007). 2001 年一份美國的訪談，受訪者中有 32% 認為保險公司會利用基因研究結果決定是否受理保險，47% 認為極可能如此；至於工作方面，有 16% 認為僱主幾近確定會利用基因資訊歧視受僱人或求職者，有 35% 認為極可能發生。引自 Mark Rothstein, *Public Attitudes About Pharmacogenomics, in* PHARMACOGENOMICS 3, 4～5 (Mark Rothstein ed. 2003).

❾　此案最大的爭議在於，申請專利範圍中載明係屬非裔美國人的心臟用藥。

❿　同年歐洲專利局（European Patent Office，簡稱 'EPO'）核准針對德系猶太人 (Ashkenazi Jewish) 進行 BRCA2 的檢測方法專利。

利範圍。

　　種族特定 (race-specific) 或族群特定 (ethnicity-specific)[11]藥品、療法或相關發明，對人類的意義暨貢獻、可能的負面效應為何？在在關乎藥物基因體學的發展，實有探究之必要[12]。

　　過往，美國 PTO 亦曾核准與種族或族群有關之發明專利[13]，其執行結果及經驗足供我國借鏡。本文以美國法為主，依序探討㈠藥物基因體學暨其正反見解——藉由對藥物基因體學的認識，瞭解其於現代醫學上的重要性；㈡種族／族群特定醫藥發明專利——由 BiDil 案探討種族／族群特定醫藥發明專利的可行性暨因應措施。

貳、藥物基因體學

　　過往，藥品的研發總以適用於所有罹患相同疾病的患者為原則。西元 2003 年 12 月 Glaxo Smith Kline 藥廠副總裁宣稱 Glaxo 製造的藥品對大多數人而言，無法發揮療效[14]。此語引起相當的震撼，卻屬實情。

---

[11]　或稱 race-based/ethnicity-based, race-tailored/ethnicity-tailored。

[12]　除本文外，另有李崇僖教授著，生物科技專利族群化之社會影響與應用規範，月旦法學雜誌，第 147 期，頁 224～242（民國 96 年 8 月）。該文以 BiDil 案及 BRCA2 案為中心探討族群化專利的影響，並提出若干問題供讀者省思；作者雖認為族群化的研究過於簡化，惟認同在研究的「短中期」其為「不得不然」的方法。對此，本文以為，或許研究人員因臨床上顯示特定種族或族群較易罹患某種疾病，而以該些人為研究對象，可謂便宜行事。惟仍應顧及其他客觀因素以及不同種族或族群的研究。至於本文的架構暨內容分兩大主軸：其一為藥物基因體學，使讀者瞭解其緣由，藉由正反見解探討其利弊；其二為種族／族群特定醫藥發明專利，藉 BiDil 案凸顯兩項疑慮：⑴藥物基因體學之以種族／族群為分類從事研究，⑵賦予種族／族群特定發明專利。本文亦提出解決前揭疑慮之建議。

[13]　只是，過去案例，申請人僅於專利說明書中提及種族或族群，而未載明於申請專利範圍中。

一、概　述

　　醫學臨床上顯示每個人對藥物的代謝不同，藥物在其體內的運作、消失的速度及範圍也不同。凡此差異，當代謝速度過快，將致病患無法就藥物得到任何療效；代謝速度過慢，則有藥物不良反應（adverse drug reaction，簡稱‘ADR’）之風險，必要時須降低劑量。藥物基因研究學 (Pharmacogentics) 便在研究人們對藥品的不同反應❶，包括藥物的吸收、新陳代謝與排除等，係研究藥物的效果 (efficacy) 或毒性反應 (toxicity) 對不同個人的治療方法，以及近年來著重於遺傳及生物技術的研究❶。1988 年，

---

❶ S. Connor, *Glaxo Chief: Our drugs do not work on most patients*, INDEPENDENT 1 (Dec. 8, 2003). 轉引自 ADAM HEDGECOE, THE POLITICS OF PERSONALIZED MEDICINE 1 (2004).

❶ Pharmacogenetics，由藥理學 (pharmacology) 與基因學 (genetics) 二字結合而成，由 Friedrich Vogel 於西元 1959 年首創。Hedgecoe, *id.* at 4 & 9. Pharmacogenetics 乙詞的翻譯不一而足，或稱藥物基因研究學，或稱藥物遺傳學，如，劉家宏、辜韋智、陳治佳、趙崇基、曾驥孟、藥物基因體學，生物醫學報導，第 16 期，頁 8～18（民國 91 年 11 月）。又稱藥物基因學，如，鐘文宏，藥物基因學及基因體學（民國 98 年 9 月 4 日），http://www.bhp-gc.tw/index.php?mo=CasebPaper&action =paper1-show（上網日期：民國 98 年 11 月 5 日）。

❶ Harvey Mohrenweiser, *Pharmacogenomics: Pharmacology and Toxicology in the Genomics Era*, in PHARMACOGENOMICS 29 & 31 (Mark Rothstein ed. 2003). 早期重要的發現有 1956 年的「葡萄糖六磷酸塩脫氫酶缺乏症」(Glucose-b-phosphate dehydrogcnasc, 簡稱‘G6PD’, 即蠶豆症) 及 1964 年的乙醇代謝遺傳變異（或基因變異) (genetic variation in ethanol metabolism)。蠶豆症為 X 染色體基因缺損所致。G6PD 存在人體紅血球內，協助代謝葡萄糖的酵素，並產生保護紅血球的物質，對抗某些特別的氧化物。G6PD 缺乏症患者缺乏此種酵素致使氧化物入侵身體後，血紅素易於遭到氧化，紅血球被破壞，而產生溶血，嚴重時會產生急性溶血性貧血，有致命的危險。係國內常見的先天性代謝疾病，政府已將其列為新生兒篩檢項目之一。蠶豆症患者不得任意服藥亦不得食用蠶豆及其

Frank Gonzalez 發現細胞色素 450 的細胞 CYP2D6 ❶的數個等位基因 (allele)，開啟新的遺傳學時代，復以 1990 年代人類基因體計畫，使得藥物基因研究學邁入藥物基因體學的新紀元 ⓲，研究基因差異的類型及其與不同藥物反應的顯型間的關連。

　　藥物基因體學結合傳統醫學科學（如：生物化學）與基因、蛋白質及單核苷酸變異。仿人體基因體計畫的方式，利用其成果減少疾病的發生，改善醫療的應用並降低醫療照護的成本 ⓳。

製品或含氧化劑的食品。請參閱 http://homepage19.seed.net.tw/web@5/ famidoc/sheets/flavism.htm；以及 http://cpc.mcu.edu.tw/health/body/6.htm（上網日期：民國 98 年 11 月 7 日）。至於乙醇代謝遺傳變異，人體代謝酒精，主要依賴乙醇脫氫酶 (alcohol dehydrogenase, 簡稱 'ADH') 與乙醛脫氫酶 (aldehyde dehydrogenase, 簡稱 'ALDH') 的酵素運作，前者把酒精代謝成乙醛（乙醛會造成臉紅、心跳加速、血壓下降、頭暈、噁心等不舒服症狀）；後者再把乙醛代謝成醋酸鹽，而醋酸鹽則無不適感。其中 ADH 的遺傳變異與酒精中毒肝病變有關。譚健民，漫談酒精與肝疾病：酒精性肝病危險因素之探討，臺灣醫學，第 52 期，頁 24～28（民國 98 年）。

❶ CYP 係肝臟代謝外來物質（如藥物、環境污染物、食品添加物、致癌物質等）最主要的酵素。其中，CYP2D6 代謝藥物的能力因人而異，具有基因多型性 (polymorphism)。華人的 CYP2D6 主要等位基因含 T188、C4268 的變異，高加索人含 C188、G4268 的變異。不同的變異造成 CYP2D6 代謝能力的改變。王雅靜，以細胞色素 (CYP2D6) 酵素測試不同致癌物質之生物活性，成功大學碩士論文（民國 91 年 7 月）。

⓲ Hedgecoe, *supra* note 14, at 10. William Evans & Mary Relling, *Pharmacogenomics: Translating Functional Genomics into Rational Therapeutics*, 286 SCI. 487, 488 (1999).

⓳ Mohrenweiser, *supra* note 16, at 31. 換言之，對照於藥物基因研究學之研究藥物的效果及毒性，藥物基因體學係研究影響藥物活性及毒性代謝的基因（包括加強或減少代謝的基因）。陳進明，藥物基因學，當代醫學，第 28 卷，第 5 期，頁 80（民國 90 年 5 月）。亦有作者將藥物基因研究學與藥物基因體學作以下區分：前者屬遺傳學，研究一項藥物在一個族群中所具有的不同反應；後者則係將基因體技術運用在藥物的研發與治療等。劉家宏等著，同註 15，頁 8。惟，

　　藥物基因體學的研究分：㈠與藥效有關的基因型研究，㈡與藥物不良反應有關的基因型研究，以及㈢與藥物代謝有關的基因型研究[20]。人類因特定的基因型 (genotype) 或遺傳特性 (genetic characteristic) 而產生藥物不良反應，至於基因型、遺傳特性又常因種族、族群或地理區域而異。藥物基因體學藉由基因決定藥效及其過敏性。它的研究可降低每年因藥物不良反應而死亡的人數。FDA 要求藥廠必須檢附依不同性別、種族及年齡做成的有效性及安全性的資料。隨著藥物基因體學的發展，種族似已成為臨床上合理的醫療、研究因素。

　　藥物基因體學的研究須賴 SNPs 及生物標記 (biomarkers) 的發現。以下依序說明 SNPs 與生物標記。

㈠ SNPs

　　SNPs，係指 DNA 序列中的單一鹼基對 (base pair) 發生變異，亦即，序列中 A、T、C、G 的改變，如：一個核苷酸取代另一個核苷酸、一個或數個核苷酸的插入或缺失 (deletion) 所致[21]。人體內每 300 個鹼基便有一個

　　作者 Hedgecoe 則認為二者的區別不易界定，而寧以藥物基因研究學概括探討之。Hedgecoe, *supra* note 14, at 4. 作者 Mohrenweiser 則將藥物基因研究學視為藥物基因體學的一環。Mohrenweiser, *id.* 本文贊同 Mohrenweiser 的見解，畢竟，在研究影響藥物成效的基因之前，需先瞭解藥物的效果及毒性為何。

[20]　鐘文宏，同註 15。例如，臨床上已知克流感 (Tamiflu) 造成日本患者神經精神異常 (neuropsychiatric disorder) 及嚴重反應（青少年在服用克流感之後，會產生幻覺或傷害自己的行為），至今仍無法確定其為克流感之副作用，藥廠亦極力否認。包括國內之前發生的國光疫苗事件，本文以為或可由研究 SNPs 及生物標記著手。

[21]　生物個體間 DNA 序列的變異，有三種類型：㈠限制性片段長度變異 (restriction fragment length polymorphisms，簡稱 'RFLPs')，㈡微衛星變異 (microsatellites polymorphisms)，以及㈢ SNPs。其中以 SNPs 為最常見的序列變異，且其偵測可利用 DNA 晶片自動化，是以，最受到重視與研究。曾富瑋，單核苷酸多型性基因型的偵測技術，http://uschool.scu.edu.tw/biology/content/genetics/ge030403.htm（上網日期：民國 98 年 11 月 15 日）。

SNP，以人類具有三十億個鹼基而言，科學家必須找出近千萬個 SNPs，以檢測有無致病基因及對藥物有無反應 ❷。

採用 SNPs 作為遺傳標記 (genetic marker)，優點有 ❸：㈠ SNPs 倘存在於特殊性狀基因位置附近，可提供更多可能的遺傳標記。㈡某些 SNPs 座落在密碼傳譯區域 (exon)，可直接影響蛋白質功能，這些 SNPs 可能對個體之間的重要性狀產生變異。㈢ SNPs 比微衛星穩定，可作為長期遺傳標記，雖經世代相傳，SNPs 的改變不大，可用以研究族群演化。以及㈣利用 DNA 微序列 (microarray) 技術，SNPs 比微衛星更適於大量的基因分析。SNPs 密布在人類基因體中，係應用前景最好的遺傳標記物。然而，並非所有 SNPs 均具有臨床意義。對疾病的發生和藥物治療有重大影響者，僅為所有 SNPs 中的一小部分 ❹。

SNPs 的用途有 ❺：㈠找出致病基因、診斷及預測致病風險 ❻。㈡藥物基因體學及新藥的發現——SNPs 的研究，可預防藥物副作用、提高療效、預測用藥結果，減少誤用、濫用藥物的情況。㈢研究族群演化——提高藥物商業價值，針對特定族群開發藥品。

---

❷　Elizabeth Pennisi, *A Closer Look at SNPs Suggests Difficulties*, 281 SCI. 1787, 1787 (1998); Michael Hagmann, *A Good SNP May be Hard to Find*, 285 SCI. 21, 21 (1999). NIH, *What are SNPs*, http://ghr.nlm.nih.gov/handbook/genomicresearch /snp (last visited Feb. 10, 2010); Yin Kiog Hoh & Hong Kwen Boo, *Pharmacogenomics: Principles & Issues*, 69 AM. BIOLOGY TEACHER 143, 145 (2007).

❸　曾富瑋，同註 21。

❹　Hagmann, *supra* note 22, at 22. NIH, *supra* note 22.

❺　SNP Fact Sheet, http://www.ornl.gov/sci/techresources/Human_Genome/faq/snps. shtml (last visited Feb. 10, 2010). NIH, *supra* note 22. 另請參閱藥物基因組學概述及發展，科技產業資訊室，http://cdnet.stpi.org.tw/techroom/market/bio/bio037. htm（上網日期：民國 98 年 11 月 15 日）。

❻　SNPs 並不會導致疾病的發生，但當 SNPs 位於基因間時，它們可作為生物標記有助於科學家找出與疾病有關的基因；倘位於基因間或接近基因區域它們便可能影響基因的功能，以致發病。SNP Fact Sheet, *id.*; NIH, *supra* note 22.

　　科學家研究發現 SNPs 型態因不同種族 (races) 或族群 (ethnicities)❷⑦而異❷⑧；幾乎各國政府均肯認不同種族或族群有不同 SNPs 型態❷⑨。

❷⑦　種族的認定，或以生物分類、或以社會分類視之，前者視人類為物種，各種族為其分支；後者的認定則因社會而異。無論採何種分類，所謂種族，如黃種人、白種人等。族群則指擁有共同血緣、語言、文化、宗教等而構成獨特的社群的一群人。惟，美國人類學家 (anthropologists) 與社會學家對於種族有不同的見解。1998 年美國人類學協會指出，種族的區分是試圖將人類分為不同階級，使高階級的人可享有特權、權力及財富。引自 Sharona Hoffman, *"Racially-Tailored" Medicine Unraveled*, 55 AM. U. L. REV. 395, 415 (2005). 該協會並於 1997 年呼籲聯邦政府勿以種族作為收集資料的類型，因科學證實種族並非真實、自然的現象。不過，美國社會學協會 (American Sociological Association, ASA) 則認為種族對個人在社會體系中的教育機會、催備、健康狀況、居住處所，以及醫療有重大影響。引自 Hoffman, *id.* at 415. ASA 進而指出，否定種族分類的事實及影響，並無法減緩種族的不對等性 (inequalities)。惟，ASA 並未就生物學上的種族的區分予以著墨，亦未就種族意義為何予以定義。人類學家認為以科學乙詞宣揚歷史上的不平等係生物學上不可避免之事的概念，對研究人類學者的一種侮辱。Richard Cooper, *Race and IQ: Molecular Genetics as Deus ex Machina*, 60 AM PSYCHOL.71, 75 (2005) 引自 Hoffman, *id.* at 455.

❷⑧　Parliamentary Office of Science and Technology, *Personalised Medicine*, 329 POSTNOTE 1, 2 (2009). 西元 2005 年美國 Perlegen 公司已標記出黃白黑三大種族的基因體中 SNPs 的位點。David Hinds, Laura Stuve, Geoffrey Nilsen, Eran Halperin, Eleazar Eskin, Dennis Ballinger, Kelly Frazer, & David Cox, *Whole-Genome Patterns of Common DNA Variation in Three Human Populations*. 307 SCI. 1072, 1072 (2005).

❷⑨　西元 2002 年，美國、英國、中國大陸、加拿大、日本與奈及利亞等國政府及民間合作建構的「國際人類基因體單套型圖譜計畫」(International Haplotype Map Project)，目的在尋找不同種族及分布在不同地理位置的人群所有的 SNPs；該計畫於 2005 年 10 月繪製完成更詳細的人體基因體 SNPs 圖譜。The International HapMap Project, HapMap Public Release #19 (Oct. 24, 2005). 李作卿，同註 4。國內中央研究院國家基因醫藥臨床中心亦進行「臺灣地區華人細胞株及基因資料庫建立調查」計畫，俾找出國人特有的 SNPs。請參閱中研院

(二)生物標記

生物標記係指位於體內的一種物質，一般為基因訊息或體內代謝活動的相關產物，如蛋白質、荷爾蒙等。生物標記的主要用途有二❸：(1)發現疾病——生物標記可用以瞭解致病原因及每個人罹病的機率。(2)治療疾病——生物標記亦可用於研發治療方法或醫藥，並偵測藥物或療法的安全性、效果（包括療效與不良反應），以及劑量等❸。

網站，http://ncc.sinica.edu.tw/han-chinese_genomebank/about01_c1.htm.

❸ 個人化醫療，國科會國際科技合作簡訊網，http://stn.nsc.gw/popup_Print.asp?DOC_UID=9806（上網日期：民國 98 年 11 月 21 日）。楊雪慧，蛋白體學的應用——生物標記的發現，化學，第 6 卷，頁 281～285（民國 96 年）；林婉婷，藥品研發中生物標記之發展趨勢，醫藥品查驗中心（上網日期：民國 98 年 11 月 14 日）。生物標記依其功能可細分為疾病生物標記，醫藥安全性之生物標記、影像生物標記、臨床前生物標記。以醫藥安全性為例，FDA 建議為提高醫療的安全性，應研究相關的生物標記，如：疫苗治療——接種後導致不良反應的生物標記；細胞或組織治療——免疫反應的生物標記；基因治療——致癌族群的生物標記。在動物試驗階段，找出與人發生肝／腎毒性相關的生物標記，有助於創新療法的發展。FDA, CRITICAL PATH OPPORTUNITIES LIST 4 (2006)；另請參閱林婉婷，同註。

❸ 2008 年 FDA 列入須進行基因檢測的藥物有 Herceptin, Selzentry, Warfarin 及 Rasburicase. Jacquelyn K. Beals, *FDA releases List Of Genomic Biomarkers Predictive of Drug Interactions*, MEDSCAPE MEDICAL NEWS (Aug. 2008). 1. Herceptin——此為一種單株抗體，可連結到 HER2（人類上皮生長因素 2）而 HER2 於 25%～30% 原發性乳癌患者中過度表現。Herceptin 的毒性最常存在於過度表現的 HER2。因此，施與 Herceptin 治療者，應檢測其 HER2 蛋白質過度表現的情形。倘非 HER2 過度表現的患者，藥效低，但若為 HER2 過度表現者，恐有藥物過敏或中毒之疑慮。2. Selzenty——愛滋病患者 HIV 係利用 CCR5 或 CXCR4 作為進入細胞的受體，Selzenty 係 CCR5 共同受體拮抗劑，只得用於 CCR5-tropic HIV-1 感染的病患，是以，若為 CXCR4 病毒，Selzenty 將無法有效對抗。因此，使用 Selzenty 前，須先檢測病患是否為 CCR5-tropic HIV-1 之 HIV 感染。3. Warfarin——Warfarin 係抗凝血劑，使用於 CYP2C9（細

在 FDA 所核准的藥物的標示 (labels) 中有 10% 含有藥物基因體資訊 (pharmacogenomic information)。FDA 就其所核准之醫藥的標示中的基因體生物標記 (genomic biomarkers) 列表發布 ❸，並就其中部分生物標記，要求或建議先進行基因檢測，再決定醫療或劑量。生物標記可能因種族而異，茲以 CYP2D6、HLA-B*1502 為例說明之 ❸。

1. **CYP2D6**

具有特定 CYP2D6 基因型者 ❸，能較一般人更迅速、完整地將可待因轉換成活性代謝物，亦即為超快速代謝者 (ultra-rapid metabolizers)，即使服用一般劑量，也會產生過量的反應，如極度睡意、呼吸微弱、神智混淆不清。此項生物標記的顯性特徵 (phenotype) 的變異非常廣，華人與日本人的

胞色素 P450）特定突變之人，會有比較高的出血風險，因此，須先檢測患者有無 CYP2C9 之突變。相較於 CYP2C9*1 對偶基因，CYP2C9*2 對偶基因病患使用 Warfarin 的劑量要少 17%，CYP2C9*3 對偶基因患者之劑量要少 37%，以避免出血風險。4. Rasburicase──Rasburicase 係用以治療血液疾病，倘患者係 G6PD 缺乏症者，服用 Rasburicase 會產生嚴重溶血，G6PD 缺乏症常見於地中海及非洲後裔，FDA 建議使用 Rasburicase 前，先對該類病患進行篩檢。Beals, *id.*

❸ 基因體生物標記可辨識患者對藥物有無反應、避免毒性、並調整劑量，使發揮其療效，增加安全性。依其用途，可分為㈠臨床上的反應暨差異性，㈡危險的辨識，㈢劑量的指標，㈣過敏性、抗藥性及鑑別疾病診斷，㈤多型性藥物作用目標。FDA, *Table of Valid Genomic Biomarkers in the Context of Approved Drug Labels* (2008), http://www.fda.gov/Drugs/ScienceResearch/Research/Areas/Pharmacogenetics/ucmo83378.htm (last visited Nov. 14, 2009).

❸ 另如 CYP2C19，CYP2C19 係位於肝臟中的酵素，其多型性具體染色體隱性特徵，於亞洲人之發生率約 15%～20%，於高加索人約 2%～5%。抗凝血劑 clopidogrel（或 prasugrel）的活性代謝物 (active metabolite) 的藥物動力學會受到 CYP2C19 的基因多型性 (polymorphism) 會影響。FDA, *id.*

❸ CYP2D6 是 CYP450 中的一個重要的酵素，負責代謝大量的臨床藥物以及因個人或種族而異的多樣性變化。

變異性約在 0.5%～1% 之間，高加索人約在 1%～10%，非裔美國人約 3%，而北非人、衣索匹亞人及阿拉伯人，則有約 16%～28% 的變異性。FDA 因此要求醫師開立含可待因藥物處方時，應以最低劑量、最短期間開始，並告知病患會有如嗎啡過量徵狀的危險[35]。

2. HLA-B*1502

史帝文生強生症候群（Stevens-Johnson syndrome，簡稱 SJS 症）[36]及其相關病症「毒性上皮溶解症」（toxic epidermal necrolysis，簡稱 'TEN'），係病人服用某些藥物所產生的皮膚型不良反應。在國內、馬來西亞、新加坡等國，服用 Carbamazepine 是最常見導致 SJS 症的原因。針對癲癇藥 Carbamazepine，生物標記為 HLA-B*1502[37]，FDA 要求須對患者先行檢測有無 HLA-B*1502 方得施予 Carbamazepine，凡檢測為陽性者，不應施予前揭藥物，除非評估其療效可逾越其危險性。檢測為陰性者，則罹患 SJS 症的機率較低。依中研院研究，Carbamazepine 引發 SJS 症在國內的發生率為

---

[35] FDA, *supra* note 32.

[36] SJS 症與 TEN 引起的皮膚不良反應會產生水泡擴散至整個顏面及身體，且會有黏膜發炎、糜爛及表皮廣泛性脫落、壞死的症狀。SJS 症的死亡率約 5%，若未即時治療，而惡化成 TEN，則死亡率提高為 30%。SJS 症病患除立即停藥，多需住院治療（嚴重者須送進加護病房或燒燙傷病房）。補充水分，並處理難以忍受的疼痛（皮膚及黏膜的損害）、照護眼睛（SJS 症及 TEN 會引起角膜損害導致失明），並控制／治療感染（SJS 症主要死因為敗血症）。SJS 症也會危及其他器官，如肺、肝、腎、腸胃等。SJS 症主要因藥物所引起，如抗癲癇藥 (Arbamazepine)、降尿酸藥 (Allopurinol)、磺胺藥 (Sulfonamide)、非類固醇止痛消炎藥 (Piroxicam)、抗生素 (Amoxicillin) 等。李勝馥，Stevens-Johnson Syndrome，耕莘藥訊，第 23 期（民國 95 年 2 月），http://www.cth.org.tw/08mail/medi_mail9502_02.pdf（上網日期：民國 98 年 11 月 21 日）；史帝文生強生症候群，亞東紀念醫院過敏免疫風濕科，http://depart.femh.org.tw/rheumatology/stevenjohnson.htm（上網日期：民國 98 年 11 月 21 日）。

[37] HLA-B 是人類第六對染色體上的一個對偶基因，與免疫細胞辨認抗原的功能有關。

26%、馬來西亞 35.7%、新加坡 27.7%、印度 19%、歐洲則為 5% ❸。

由 SNPs 及生物標記的研究可知，每個人確實因「體質」不同而有不同
罹病的機率，以及對藥物的反應不一。所謂體質，便指每個人可能有不同
的 SNPs 及生物標記。藥物基因體學希冀藉由遺傳基因的研究，發展出個人
化醫療。

目前科學家對個體差異的瞭解，主要有二 ❸：㈠由個體間有限的基因
變異，可知各人種間的關係極為密切 ❹；㈡區域性及種族間的變異確實存
在。然而，僅就種族來臆測個體間的生物差異，實有未恰 ❹。SNPs 位點的
差異確係因種族／族群而異，抑或因客觀環境（包括自然環境）而異？以
鐮狀細胞貧血症為例，常見於非洲撒哈拉沙漠以南地區的居民、地中海地
區的希臘人、土耳其人、義大利人（西西里島人），西半球西班牙語系國家

---

❸　利用 HLA-B*1502 基因型檢測預防使用 Carbamazepine 藥物誘發史帝文生強
　　生症候群的前瞻性研究，http://ncc.sinica.edu.tw/newpro3.05.htm（上網日期：民
　　國 98 年 11 月 21 日）。經濟部智慧財產局於民國 96 年核准中研院發明專利「藥
　　物不良反應風險評估專利」。其主要專利範圍包含 HLA-B*1502 與
　　Carbamazepine 及 HLA-B*5801 與 Allopurinol 誘發史帝文生強生症之關聯性。
　　衛生署亦於 98 年 7 月 7 日公告含 allopurinol 藥品仿單加刊注意事項，指出國
　　內帶有 HLA-B*5801 基因的病患服用 allopurinol 發生 SJS/TEN 之嚴重藥物不
　　良反應之風險較未帶有該基因的患者高，http://www.vhyk.gov.tw/web/
　　06health/data/01safe_1_data13.pdf（上網日期：民國 98 年 11 月 21 日）。

❸　個人化醫療，同註 30。

❹　人與人間的基因排序有 99.9% 是相同的，只有 0.1% 的基因差異存在。David
　　Rotmen, *Genes, Medicine, and the New Race Debate*, MIT TECH. REV. 41, 42
　　(2003); Pilar Ossorio & Troy Duster, *Race and Genetics-Controversies in
　　Biomedical, Behavioral, and Forensic Sciences*, 60 AM. PSYCHOLOGIST 115, 117
　　(2005); Sandra Lee, *Racializing Drug Design: Implications of Pharmacogenomics
　　for Health Disparities*, 95 AM J. PUB. HEALTH 2133, 2133 (2005).

❹　個體間遺傳密碼的差異、基因與環境的交互影響，以及個體免疫系統過去獨特
　　的抗病記憶，致使每個人罹病風險不同、對醫療反應不一。請參閱 Parliamentary
　　Office of Science and Technology, *Ethnicity and Health*, 276 POSTNOTE 1, 1
　　(2007).

的中美洲人、南美洲人、古巴人、沙烏地阿拉伯人及亞洲裔印度人等等，主要係因該些人處於瘧疾肆虐的區域，而非因該些人為黑人或特定種族 ❷。換言之，基因與環境對個體的生物特徵有決定性的影響，後者如飲食習慣環境中接觸的細菌，甚至社經地位等都影響個體的健康狀況，是以，欠缺環境因子的相關資訊，將使得疾病的基因檢測不具參考價值 ❸。

二、藥物基因體學的正反見解

西元 1998 年，美國一項統計數字顯示，美國每年藥物不良反應死亡者逾十萬人，受傷害者更有兩百多萬人，居美國第四至第六大死因，此項數據仍沿用至今 ❹。故而有論者倡導藥物基因學，俾降低藥物不良反應，貫

---

❷　Centers for Disease Control & Prevention, *Sickle Cell Disease: 10 Things You Need to Know*, http://www.cdc.gov/Features/SickleCell/ (last visited Feb. 10, 2010); Jonathan Kahn, *How a Drug Becomes "Ethnic": Law, Commerce, and the production of Racial Categories in Medicine*, 4 YALE J. HEALTH POL'Y L. & ETHICS 1, 38～39 (2004). 相對地，鐮狀細胞貧血症並不常見於非裔美國人，因美國並非瘧疾感染的區域。研究顯示同一支非洲人的後裔分別居住不受瘧疾感染的地區及瘧疾肆虐的區域，經過十代後，兩地區的後裔有顯著的差異，前者少有貧血，後者貧血的機率仍相當高。Sickle Cell History, http://www.innvista.com/health/ailments/anemias/sickhist.htm (last visited Feb. 10, 2010).

❸　以社經地位為例，貧富差距將導致生活習慣、物質供應、接受教育的經濟能力、工作的保障、居住品質、心理—社會壓力、歧視以及接受醫療的經濟能力等等有嚴重落差；而此落差也可能形成世代的傳承。276 Postnote, *supra* note 41, at 1～4；個人化醫療，同註 30；另請參閱 Ossorio et al., *supra* note 40, at 116. 作者 Pennisi 亦引用人類遺傳學家 (geneticist) Andrew Clark 及生物學家 Rosalind Harding 的見解指出，只探索 SNPs 而忽略其他因素，所得到的 SNPs 研究結果，其意義及實用性有待商榷。Pennisi, *supra* note 22, at 1787～1788.

❹　Lazarou Pomeranz, *Incidence of Adverse Reactions on Hospitalized Patients, A Meta-analysis of Prospective Studies*, 279 JAMA 1200～1205 (1998); Carol Barash, *Ethical Issues in Pharmacogenomics* (2001), *at* http://www.actionbioscience.org/genomic/barash.html (last visited March 6, 2010). 至 2005 年

徹個人化醫療。

(一)肯定見解

　　贊成藥物基因體學研究者，莫非基於該研究可提供醫療上諸多助益❹，

藥物不良反應的病例更呈倍數成長。Study: Dangerous Drug Reactions Sharply Up, CBS News (Sept. 11, 2007). 美國每年與藥物有關的疾病暨死亡的醫療照護成本花費高達一千七百七十多億美元，其中一千零十多億美元是可避免的。Lee, *supra* note 40, at 2134. 其他國家亦然。以瑞典為例，藥物不良反應係該國第七大死因；以歐洲整體而言，藥物不良反應為第五大死因。Nuremberg Tribunal Organization, *The Dangers of Drugs: What the Pharmaceutical Industry Does not Want You to Know*, http://www.nuremberg-tribunal.org/dangersofdrugs/index (last visited March 2, 2010). 特定藥物的不良反應亦不容忽視，如 β 阻斷劑每年造成全球八十萬人死亡、五十萬人嚴重腦部中風；GlaxoSmithKline 藥廠製造的 Avandia（梵蒂雅）（第二型糖尿病治療藥物）於 1999～2006 年間造成二十萬五千件心臟病發，腦部中風及死亡病例；美國疾病管制局 (U.S. Center for Disease Control) 於 2008 年公布抗生素每年造成十四萬多人進入急診室治療。The Dangers of Drugs, *id.*

❹ *Pharmacogenomics: Medicine and the New Genetics*, http://www.ornl.gov/sci/techresources/Human/Genome/medicine/pharma.shtml (last visited Dec. 3, 2009); Bawa, *supra* note 6, at 457～458. 作者 Buchko 將藥物基因體學的效益分短期與長期：(1)短期效益——減少副作用；減少臨床試驗的成本，進而降低製藥成本。(2)長期效益——正確有效暨安全的醫療。Viktorya Buchko, *The Impact of Pharmacogenomics on the Pharmaceutical Industry* 7 (2008), *available at* http://www.wise-intern.org/journal/2008/VBuchkoFinal.pdf (last visited Feb. 10, 2010). 除此，較佳的疫苗亦為藥物基因體學研究的重要目標之一。科學家期待基因製成的疫苗（如 DNA 或 RNA），可具備所有現有的疫苗的優點，而無任何風險。它們可活化免疫系統，但無感染的能力。基因疫苗費用較低廉、具穩定性、易於儲存，並可將其製成同時攜帶數條病原。換言之，理想的疫苗具備下列條件：(1)安全性：安全可靠、無副作用；(2)有效性：免疫效果良好；(3)長效性：產生長久免疫保護作用；(4)單一性：一劑中含多種疫苗之混合疫苗；(5)口服：完全經口服用、不必打針注射；(6)保存性：可長久保存，不變質。江建勳，疫苗專輯，科學月刊，第 355 期（1999 年 7 月），http://library.hwai.edu.tw/

如：(1)更有效暨安全的醫藥；(2)偵測疾病；(3)改善藥物的研發及許可程序；以及(4)經濟效益。茲說明如下。

1. 更有效暨安全的醫藥

藥廠得依與疾病基因有關的蛋白質及 RNA 分子研發醫藥，所研發的藥物對特定疾病更具有其針對性、準確性，凡此，可擴大其療效，並減少其不良反應。

傳統的藥理學，醫生根據病患的體重、年齡決定用藥劑量，致醫生於開立處方治療病患時，常需歷經嘗試與失敗 (trial and error)，才能施予正確的藥物和劑量。藥物基因體學使醫生改依個人的基因而定，醫生藉由基因檢測，分析病患的基因資訊，瞭解藥物如何在人體內運用，以及人體代謝藥物所需的時間，方施予每個患者所各別適宜的藥物及劑量。自始施予最佳的醫療，儘速治癒、降低臨床上的不良反應風險，並增加其安全性❹❻。

2. 偵測疾病

瞭解個人的基因密碼，可使其事先改變生活習慣及環境，以避免罹患遺傳性疾病或降低其疾病的嚴重性。知悉有罹患特定疾病的可能性時，審慎地追蹤，並於適當時機進行治療，可大幅提升其療效❹❼。

Science/content/1999/00070355/0004.htm（上網日期：民國 98 年 10 月 20 日）。

❹❻　Lee, *supra* note 40, at 2134. Pharmacogenomics, *id.* 例如，治療心律不整 (arrhythmias) 的 Procainamide 會造成部分患者肝病死亡；治療胃潰瘍的泰胃美 (Tagamet) 僅對 25% 的患者有效，對其餘 75% 的患者效果有限，甚至無效。藥物基因體學可使醫生在開立處方時，決定何人不得或不需開立特定藥物。Hoh et al., *supra* note 22, at 145.

❹❼　然而，基因檢測的訊息，有時超乎患者的預期，擬檢測血脂蛋白過高 (hyperlipoproteinaemia)，故檢測其 E4 等位基因，惟 E4 等位基因亦與阿滋海默氏症有重大關連（約有 65% 的患者帶有 E4 等位基因），檢測出 E4 等位基因雖未必會得阿滋海默氏症，卻將使患者處於恐懼中。Hoh et al., *supra* note 22, at 145～146. 資訊的保密以種族界定藥物反應是很不恰當的 (poor proxy)。Rene

3.改善藥物的研發及許可程序並降低其成本

部分藥物因只對少數患者有療效，以致列為研發失敗的候選藥物，無法獲准上市，藥物基因體學使適用於少數人的藥物亦得以獲准上市，少數患者因此有接受該藥物治療的機會[48]。藥廠藉由基因標靶，可更易於研發出新的醫藥。倘藥物係適用於持有特定基因的族群，藥物許可程序將會較為便利，因其成功的機率較高。節省醫療資源──僅施予對藥物有療效反應的患者，對於沒有反應或甚至有不良反應的患者，則不施予藥物，降低無效處方的不必要支出，並降低或避免藥物的副作用[49]。又，因藥物僅適用於對其有反應之病患，臨床試驗的成本與風險，亦大幅降低[50]。

Bowser, *Race as a Proxy for Drug Response: The Dangers and Challenges of Ethics Drug*, 53 DEPAUL L. REV. 1111, 1116 (2004). 找出遺傳標記為研究藥物代謝暨反應的正確生物學方法。Bowser, *id.* at 1114. 僅因不同種族而認定對藥物有不同反應的科學證據是薄弱或根本不存在的。Bowser 引用流行病學家 Richard Cooper 所言。Bowser, *id.* at 1124.

[48] Hoh et al., *supra* note 22, at 145. Lee, *supra* note 40, at 2134. 藥物基因體學對大型藥廠形成一項附加價值的策略，它可用以發現藥物的新用途，使得過去因藥效不佳或不良反應等因素而不受重視或無法取得上市許可的醫藥重新啟用或獲准上市。Buchko, *supra* note 45, at 15; Matthew Avery, *Personalized Medicine and Rescuing "Unsafe" Drugs with Pharmacogenomics: A Regulatory Perspective*, 65 FOOD DRUG L.J. 37, 44～45, 59 (2010). 惟，Buchko 也憂心藥物基因體學將導致藥廠寧可選擇較多人罹患的疾病進行研究，致使醫療資源更顯不均。Buchko, *id.* at 7.

[49] 陳奕雄，同註3，頁5。更可節省因不良反應所需支付的醫療費用。請參閱註 44. 又，英國每年亦須花費兩萬億英鎊於藥物不良反應的醫療照護。*The Dangers of Drugs*, *supra* note 44；另請參閱 Hoh et al., *supra* note 22, at 145.

[50] Lee, *supra* note 40, at 2134；另請參閱 E. G. Burchard, E. Ziv, & N. Coyle, *The Importance of Race and Ethnic Background in Biomedical Research and Clinical Practice*, 348 NEW ENGLAND J. MEDICINE 1170～1175 (2003)，轉引自 Ossorio et al., *supra* note 40, at 115.

4.經濟效益

分析藥物基因體學的成本—效益 (cost-effectiveness)，其優點有❺：⑴避免嚴重不良的臨床或經濟後果；⑵代替傳統方式，檢測原本無法追蹤的藥物反應；⑶基因型與臨床上的顯型 (phenotype) 已確立其關連性；以及⑷研發平價有效率的基因檢測，按目前已知諸多基因變異，亦已配合研發迅速平價的基因檢測。是以，藥物基因體學是治療疾病相當有效的方法，然而，並非所有疾病皆可適用藥物基因體學，必須疾病或藥物與基因有關方為可行。

㈡反對見解

反對見解則主張制式化的治療優於個人化醫療，與其將研究資源投注於藥物基因體學的研究，毋寧研究全球亟待解決的議題，如饑荒、飲用水的缺乏，以及傳染性疾病的預防與治療等等❺。再者，⑴基因並非致病的唯一原因，⑵基因資訊的準確性，以及⑶醫療資源的分配及歧視的疑慮等，均為反對見解的立場。

1.基因並非致病的唯一原因

選擇性的治療方式可能限制許多潛在的受惠患者，使其無法接受治療，相形之下，制式化 (one-size fits all) 的醫療以一治百，能涵蓋較多的受惠患者❺。與其投入大量資金研究基因與疾病的關連，其中包括對廣大群體收集個體基因和健康的相關資訊，不如改變個體行為模式，此舉對健康的助

---

❺　David Veenstra, Mitchell Higashi & Kathryn Phillips, *Assessing the Cost-Effectiveness of Pharmacogenomics*, 2 AAPS PHARM. SCI. 29 (2000), *available at* http://www.aapsj.org/articles/ps0203/ps020329/ps020329.pdf (last visited March 6, 2010).

❺　Barash, *supra* note 44.

❺　329 Postnote, *supra* note 28, at 4.

益，遠大於透過基因發展個人化醫療。牛津健康聯盟 (Oxford Health Alliance) 指出，心臟病、第二型糖尿病、肺病及癌症占全人類死因的二分之一，其致病主因為不良的飲食習慣、抽煙、缺乏運動等行為模式❺❹。

2.基因資訊的準確性

基因資訊的準確性關乎藥物基因體學的發展，西元 2005 年科學家雜誌刊登 Perlegen 公司以七十一名分別為歐洲人、亞洲人及非洲人後裔進行檢測，試圖找出這三種人的主要遺傳標記，希冀有助於研究遺傳性疾病，如阿茲海默氏症、癌症等；惟，因受試驗者人數有限，其結果難以令人信服。唯有收集大量的基因資訊方可，如冰島的基因資料庫，然而，此又將面臨隱私權的爭議。再者，仍須分析受檢測者可能受到的其他影響，如環境、生活習慣等等。

3.醫療資源的分配及歧視的疑慮

藥物基因體學的研究將使得藥廠及研究人員針對合於較多人數所需的醫藥進行研究，致使其他人無法得到應有的醫療照護❺❺。美國長久以來便存在著種族間醫療照護的不對等，尤以白人與非裔美國人之間為甚❺❻。主

---

❺❹　Oxford Health Alliance, http://www.3four50.com (last visited March 3, 2010)；另請參閱 329 Postnote, *id.*

❺❺　Hoh et al., *supra* note 22, at 146; Karen Peterson, *Pharmacogenomics, Ethics, and Public Policy*, 18 KENNEDY INST. ETHICS J. 1 (2008), *available at* http://www. scu.edu/ethics/practicing/focusareas/medical/pharmacogenomics.html (last visited March 6, 2010). Peterson 指出 2006 年全美有四十七百多萬人（相當於全美人口 16%）並無基本的健康保險，這些人主要為經濟上的弱勢或有色人種（如非裔、西班牙裔），實行藥物基因體學將使得醫療不均的問題更加惡化，而白人／經濟能力較佳者繼續持有較好的醫療資源。Peterson, *id.*

❺❻　Laurie Nsiah-Jefferson, *Pharmacogenomics: Considerations for Communities of Color, in* PHARMACOGENOMICS 267, 271 (Mark Rothstein ed. 2003). 縱令種族間處於相同的保險狀態、收入及年齡等種種條件下，少數種族仍無法享有與白人

因在於研究人員偏好以白種男性的研究，忽視女性與有色人種；再者，有色人種對相關研究的不信任，也使得他們不願參與相關研究。

忽視其他客觀因素，而僅以特定種族或族群為分類，勢必使得醫療僵化，所謂個人化醫療的願景幻滅，更助長種族歧視之劣行。此可由一位心理醫生 Sally Satel 所言窺知，由於某些疾病及用藥反應會因種族而異，她和同儕在診療患者時必然會記載患者的種族別❺。此舉勢必使不同種族的患者得到的醫療照護不同。

本文以為藥物基因體學所勾勒出個人化醫療的願景，確實令人期待。然而，如前所述，基因與個人疾病、生理的反應，僅為諸多因素中的一環，再者，環境可影響基因的變異。大眾（包括科學家、醫療人員、病患）應有此正確的體認，切勿以種族／族群為分類行歧視之實。促進人類健康，應兼顧基因研究與諸多客觀環境的改善與維護❺。

同等的醫療保健品質。Nsiah-Jefferson, *id.* at 276.

❺　Sally Satel, *I Am a Racially Profiling Doctor*, THE NEW YORK TIME MAGAZINE (May 2, 2002), *available at* http://www.nytimes.com/2002/05/05/magazine/05PROFILE.html?pagewanted=3 (last visited Dec. 20, 2009). Satel 自豪地指出自己是個以種族歸類的醫師 (racial profiling doctor)，她認為不同種族有不同的病癥，須施予不同療法，種族的定型化對執行醫療是相當有效的。Stel 撰寫該文係源於 Cohn 為 BiDil 發表於 Cardiac Failure 的文章（請參閱註 63），Cohn 文章受到質疑，Stel 著文支持 Cohn 論點。Stel 該文亦引發各界批評。Lee, *supra* note 40, at 2135. Gregory Dorr & David Jones, *Race, Pharmaceuticals, and Medical Technology: Introduction: Facts and Fictions: BiDil and the Resurgence of Racial Medicine*, 36 J.L.MED. & ETHICS 443, 443 (2008).

❺　作者 Buchko 提出以下數點有關政策面應採行的措施：㈠基因檢測的標準化——現階段各實驗室進行的基因檢測不一，又毋須受到 FDA 的監督，實有未妥，FDA 宜就此強化監督功能。㈡整合臨床數據與基因資訊，提升醫療的有效性及安全性。㈢整合診斷基因檢測及藥物治療資訊，使藥物的使用更具安全性。㈣降低倫理的疑慮——鼓勵藥廠的研發能兼顧弱勢、罕見疾病等，而非僅以普遍性疾病為研究對象。㈤強制第四期的試驗——上市後研究 (post-marketing study)，俾瞭解其藥效是否如預期、藥物不良反應的情形、有無

參、「種族／族群特定」醫藥發明專利

近十年來，各界倡導藥物基因體學，強調個人化醫療「對人下藥」，而非「對症下藥」，針對不同種族／族群研究其 SNPs，找出生物標記，以期研究病因，找出最妥適的藥物和醫療方法。從醫學角度而言，似無不妥，然而卻可能導致醫療資源分配不均及歧視（包括僱傭、保險等）等問題，人類百年來努力的種族／族群平等，似又瞬時倒回原點──種族的差異性區隔、歧視等❺❾。

專利案中有關專利技術的描述可見於摘要 (abstract)、說明 (specification)、申請專利範圍 (claims)。摘要主要在略述技術的功效目的，說明則敘述發明的背景、內容、功效、援用的先前技術等等。申請專利範圍則在闡明發明的技術，既為審查專利的核心，亦為未來取得專利權後，得以主張排他性權利的技術內容。

自西元 1976 年以降，以種族或族群分類申請基因相關專利之案件逐一浮現，然而，多於申請案說明中描述技術的功能等，而未見於申請專利範圍。BiDil 為首件於申請專利範圍中將發明之使用限於特定種族者。所謂「種族／族群」特定發明專利乙詞乃因應而生。

仿單外使用的情形，其效果如何等。㈥促使大小型藥廠的合作──大藥廠研究較符多數人服用的藥物，小藥廠研究罹病率較低的疾病。Buchko, *supra* note 45, at 18～20.

❺❾　請參閱 Kahn, *supra* note 8, at 356～357 (2007).

一、BiDil 專利案

㈠緣　由

　　BiDil 係血管擴張劑 (hydralazine) 與硝酸異山梨酯 (isosorbide dinitrate)（即 'H/I'）的組合物。它們可使血管擴張，降低心臟輸送血液的阻力，更可增加血液中的一氧化氮 (nitrate oxide)，有益於心臟衰竭的病患 ⑥⓪。Jay Cohn 醫生於 1989 年獲得專利，BiDil 便為 H/I 組合而成的單一錠劑。Cohn 在申請專利時，既未提及種族，亦未指明 H/I 係針對特定種族施予醫治的藥物。Cohn 將 BiDil 專利讓與 Medco，1996 年，Medco 向 FDA 申請新藥上市許可，FDA 以九比三票否決該申請案，理由為 FDA 對於 V-HeFT 研究結果的生物統計有效性 (biostatistical validity) 仍有存疑⑥①。Medco 遂將

---

⑥⓪　一氧化氮可放鬆動脈（維持正常血壓所需），維護心臟冠狀動脈暢通，除此，一氧化氮可幫助腦部血液流通，增進長期記憶力，防止過多凝血塊阻塞造成心臟病及中風，降低膽固醇，防止低密度膽固醇氧化，消滅癌症腫瘤，幫助調節胰島素分泌，並預防一般肺部疾病（如：氣喘、肺高壓、肺栓塞等）。科學證實的一氧化氮功效，健康新文化（民國 98 年 4 月 24 日），http://www.herbalhost.com/article.php?id=58（上網日期：民國 98 年 11 月 28 日）。西元 1980 年至 1985 年間，BiDil 進行第一階段血管擴張劑心臟衰竭試驗 (first vasodilator Heart Failure Trial，簡稱 V-HeFT I)，試驗結果顯示 H/I 可降低死亡率，但該結果屬統計學上的際顯著性 (borderline statistical significance)。西元 1986 年至 1991 年又進行第二階段的試驗 (V-HeFT II)，並將 H/I 與 ACE（angiotensin converting enzyme，血管收縮素轉化酶）抑制劑 (inhibitor) 依那普利 (enalapril) 比較，結果顯示 enalapril 效果較好，惟約有 20%～30% 的充血性（鬱血性）心臟衰竭患者，無法適應該藥物的副作用，或對該藥物沒有反應。因此，H/I 為較佳的選擇。V-HeFT 在試驗階段徵求受試驗者時，並未刻意針對特定人種，試驗報告中亦未區別不同人種對藥物的反應。

⑥①　FDA 作成決定，隔天，Medco 股票下跌 25%。*Medco Drug Hits FDA Wall*, TRIANGLE BUS. J. (Feb. 27, 1997), *available at* http://triangle.bizjournals.com/

BiDil 相關智財權利 ❷ 歸還 Cohn，Cohn 重新分析 V-HeFT 的數據，著重於種族上。1999 年 Cohn 與其同儕發表文章，指出 H/I 組合物對黑人病患甚有效，可延長其壽命，其藥效如同 enalapril 之施於黑人病患般。至於 enalapril，則主要對白種人有其療效，可延長其壽命 ❸。1999 年，NitroMed 公司受讓取得 Cohn 有關 BiDil 的智財權利，修改其新藥申請案，將 BiDil 使用限於治療心臟衰竭的非裔美國人。2001 年，FDA 指出倘臨床試驗可證實 BiDil 對黑人患者的療效，它可能核准其上市。藥廠便著手進行非裔美國人的心臟衰竭試驗（African-American Heart Failure Trial，簡稱 'A-HeFT'），共徵求 1050 名自認是非裔美國人者接受試驗，該試驗得到「黑人心臟病協會」(the Association of Black Cardiologists) 的支持，並自私人企業募得 3140 萬美元 ❹。2002 年 10 月 Cohn 與 Carson 就 BiDil 之治療非裔美國病患取得專利權，並將專利權讓與 NitroMed ❺。當研究顯示受試驗者中有 43% 降低致死率一年時，審查人員便決定其成效已十分明顯，毋需再進行試驗而剝奪廠商的權益 ❻。2005 年，FDA 核准 BiDil 上市許可 ❼。

---

triangle/stories/1997/02/24/daily12.html.

❷ 除 BiDil 專利權外，Medco 另於 1995 年取得 BiDil 聯邦商標註冊。

❸ Peter Cason, Susan Zeische, Gary Johnson & Jay Cohn, *Racial Differences in Response to Therapy for Heart Failure: Analysis of the Vasodilator-Heart Failure Trials*, 5 J. CARDIAC FAILURE 178, 182 (1999). Cohn 等人所得研究結果係以 49 名非裔美國人為研究對象。Dorr et al., *supra* note 55, at 445.

❹ Hoffman, *supra* note 27, at 402. NitroMed 籌募資金以便進行臨床試驗完成 A-HeFT 的研究數據。

❺ 原 1989 年的 H/I 藥品專利於 2007 年屆至，而以種族為基礎的專利權則將至 2020 年方了屆滿。

❻ Hoffman, *supra* note 27. 2004 年研究結果刊登在英國醫學期刊 (New England Journal of Medicine)。

❼ BiDil 在市面上的銷售狀況不佳，原因有(1)市場僅限於約 75 萬名非裔美國患者，占所有心臟病患人數的十分之一；(2)藥價過高（一顆約 1.8 美元）；(3)學名藥 H/I 的競爭；(4)其他用藥的選擇；(5) BiDil 不再對其成分擁有排他權；(6)種族議題的爭議。B. Séguin, B. Hardy, PA Singer & AS Daar, *BiDil:*

(二)評　析

BiDil 案引發諸多爭議❻，申請人據以申請專利暨 FDA 許可之研究數據的準確性以及試驗方式的瑕疵，甚且據以將「非裔美國人」列入申請專利範圍。

西元 1999 年，Peter Carson 等人所發表的研究中指出，黑人與白人間左心室功能不良 (left ventricular dysfunction) 的病史不同，致使造成心臟衰竭的過程不同。以人口為基礎，黑人男性心臟衰竭致死的死亡率為白人男性的 1.8 倍，黑人女性是白人女性的 2.4 倍。此項數據的準確性受到質疑❻：(1)前揭研究忽略了受試驗者的社會經濟地位 (socioeconomic status)。舉凡教育、飲食、環境、運動以及壓力等，均與種族有密切關係。(2)研究結果以 1981 年的結果資料為主，而忽視 1980 年至 1995 年間，黑人與白人死亡率的差距已減少。且數據採集的對象，年齡層為 35 至 74 歲，然而，有 71% 的白人於 74 歲後死於心臟衰竭❼。

A-HeFT 試驗，係以自認黑人者進行試驗，試驗方式為施予 BiDil 及標準療法（包括 ACE 抑制劑）以及僅施予標準療法，二者做比較。試驗並未以全人類（不分種族）來進行 BiDil 與標準療法以及僅施予標準療法做比較。早期的 V-HeFT 則係分別施予 BiDil 及標準療法（當時為 enalapril）做比較。是以，黑人以外的種族同時接受 BiDil 及標準療法的結果如何，無從知悉。研究中指出 BiDil 輔以傳統療法僅係非裔美國人的醫療選擇顯係有誤❼。FDA 既只核准 BiDil 使用於非裔美國人，將使得非黑人的病患無法

Recontextualizing the Race Debate, 8 PHARMACOGENOMICS J. 169, 171 (2008); Dorr et al., *supra* note 57, at 445～446.

❻ Kahn, *supra* note 42, at 18～24 (2004); Buchko, *supra* note 45, at 16～17；另請參閱 Ghosh, *supra* note 7, at 49～53.

❻ Kahn, *supra* note 42, at 19～20 (2004).

❼ 1999 年，黑人與白人死於心臟衰竭的比例為 1.1 比 1。Kahn, *supra* note 42, at 21 (2004).

❼ Hoffman, *supra* note 27, at 405～407.

接受 BiDil 的治療，失去可能治癒的機會。反之，倘醫生未依仿單指示，而開立 BiDil 予非黑人患者，則等同施予未經試驗之藥物 ❷。再者，專利權人的排他性權利將以 BiDil 施予非裔美國患者為限，是以，當非裔美國患者購買 BiDil 所須承擔的費用是比較高的（因為有專利權）。反之，另一家藥廠製造相同的藥，並以白人為治療對象，則不受 BiDil 案專利之拘束，白人反而得以較低廉的價格使用該藥物。對應於所謂「藥物基因體學或種族／族群特定醫藥發明，得以照護少數種族或弱勢族群」的說法，是極具諷刺的。

　　BiDil 申請 FDA 上市許可的過程，隱含著業者為順利取得上市許可而試圖將種族類型化，並強調種族間的差異性 ❸。業者的目的不在照護非裔美國人，而是經濟利益的考量。過往，申請人將種族別列入專利申請案中，常係基於防衛目的，確保最終得以就申請案取得專利。典型的生物科技專利申請案如下：申請專利範圍的第一項為哺乳類動物，第二項為人類，第三項則為特定種族，如高加索人、亞洲人等，在此情況下，種族的意義只是特定基因的組合及範圍 ❹。至於 BiDil，則是進一步擬利用專利去獨占（壟斷）特定的產品或服務。

　　BiDil 乙案形成藥物發展的趨勢，或謂此為治療非裔美國心臟病患的重大突破；現階段生物標記資訊的有限及個人基因型研究的成本耗費，代之以種族／族群、性別及年齡為類型，研究疾病結構變異及對醫療的反應，較具經濟效益。然而，以種族為藥物資訊及健康諮詢之分類，必須具備確切的證據 ❺；換言之，藥物基因體學的研究，應著眼於基因型疾病的研究，

---

❷　Hoffman, *supra* note 27, at 406.

❸　申請人並未說明非裔美國人與其他人是否有不同的 SNPs 或生物標記，致使僅渠等適宜接受 BiDil 的治療。

❹　Jonathan Kahn, *The Politics of Patenting Race* (2006), http://www.gene-watch.org/genewatch/articles/20-3Kahn.html (last visited Nov. 25, 2009).

❺　Séguin et al., *supra* note 67, at 172. 種族的定義混沌不明，不宜將其作為生物學上的分類，更不宜用於研究或醫療。Robert Schwartz, *Racial Profiling in Medical Research*, 344 NEW ENG. J. MED. 1392～1393 (2001). 另請參閱 Ossorio et al., *supra* note 40, at 115.

而非以種族／族群為區隔❼；FDA 於核准藥物上市時，亦應設定為特定基因型用藥，而非特定種族的用藥，以免流於種族／族群差別待遇。研究人員從事研究時，應徵求充分的少數種族參與；研究基因型時應擴及所有的基因型，不宜僅以該種族一般具有的基因型從事研究❼。

二、「種族／族群特定」醫藥發明

或謂「種族／族群特定」發明，可彌補長久以來弱勢族群受到醫療上的疏忽，賦予其專利，業者將有足夠的誘因從事種族／族群特定發明，使長期居於弱勢的有色人種得到醫療照護❼。

然而，賦予「種族／族群特定」發明專利，各界將可堂而皇之地將種

---

❼ 將人類以種族作為區分，就如同動物園以身上的條紋，而將浣熊、老虎及非洲鹿聚集一處般的錯誤。Editorial, 23 NATURE BIOTECHNOLOGY 903 (2005), 轉引自 Kahn, *supra* note 74 (2006). 種族的定義不一而足，而罹病率、生病的過程、治療反應無關乎一個人的膚色或髮質，醫護人員應瞭解的是一個人的祖先、地域來源、社經、環境狀況、衛生習慣等。Hoffman, *supra* note 27, at 455.

❼ BiDil 案顯示，招攬更多少數種族參與臨床試驗的重要性。Séguin et al., *supra* note 67, at 169. 作者 Buchko 並提出下列建議：㈠FDA 應要求藥廠進行第四期的試驗 (Phase IV Clinical Trial) 俾決定該藥可否適用於其他非「非裔美國患者」；㈡自我認定為特定族群的標準化──個人種族／族群背景的充分資訊，俾合理地認定其種族或族群；㈢特定人口差異性的評估──究竟為生物學或社會因素，亦即，黑人之罹病率較高，究係因遺傳學或因醫療照護的不對等所致；㈣其他心臟病患接受仿單外的 BiDil 處方時療效如何？ Buchko, *supra* note 45, at 17.

❼ NAACP 支持 BiDil 專利。Ghosh, *supra* note 7, at 49. Michael Laufert, *Current Development 2007–2008: Race and Population-Based Medicine: Drug Development and Distributive Justice*, 21 GEO.J. LOGAL ETHICS 859, 879 (2008). 此將使得利潤左右了藥廠的研發，弱勢族群因人數較少，經濟較差，更使得藥廠不願研究有助於弱勢族群的用藥，而仍以白人為主要研究對象。Kahn, supra note 74 (2006).

族／族群再度區隔，造成對種族／族群的歧視❼⑨。縱令有種族／族群特定的藥物完成研發，在專利制度保護下，昂貴的藥價亦非處於弱勢的種族／族群所得以負擔❽⓪。有關種族／族群因素，或可見於專利案之說明中，卻不宜置於申請專利範圍。

　　就生物醫學研究而言，以種族作為人類自然的分界，視其差異為自然法則，亟待商榷。重複研究無謂的、囿於種族化的真理 (racilized truth)，雖不若早期的隔離政策，卻仍可能有其他形式的選擇性歧視 (selective discrimination)❽①。

---

❼⑨　Kahn, *supra* note 8, 376 (2007). 鼓勵種族專利會導致無可預期的負面效應，研究人員過度專注於現有醫藥對特定種族的醫學研究，忽視研發新的醫藥及研究罕見疾病。*Id.*

❽⓪　Phillis Griffin Epps, White Pill, Yellow Pill, Red Pill, Brown Pill: Pharmacogenomics and the Changing Face of Medicine (2000), http://www.law.uh. edu/Healthlaw/perspectives/Genetics/20000530WhitePill.html (last visited Sept. 8, 2009). Bowser 亦指出，臨床試驗的結果是複雜、難以解釋的，故而常流於以統計數字說明。再者應謹防藥廠以特定種族用藥剝削少數種族。Bowser, *supra* note 47, at 1126. Ghosh 則以為，所謂少數種族或有色人種未必全然欠缺經濟能力，所以種族特定的醫療發明使得富有的人士可使用專利醫療，而由全體社區承擔其成本。Ghosh, *supra* note 7, at 51. 藥物基因體學的研究成果應由全人類共同享有，不應僅由較富裕的國家（如美國）獨享。世界衛生組織應採行政策，令藥廠將研究成果施予開發中國家暨落後國家，蓋以多數研究暨實驗係於該些地區所完成，該些國家的人民自有權利享受其研究成果。Peterson, *supra* note 55.

❽①　如美國空軍軍校 (U.S. Air Force Academy) 過去在欠缺完整的資訊及充分研究的情況下，篩檢剔除黑人。如今又誤將心臟病視為因種族而異的疾病，便可能造成不同種族間醫療資源分配上的差異，如 BiDil。Kahn, *supra* note 42, at 41～42 (2004). 十九、二十世紀科學家試圖藉由生理特徵區分不同族群。例如西元 1830 年代費城醫師 Samuel Morton 自世界各地收集八百件頭顱，他計算不同種族頭顱的容量，得到的結論是，高加索人最聰明，美國原住民較低，而黑人最低。不過，此等結果立即受到當時同期學者的質疑──頭顱大小因體型大小而異，而體型大小未必與智能有關。請參閱 Interview With Stephen Jay Gould

　　以特定種族為目標所完成的發明專利，Ghosh 教授將其分為㈠流行病學 (epidemiological) 研究；㈡與頭髮有關的發明；㈢與膚色有關的發明；㈣與玩具有關的發明；㈤將特徵及姓名分類的方法等 ❽❷。

　　茲以流行病學為例，如 2005 年的「哺乳動物硒蛋白質於腫瘤細胞表現的差異」專利 (Mammalian selenoprotein differentially expressed in tumor cells) ❽❸ 專利中，摘要部分提及該案係有關 15kDA 含硒元素蛋白的發明，並指出核苷酸變異的位置 (15kDA 硒蛋白質基因的第 811 及 1125 位置) 與癌的存在有關，而此項變異普遍存在於非裔美國人。另一例為同年「診斷及偵測惡性乳癌的方法」(Method of Diagnosing and Monitoring Malignant

---

(2003), http://www.pbs.org/race/000_About/002_04-background-01-09.htm (last visited Jan. 12, 2010). 納粹時代為區別擬消滅的猶太人與吉普賽人，進行檢查他們的頭髮、眼球顏色、鼻子的形狀、頭顱、下巴、耳垂、靜止時腳的狀態、甚至走路的樣子。 Racial policy of Nazi Germany, http://en.wikipedia.org/wiki/Racial_policy_of_Nazi_Germany (last visited Jan. 12, 2010). 作者 Herrnstein 等人區分指出高加索人的 I.Q. 高於黑人，黑人較易犯罪，缺乏道德良知等。 RICHARD HERRNSTEIN & CHARLES MURRAY, THE BELL CURVE: INTELLIGENCE AND CLASS STRUCTURE IN AMERICAN LIFE (1994). 該書亦引發廣泛批評。 Richard Herrnstein, http://en.wikipedia.org/wiki/Richard_Herrnstein (last visited Jan. 12, 2010). 如 Hoffman 所言，不當地區分種族、區分其階級，將導致慘痛的歷史教訓，如納粹的大規模毀滅、盧安達的大屠殺。Hoffman, *supra* note 27, at 418. 1990 年代末，僱主在體檢過程收集黑人員工的血液，以檢測其鐮刀型紅血球 trait 等。 Norman-Bloodsaw v. Lawrence Berkeley Lab. 135 F.3d 1260, 1266~1267 (9th Cir. 1998). 法院認定此舉侵害員工的隱私權，並違反民權法 (Civil Rights Act of 1964)。

❽❷ Ghosh, *supra* note 7, at 10. 與頭髮有關的發明，如梳子、髮夾、使頭髮變直的方法、染髮劑等。與膚色有關的發明，如顏色的鑑定設備 (包括膚色、顏料等等)、以膚色作為療程的標記，以及作為接受治療的條件等。與玩具有關的發明，如與種族文化有關的玩具、針對特定種族設計的玩具等。將特徵及姓名分類的方法，包括前揭如膚色的辨別等，除此，也常包括體型、特定團體等。Ghosh, *id.* at 10~33.

❽❸ U.S. Patent No. 6849417 (Feb. 1, 2005). 另請參閱 Ghosh, *supra* note 7, at 10.

Breast Carcinomas) 專利❽，該發明藉由婦女的唾液鑑別特定的乳癌生物標記。在該案說明中，申請人利用參與臨床試驗的患者人口統計及輔助資料指出，受試驗者的種族、抽煙與否，及是否進入更年期有顯著差異，相較於高加索人，較多非裔美國人罹患乳癌及良性腫瘤。此兩例提及種族的目的，前者在於強調其符合專利要件之實用性、新穎性及非顯而易見性；後者則僅是描述發明的目的，作為參考依據（說明參與臨床試驗之受試驗者的種族特徵）。二者均不在於強調其發明對不同種族於適用上有何差異性。

　　種族的分類，在專利制度中有數種功能：㈠表現出導致發明的背景——社會對種族的態度；㈡使發明人針對特定種族的市場進行研發，確定特定的需求。

　　PTO 在審查基準❽中已明訂，專利審查人員對於含有對任何種族、宗教、性別、族群或國籍有冒犯的設計或言詞，應不予式樣專利。醫學、科學期刊（如 Nature Genetics）亦採行編輯政策，要求當作者以特定的族群或人口為對象時，必須說明此種分類的理由及如何分類❽。

　　Kahn 教授主張執政者應區分種族究為社會政策的分類或生物學的分類，前者可作為追蹤歷史的不平等，並予以彌補；後者則可能用於專利申請，或藥物的上市。就後者而言，必須有強烈的科學證據顯示種族所造成的生物學上的差異，且，惟有在強烈公益的前提下方可，其中對於種族的界定必須非常嚴謹❽。

　　本文同意 Kahn 教授的見解，「種族特定／族群特定」發明是否宜於取得專利權，以美國實務觀之，必然為准予專利之客體；惟，對於惡意從事種族的區隔，而未見其實益者，自不應准其專利。只是，美國專利法並無

---

❽　U.S. Patent No. 6972180 (Dec. 5, 2005). 另請參閱 Ghosh, *supra* note 7, at 11.

❽　USPTO, MPEP, 1504.01(e) Manual of Patent Examining Procedure.

❽　Editorial, 36 NATURE GENETICS 541 (2004), *at* http://www.nature.com/ng/journal/ v36/n6/full/ng0604-541.html (last visited Dec. 26, 2009).

❽　Kahn, *supra* note 42, at 44 (2004). 「種族」乙詞是一項社會學上的分類，但具有生物學上的結果。

「違反公序良俗」之相關規定，得否准其專利，或可適用道德實用性審查該發明是否合於道德而可給予專利權。

三、專利制度對「種族特定／族群特定」醫藥發明的影響

專利制度在產業科技的發展，向來扮演著重要的角色，它賦予專利權人排他性權利，此排他性權利帶來的經濟利益促使發明人從事研發，進而提升產業科技水準。發明人從事研發的動機或非均因專利制度所致，惟，專利制度確係多數發明的主要誘因。

由 BiDil 專利案可知，發明人為取得專利權與 FDA 上市許可所做的努力。姑且不論核准該件專利案的妥適性，該案足證縱令以特定種族／族群為對象研發而成的發明，仍可受專利制度之保護。美國專利制度自西元 1980 年 Diamond v. Chakrabarty 乙案後，對所有人為的發明均廣泛賦予專利，是以，賦予種族／族群特定發明專利，似乎為必然的結果。

然而，基於美國聯邦憲法第 14 增修條文之「平等保護」(equal protection) 原則，所謂「種族特定／族群特定發明」不宜落入假「個人化醫療」之名，行「種族歧視」之實。使特定種族／族群在不實的科學資訊下，遭受歧視、不公平待遇。再者，以特定種族／族群為研發對象者，必須證實其發明適用於不同種族／族群會有明顯的功能上的差異 ❽❽。

換言之，專利制度既可有效地鼓勵發明人研發，自應可消極地制止不當的發明 ❽❾。然而，不若我國專利法，美國專利法既未明文規定違反公序良俗之發明不受專利制度之保護，PTO 擬制止不當的發明唯有訴諸於專利要件——新穎性、實用性及非顯而易見性。其中，新穎性係因技術內容已非新穎的技術，非顯而易見性則因技術較於先前技術，其創作性不足所致。

---

❽❽　Kahn 認為種族僅是發明人或申請人為凸顯其發明之功能而使用的替代性分野。Kahn, *supra* note 8, at 400～401 (2007).

❽❾　對於發明人執意研發涉及種族歧視的不當發明，而未申請專利者，則非專利制度所得以箝制。

二者不足以否定創新卻充斥歧視的發明。

實用性要件或可據以為可行的方式，美國專利法第 101 條明定，發明必須為新穎且實用的技術。依 PTO 實用性審查基準 (Utility Examination Guideline)，發明技術必須具備已確立的實用性 (well-established utility)，即下列情事之一者：㈠熟習該項技術之人可即刻由其發明特性辨知其發明具有實用性。㈡發明具特定實質及可信的實用性。亦即，申請人必須主張其發明具有特定功效（特定暨實質的實用性，specific and substantial utility），且為熟習該項技術之人認定可信者。

實務見解則將實用性分為㈠特定實用性 (specific utility) 及㈡一般實用性 (general utility)。前者指發明能達到發明人所主張的特定功效而言。後者則指任何一項發明必須達到該事物本應具有的功能，如燈之具有照明的功能等。法院於決定發明之實用性時，便曾以「公共利益」為考量，即道德實用性。

道德實用性源於西元 1817 年，Story 法官於 *Lowell v. Lewis* ❾⓪ 乙案中的附帶意見 (obiter dictum)。Story 法官指出，發明不得為不重要 (frivolous)，亦不得有損於社會福利、完善的政策或道德律。Story 法官嗣於 *Bedford v. Hunt* ❾① 乙案中重申此見解。爾後，有些許案例引用 Story 法官的見解。惟，PTO 與聯邦法院對道德實用性多仍持保留態度。西元 1977 年 *Ex parte Murphy* ❾② 乙案中，PTO 的訴願委員會 (Board of Appeals) 指明美國專利法第 101 條並未規範違反道德的賭博發明不得予以專利。聯邦法院亦先後於不同案例中指出，違反道德的發明應否不予其專利應由國會立法決定 ❾③。

---

❾⓪　15 F. Cas.1018 (1817).

❾①　3 F. Cas.37 (1817).

❾②　200 U.S.P.Q. 801 (1977).

❾③　1980 年 Chakrabarty 乙案中，聯邦最高法院指出，遺傳研究是否潛藏著危害，應由國會決定。447 U.S. 303, 316～317, 100 S. Ct. 2204, 2212, 65 L. Ed. 144, 155 (1980). 1988 年 Whistler Co. v. Autotronics 乙案，聯邦地院亦拒絕以發明不符道德實用性為由否准專利。14 U.S.P.Q.2d 1885, 1886 (1988). 1999 年 Juicy Whop, Inc. v. Orange Bang, Inc. 乙案，聯邦巡迴上訴法院指出，專利法上實用性之意

惟，PTO 於 1998 年 4 月 1 日發布的新聞稿❹中，援引 Story 法官於 Lowell 案的附帶意見，以及曾引用 Lowell 案的 *Tol-O-Matic, Inc. v. Proma Produkt-und Marketing Gesellschaft m.b.H*❺為例，指出法院對實用性要件的適用，應排除任何有害人類福祉、社會道德或良好政策的發明。

由實務見解可知，道德實用性的適用係個案認定，最根本的解決方式為，仿我國專利法之明定「違反公共秩序善良風俗者不予專利」，以杜絕部分法院有關三權分立的疑義。在此之前，道德實用性仍應可在不違背憲法及專利法精神的前提下，個案認定適用❻。

是以，對於足以構成種族歧視或差別待遇的發明，PTO 仍應得以有違道德實用性為由，否准其專利。況且，聯邦憲法第 14 增修條文的「平等保護」原則，政府不得對人民有差別待遇。據此，PTO 自不得准予含有種族歧視或差別待遇的發明取得專利，否則，即構成違憲。

義，不包括道德的考量。185 F.3d 1346, 1367 (F. C. 1999).

❹ PTO, *Facts on Patenting Life Forms Having a Relationship to Humans*, Media Advisory 98-6 (April 1, 1998), http://www.uspto.gov/news/pr/1998/98-06.jsp (last visited Dec. 8, 2009). PTO 發布此新聞稿，係因 Rifkin 與 Newman 以含有人類與非人類基因之胚胎申請專利。PTO 指出，對於華而不實 (specious) 或未揭露實用效能的技術，均不予專利。

❺ 945 F.2d 1546, 1552 (Fed.Cir. 1991).

❻ 依聯邦憲法第 1 條第 8 項第 8 款，國會既為提升實用技術 (useful arts) 而制定專利法。所謂「實用」便應符合對價原則 (quid pro quo) 及公共利益，自不得為危害人類福祉、社會道德或公共政策之技術。惟，仍有作者主張，道德實用性不適用於此，除非國會立法限制種族特定發明。Nicholson Price, II, *Patenting Race: The Problems of Ethnic Genetic Testing Patents*, 8 COLUM. SCI. & TECH. L. REV. 119, 142～143 (2007).

肆、結　語

　　西元 1990 年「人類基因體計畫」的濫觴，使得藥物基因研究學入藥物基因體學的時代。個人化醫療成為眾所期待的願景。藉由缺陷基因或突變基因的事先檢測、預防疾病的發生，或研發可對應的醫藥，更進一步藉由 SNPs 及生物標記，研究個人罹患特定疾病的機率，以及對特定藥物的反應（包括療效及不良反應）。提升醫療效能、降低不良反應的風險。藥物基因體學的推動可鼓勵從事孤兒基因型疾病的研究；對於因藥效不彰或具危險性的藥物，倘研究結果可有利於部分患者，則應另行賦予其專利保護，以鼓勵藥廠的研究，並有助於研究經費的節省❾❼。然而，亦有論者認為與其投注大量資金、人力、時間研究基因與疾病的關聯，毋寧改變個人的飲食、生活習慣，以及改善環境的品質，即環境保護等。本文以為，雙管齊下方為正確的作法，藥物基因體學確實對疾病的研究與治療有諸多助益，惟，以並非所有的疾病均與基因有關，且客觀環境的差異對基因變異有重大影響；是以，應兼顧藥物基因體學及其他健康相關因素的研究。

　　目前藥物基因體學的研究，科學家常以數據說明不同種族／族群有不同 SNPs 及生物標記，然而，倘未探究並說明其緣由，恐導致大眾誤將特定種族／族群列為罹病高危險群而有不當的成見。BiDil 專利案的核准與取得上市許可，便為一例。BiDil 招致諸多負面批評，主因在於㈠研究數據的準確性以及試驗方式的瑕疵，㈡篩選試驗對象所造成的疑義。無論是申請專利範圍或 FDA 上市許可，均僅以非裔美國人為施予藥物的對象，甚且據以將「非裔美國人」列入申請專利範圍。形成種族／族群特定醫藥發明的趨

---

❾❼　Peterson, *supra* note 55. Peterson 更建議以研究獎勵、稅捐減免等方式，鼓勵藥物基因體學的研究。有關藥物基因體學的願景，迄今仍未能實現，此乃囿於 FDA 相關規範，致使獲得 FDA 上市許可者仍極為有限。Avery, *supra* note 48, at 37～39.

勢，此舉看似有益於非裔美國人的健康，實則有種族／族群歧視的隱憂。

以種族列入生物醫學研究，BiDil 並非首例，諸多遺傳性介入型生物醫學中，如：醫藥、診療性檢測，均與社會定義的種族有關❾❽。聯邦政府公布若干法規❾❾，建議藥廠收集並報告種族／族群於臨床試驗的資訊，納入申請上市許可的資料中。此係將其種族／族群於臨床試驗的資訊，視為分析差異性的社會、環境及生物學因素中的一環，與將種族視為遺傳內容中的分類不同❿❿。

本文以為：專利申請人可於申請案中敘明其發明施予特定種族／族群的功效藉以彰顯發明之成效，卻不宜明確記載於申請專利範圍，蓋以一旦將種族列入申請專利範圍，將有物化特定種族及種族歧視之疑慮❿❶。本文並以為：㈠倘申請人之「種族特定／族群特定」醫藥發明有歧視之嫌，或執意於申請專利範圍中包括「種族／族群特定」醫藥發明，PTO 不應准其

---

❾❽　科學家雖確認種族並非遺傳特徵，但藥廠仍從事種族特定的用藥，主要因㈠相較其他競爭者之製造一般用藥，它更能吸引特定族群的所在市場。㈡研究少數人種或罕見疾病的用藥，可得到政府相關單位的支持和經費補助。引自 Hoffman, *supra* note 27, at 406～408.

❾❾　如 2001 NIH Guideline for inclusion of women and minorities in clinical research，所有取得 NIH 經費補助的生物醫藥及行為研究，原則上均應包括婦女及少數民族。2005 FDA Collection of Race and Ethnicity Data in Clinical Trials, FDA 亦要求申請人須檢附特定種族及族群的試驗數據。

❿❿　Kahn, *supra* note 74 (2006). 人類藥物動力學應區辨藥物安全性與有效性於人類間的差異性，包括種族、族群等。

❿❶　請參閱 Ghosh, *supra* note 7, at 53～57. 作者 Michael Malinowski，雖倡議種族特定基因研究，亦指出必須符合下列條件，方為負責任的研究行為：1.對於種族／族群的界定應予慎重，2.審慎評估種族／族群對於人類遺傳學研究的重要性，3.生物醫學研究過程，應徵召更多團體的參與，以建立其基因序列圖譜，4.前揭參與的團體應包括因社會或文化組成的種族／族群的團體，以及 5.從事研究的目的在於提供該些團體合理的醫療照護。Michael Malinowski, *Dealing with the Realities of Race and Ethnicity: A Bioethics-Centered Argument in Favor of Race-Based Genetics Research*, 45 HOUS. L. REV. 1415, 1457～1473 (2009).

專利。PTO 應適用道德實用性否准其專利，或逕以其違反憲法之「平等保護」原則，否准其專利。㈡不得將種族／族群分類列為發明之非顯而易見性的考量因素 ❿。㈢種族／族群分類或可作為發明實用性的考量因素，顯示發明對特定種族／族群具有其功效 ❽。

　　就我國法而言，基於相同理由，專利專責機關審理「種族／族群特定」醫藥發明專利案件，亦不宜准予將特定種族／族群列入申請專利範圍；對於歧視種族／族群的醫藥發明，專利專責機關可逕依專利法第 24 條第 3 款「妨害公共秩序、善良風俗」，不予其專利之保護。

---

❿　如 BiDil 案，原專利案並未區分種族，新專利案則限於非裔美國人，PTO 竟核准其專利。如 Ghosh 所言：1.此舉將使得市場上充斥著適用於不同種族，但功能相仿的專利；2.重複專利 (double patenting) 的疑慮；甚至 3.申請人得就現存發明從事些微改變，便取得種族專利。Ghosh, *supra* note 7, at 57～58.

❽　申請案中說明發明對特定種族／族群具有其功效，或可視為有助於特定弱勢或受忽視的種族／族群的發明。請參閱 Ghosh, *supra* note 7, at 59～61.

參考文獻

中文文獻：

1. 利用 HLA-B*1502 基因型檢測預防使用 Carbamazepine 藥物誘發史帝文生強生症候群的前瞻性研究，http://ncc.sinica.edu.tw/newpro3.05.htm（上網日期：民國 98 年 11 月 21 日）。

2. 李勝馥，Stevens-Johnson Syndrome，耕莘藥訊，第 23 期（民國 95 年 2 月）；史帝芬強生症候群，亞東紀念醫院過敏免疫風濕科，http://depart.femh.org.tw/rheumatology/stevenjohnson.htm（上網日期：民國 98 年 11 月 21 日）。

3. 林婉婷，藥品研發中生物標記之發展趨勢，醫藥品查驗中心（上網日期：民國 98 年 11 月 14 日）。

4. 科學證實的一氧化氮功效，健康新文化（民國 98 年 4 月 24 日），http://www.herbalhost.com/article.php?id=58（上網日期：民國 98 年 11 月 28 日）。

5. 陳奕雄，後基因體時代個人化──醫療新趨勢，生物醫學報導，第 16 期，頁 4～6（民國 91 年）。

6. 曾富瑋，單核苷酸多型性基因型的偵測技術，http://uschool.scu.edu.tw/biology/content/genetics/ge030403.htm（上網日期：民國 98 年 11 月 15 日）。

7. 楊雪慧，蛋白體學的應用──生物標記的發現，化學，第 6 卷，頁 281～285（民國 96 年）。

8. 劉家宏、韋韋智、陳治佳、趙崇基、曾驥孟，藥物基因體學，生物醫學報導，第 16 期，頁 8～18（民國 91 年 11 月）。

9. 譚健民，漫談酒精與肝疾病：酒精性肝病危險因素之探討，臺灣醫學，第 52 期，頁 24–28（民國 98 年）。

10.鐘文宏，藥物基因學及基因體學（民國 98 年 9 月 4 日），http://www.bhp-gc.tw/index.php?mo=CasebPaper&action=paper1-show（上網日期：民國 98 年 11 月 5 日）。

外文文獻：

1. Avery, Matthew, *Personalized Medicine and Rescuirn "Unsafe" Drugs with Pharmacogenomics: A Regulatory Perspective*, 65 FOOD DRUG L.J. 37 (2010).

2. Barash, Carol, *Ethical Issues in Pharmacogenomics* (2001), *at* http://www.actionbioscience.org/genomic/barash.html (last visited March 6, 2010).

3. Bawa, Rai, *Issues in Nanodrug Delivery and Personalized Medicine*, 10 IDRUGS 155 (2007).

4. Beals, Jacquelyn K., *FDA releases List Of Genomic Biomarkers Predictive of Drug Interactions*, Medscape Medical News (Aug. 2008).

5. Bowser, Rene, *Race as a Proxy for Drug Response: The Dangers and Challenges of Ethics Drug*, 53 DEPAUL L. REV. 1111 (2004).

6. Buchko, Viktorya, *The Impact of Pharmacogenomics on the Pharmaceutical Industry* 7 (2008), *available at* http://www.wise-intern.org/journal/2008/VBuchkoFinal.pdf (last visited Feb. 10, 2010).

7. Cason, Peter, Susan Zeische, Gary Johnson & Jay Cohn, *Racial Differences in Response to Therapy for Heart Failure: Analysis of the Vasodilator-Heart Failure Trials*, 5 J. CARDIAC FAILURE 178 (1999).

8. Centers for Disease Control & Prevention, *Sickle Cell Disease: 10 Things You Need to Know*, http://www.cdc.gov/Features/SickleCell/ (last visited Feb. 10, 2010).

9. Dorr, Gregory & David Jones, *Race, Pharmaceuticals, and Medical Technology: Introduction: Facts and Fictions: BiDil and the Resurgence of Racial Medicine*, 36 J.L.MED. & ETHICS 443 (2008).

10. Epps, Phillis Griffin, *White Pill, Yellow Pill, Red Pill, Brown Pill: Pharmacogenomics and the Changing Face of Medicine* (2000), http://www.law.uh.edu/Healthlaw/perspectives/Genetics/20000530WhitePill .html (last visited Sept. 8, 2009).

11. Evans, William & Mary Relling, *Pharmacogenomics: Translating Functional Genomics into Rational Terapeutcs*, 286 SCI. 487 (1999).

12. FDA, CRITICAL PATH OPPORTUNITIES LIST 4 (2006).

13. FDA, Table of Valid Genomic Biomarkers in the Context of Approved Drug Labels (2008), http://www.fda.gov/Drugs/ScienceResearch/Research/Areas/ Pharmacogenetics/ucmo83378.htm (last visited Nov. 14, 2009).

14. Ghosh, Shubha, *Race Specific Patents, Commercialization, and Intellectual Property Policy* 49 (Aug. 20, 2007), *at* http://www.bus.wisc.edu/insite/ events/seminars/documents/Ghosh.pdf (last visited Dec. 2, 2007).

15. Hagmann, Michael, *A Good SNP May be Hard to Find*, 285 SCI. 21 (1999).

16. HEDGECOE, ADAM, THE POLITICS OF PERSONALIZED MEDICINE (2004).

17. Hinds, David, Laura Stuve, Geoffrey Nilsen, Eran Halperin, Eleazar Eskin, Dennis Ballinger, Kelly Frazer, & David Cox, *Whole-Genome Patterns of Common DNA Variation in Three Human Populations*. 307 SCI. 1072 (2005).

18. Hoffman, Sharona, *"Racially-Tailored" Medicine Unraveled*, 55 AM. U. L. REV. 395 (2005).

19. Hoh, Yin Kiog & Hong Kwen Boo, *Pharmacogenomics: Principles & Issues*, 69 AM. BIOLOGY TEACHER 143 (2007).

20. Jonathan Kahn, *The Politics of Patenting Race* (2006), http://www.gene-watch.org/genewatch/articles/20-3Kahn.html (last visited Nov. 25, 2009).

21. Kahn, Jonathan, *How a Drug Becomes "Ethnic": Law, Commerce, and the production of Racial Categories in Medicine*, 4 YALE J. HEALTH POL'Y L. & ETHICS 1 (2004).

22. Kahn, Jonathan, *Race-ing Patents/Patenting Race: An Emerging Political*

Geography of Intellectual property in Biotechnology, 92 IOWA L. REV. 353 (2007).

23. Laufert, Michael, *Current Development 2007–2008: Race and Population-Based Medicine: Drug Development and Distributive Justice*, 21 GEO.J. LOGAL ETHICS 859 (2008).

24. Lee, Sandra, *Racializing Drug Design: Implications of Pharmacogenomics for Health Disparities*, 95 AM J. PUB. HEALTH 2133 (2005).

25. Malinowski, Michael, *Dealing with the Realities of Race and Ethnicity: A Bioethics-Centered Argument in Favor of Race-Based Genetics Research*, 45 HOUS. L. REV. 1415 (2009).

26. Mohrenweiser, Harvey, *Pharmacogenomics: Pharmacology and Toxicology in the Genomics Era*, *in* PHARMACOGENOMICS 29 (Mark Rothstein ed. 2003),

27. NIH, *What are SNPs*, http://ghr.nlm.nih.gov/handbook/genomicresearch/snp (last visited Feb. 10, 2010).

28. Nsiah-Jefferson, Laurie, *Pharmacogenomics: Considerations for Communities of Color*, *in* PHARMACOGENOMICS 267 (Mark Rothstein ed. 2003).

29. Nuremberg Tribunal Organization, *The Dangers of Drugs: What the Pharmaceutical Industry Does not Want You to Know*, http://www.nuremberg-tribunal.org/dangersofdrugs/index (last visited March 2, 2010).

30. Ossorio, Pilar & Troy Duster, *Race and Genetics-Controversies in Biomedical, Behavioral, and Forensic Sciences*, 60 AM. PSYCHOLOGIST 115 (2005).

31. Oxford Health Alliance, http://www.3four50.com (last visited March 3, 2010).

32. Parliamentary Office of Science and Technology, *Ethnicity and Health*, 276 POSTNOTE 1 (2007).

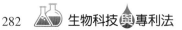
33. Parliamentary Office of Science and Technology, *Personalised Medicine*, 329 POSTNOTE 1 (2009).

34. Pennisi, Elizabeth, *A Closer Look at SNPs Suggests Difficulties*, 281 SCI. 1787 (1998).

35. Peterson, Karen, *Pharmacogenomics, Ethics, and Public Policy*, 18 KENNEDY INST. ETHICS J. 1 (2008), *available at* http://www.scu.edu/ ethics/practicing/focusareas/medical/pharmacogenomics.html (last visited March 6, 2010).

36. Pharmacogenomics: Medicine and the New Genetics, http://www.ornl.gov/ sci/techresources/Human/Genome/medicine/pharma.shtml (last visit: Dec. 3, 2007).

37. Pomeranz, Lazarou, *Incidence of Adverse Reactions on Hospitalized Patients, A Meta-analysis of Prospective Studies*, 279 JAMA 1200 (1998).

38. PTO, *Facts on Patenting Life Forms Having a Relationship to Humans*, Media Advisory 98-6 (April 1, 1998), http://www.uspto.gov/news/pr/1998/ 98-06.jsp (last visited Dec. 8, 2009).

39. Rothstein, Mark, *Public Attitudes About Pharmacogenomics*, *in* PHARMACOGENOMICS 3 (Mark Rothstein ed. 2003).

40. Rotmen, David, *Genes, Medicine, and the New Race Debate*, MIT TECH. REV. 41 (2003).

41. Séguin, B., B. Hardy, PA Singer & AS Daar, *BiDil: Recontextualizing the Race Debate*, 8 PHARMACOGENOMICS J. 169 (2008).

42. SNP Fact Sheet, http://www.ornl.gov/sci/techresources/Human_Genome/ faq/snps.shtml (last visited Feb. 10, 2010).

43. Veenstra, David, Mitchell Higashi & Kathryn Phillips, *Assessing the Cost-Effectiveness of Pharmacogenomics*, 2 AAPS PHARM. SCI. 29 (2000), *available at* http://www.aapsj.org/articles/ps0203/ps020329/ps020329.pdf (last visited March 6, 2010).

七、由美國法探討「部分人類生物材料」之可專利性[*]

＊　由美國法制探討部分人體生物材料之可專利性，本篇係國科會補助之研究計
　　畫：由美國立法暨實務經驗探討部分人體生物材料之可專利性，NSC
　　98–2410–H–194–070。

摘　要

　　醫學的進步促使器官移植手術愈臻成熟，過去視為無藥可治的病症可藉由器官移植而重獲生機，常見的器官移植，如腎臟、心臟、肝臟、肺臟、胰臟等。然而，捐贈器官的數量遠不及亟待受贈移植的病患的數量，許多病患仍在等不及器官捐贈的情況下死亡。科學家遂由過往同種異體移植 (allotransplantation)，發展到異種移植 (xenotransplantation)。以人類為例，前者係指同為人類、將捐贈者器官移植到受贈病患身上；後者則指將動物器官移植到病患身上。異種移植除具有原同種異體移植的缺失外，另有人畜傳染 (xenozoonoses) 的隱憂。

　　除此，醫學研究上，無論疾病的研究、醫療方法或醫藥的研究，科學家常以動物取代人體的試驗、研究；然而，動物持有的基因與人類並非全然相同，以致研究結果未必正確。設若受研究或試驗的動物身上具有人類的基因，或可提高研究試驗結果的準確性。

　　西元 2007 年美國內華達大學 (U. of Nevada) Zanjani 教授主持的研究團隊完成首件具有 15% 人類基因的羊，Zanjani 希冀藉此技術使動物的器官更適合移植於人體；甚且，利用各個病人的幹細胞培植其所需的器官，解決移植器官短缺及異體移植的免疫排斥問題。

　　目前科學家所從事的部分人體生物材料 (part-human biological materials) 研究，主要可分㈠人畜混合體胚胎 (embryonic chimeras)，㈡轉殖基因材料 (transgenic materials)，以及㈢人畜細胞質混合幹細胞 (cytoplasmic hybrid stem cells，或稱 'cybrids')。凡此，雖有下列預期的優點：㈠供做器官移植，㈡醫學研究，以及㈢醫藥研究暨試驗；卻因涉及人畜嵌合體而向有道德上的爭議。縱令如此，應否以專利制度鼓勵或抑制該等研究，本文以為，權衡道德與病患權益，在配合其他相關法規的前提下，應可予以其專利之保護。

關鍵詞：部分人體生物材料、自體移植、異體移植、異種移植、免疫排斥、人畜傳染、人畜混合體、胚胎幹細胞、人畜細胞質混合幹細胞、可專利性

ABSTRACT

Thanks to the development of medical science, patients with used-to-be uncurable diseases may survive by organ transplantation. But, patients still die due to the limited source of donated organs. The scientists developed transplantation to xenotransplantation so as to fulfill the needs of organ transplanted, which brought out the concerns about xenozoonoses. In the meantime, there are also desperate needs to have research objects for medical purposes, for instances, to study diseases, medical treatment, and medication. Animals, instead of human beings, are the objects to be studied and experimented. But, owing to the different genomes, the result of study may not be applied to human being accurately, scientists believe that animals with human genes may make the medical research more efficiently and accurately.

In 2007, Prof. Zanjani from the U. of Nevada created a first human-sheep with his research team, Prof. Zanjani believed the technique may solve the medical problems, such as, lacking of organs transplanted, immunorejection, xenozoonoses.

Scientists have been engaged in the study of part-human biological materials for years, the main fields include embryonic chimeras, transgenic materials and cytoplasmic hybrid stem cells (also 'cybrids'). There are different thoughts and opinions on the issue whether such science shall be encouraged and patented; *Pros* believe such science is worthy because it may improve human health and save human lives, *Cons* stick on the issues of scientific ethics, animal rights, hybrid animal, and unpredictable xenozoonoses.

In 2005, U.S. Congress presented bill of "Human Chimera Prohibition Act of 2005" & "Human Chimera Prohibition Act of 2006", but failed, which may implicate the attitude of the majority of the Congressmen toward the chimera issue. Now, the newly elected president Obama acknowledged that he would support the scientific research on embryonic stem cell once he inaugurates. It is noteworthy that if U.S. will change its position.

In my opinion, the research for part-human biological materials shall be encouraged and patented as long as the researchers comply with the related rule of laws.

Keywords: Part human Biological Materials, Autotransplantation/Autograft, Allotransplantation/Allograf, Xenotransplantation/Xerograft, Xenozoonoses, immunorejection, Chimera, Embryonic Stem Cell, Cytoplasmic Hybrid Stem Cells, Patentability

壹、前　言

　　醫學的進步促使器官移植手術愈臻成熟，過去視為無藥可治的病症可藉由器官移植而重獲生機❶，然而，捐贈器官的數量遠不及亟待受贈移植的病患的數量，許多病患仍在等不及器官捐贈的情況下死亡❷。科學家遂由過往同種異體移植　(allotransplantation)，發展到異種移植 (xenotransplantation)。以人類為例，前者係指同為人類、將捐贈者器官移植到受贈病患身上；後者則指將動物器官移植到病患身上。異種移植除具有原同種異體移植的免疫系統排斥問題外，另有人畜傳染 (xenozoonoses) 的隱憂。

　　除此，醫學研究上，無論疾病的研究、醫療方法或醫藥的研究，科學家常以動物取代人體的試驗、研究；然而，動物持有的基因與人類並非全然相同，以致研究結果未必正確。設若受研究或試驗的動物身上具有人類

---

❶　常見的器官移植，如腎臟、心臟、肝臟、肺臟、胰臟等；除此，近年來組織及細胞的移植亦屬常見。

❷　以我國截至民國 99 年 12 月 4 日止，等候移植個案共 7,176 例，屍體捐贈有 199 人，器官捐贈總例數 699 人，移植總人數 609 人。財團法人器官捐贈移植登錄中心 (Taiwan Organ Registry and Sharing Center), http://www.torsc.org.tw. (上網日期：民國 99 年 12 月 4 日)。另以美國為例，截至西元 2010 年 11 月 26 日待移植器官者有 110,009 人，同年 1 月至 8 月移植病例有 19,249 例，捐贈器官人數有 9,729 人。Organ Procurement and Transplantation Network, http://optn.transpant.hrsa.org (last visited Dec. 4, 2010). 是以，經濟許可的病患選擇到開發中或落後國家購買活體器官進行移植手術，或有稱之為「器官移植旅行團」(transplant tourism)。西元 2007 年，世界衛生組織（World Health Organization, 簡稱 'WHO'）對 transplant tourism 亦深表關切。WHO, *WHO Proposes Global Agenda on Transplantation* (2007), *available at* http://www.who.int/mediacentr/news/releases/2007/pr12/en/index.html (last visited Dec. 15, 2008). 姑不論其相關醫學倫理的問題，此等作法仍不足以因應需求。

的基因，或可提高研究試驗結果的準確性。此等具有人類基因的動物組織、器官或動物本身即「部分人類生物材料」❸。

西元 2007 年美國內華達大學 (U. of Nevada) Zanjani 教授主持的研究團隊完成首件具有 15% 人類基因的羊❹，Zanjani 希冀藉此技術使動物的器官更適合移植於人體；甚且，利用各個病人的幹細胞培植其所需的器官，解決移植器官短缺及異體移植的免疫排斥問題。此等技術暨相關研究是否值得鼓勵，以及專利制度在此領域可扮演的角色，端視此技術對人類暨社會之正負影響／衝擊而定。

目前科學家所從事的部分人類生物材料 (part-human biological materials) 研究，主要可分㈠人畜嵌合體胚胎 (embryonic chimeras)，㈡轉殖基因材料 (transgenic materials)，以及㈢人畜細胞質嵌合幹細胞 (cytoplasmic hybrid stem cells，或稱 'cybrids') ❺。科學倫理、動物權益、動物的變種，未可預見的人畜傳染等，均為反對此等研究之見解❻。贊成此等研究者則

---

❸ 相對於部分人類生物材料，所謂人類生物材料，係指取自人類身上的組織、器官及細胞。

❹ Zanjani 團隊利用人類成體幹細胞植入羊的胎兒中。Claudia Joseph, *Now scientists create a sheep that's 15% human* (March, 2007), http://www. mailonsunday.co.uk/news/article-444436/Now-scientists-create-sheep-thats-5-human.html (last visited Dec. 15, 2008). 在此之前，西元 1999 年歐洲專利局（European Patent Office，簡稱 'EPO'）核准第 380,646 號專利予澳洲 Amrad 公司，專利技術內容為製造人畜嵌合體的方法 (the method to produce human-animal chimeras)。http://archive.greenpeace.org/geneng/reports/pat/PATENTNov3.PDF (last visited Dec. 15, 2008).

❺ 此係參考作者 Hagen 及 Gittens 所採分類。Gregory Hagen & Sebastien Gittens, *Patenting Part-Human Chimeras, Transgenics and Stem Cells for Transplantation in the United States, Canada, and Europe*, 14 RICH. J.L. & TECH. 11 (2008).

❻ 部分論者引用西元 1896 年 H. G. Wells 所撰寫的科幻小說 "The Island of Dr. Moreau"（中文譯名之一為「攔截人魔島」）為例，警醒世人有關人畜嵌合體的危險性。部分作者以哲學思想探討人畜嵌合體的研究，如 Phillip Karpowicz 等人便列舉數項主張：(1)違反道德禁忌 (moral taboo)，(2)違反自然法學

謂此等研究適足以降低人畜傳染，以人類健康及生命與前揭因素予以權衡，應鼓勵此等研究。筆者初步見解為，所謂「部分人類生物材料」，僅為一廣義概念，應否予以鼓勵、甚至以專利制度保護，宜就其不同研究類型各別論究。

美國國會曾於西元 2005 年提出「禁止人畜嵌合體研究法」(Human Chimera Prohibition Act)❼，惟，未能通過。此或可窺知多數美國國會議員之立場。本文目的在於，探討器官移植的急迫性暨供需失衡，提升醫學研究的品質，部分人類生物材料研究的必要性暨利弊❽，以及以專利制度鼓

(unnaturalness)，⑶物種完整性 (species integrity)，⑷人性尊嚴 (human dignity)，Phillip Karpowicz, Cynthia Cohen & Derek Kooy, *Developing Human-Nonhuman Chimeras in Human Stem Cell Research: Ethical Issues and Boundaries*, 15 KENNEDY INSTITUTE OF ETHICS J. 107, 109～123 (2005). Stanford Encyclopedia of Philosophy 亦提出類似議題予以探討：⑴違反自然法學，⑵道德混亂 (moral confusion)，⑶邊緣人性 (borderline-personhood)，⑷人性尊嚴，⑸道德地位的體制 (moral status framework)。Stanford Encyclopedia of Philosophy, http://plato.stanford.edu/entries/chimeras (last visited Oct. 2, 2010).

❼ S. 659 及 S.1373，分別為 Human Chimera Prohibition Act of 2005 及 Human Chimera Prohibition Act of 2006.

❽ 部分人類生物材料研究的態樣之一為人畜嵌合體。實務暨論者對此又有不同見解，究竟以含有人類基因的動物或含有動物基因的人類均為人畜嵌合體；抑或限於含有一定比例的人類基因的動物方是？然而，人類身上帶有動物細胞或組織者所在多有，如心臟病患移植牛或豬的心臟瓣膜。Maryann Mott, *Animal-Human Hybrids Spark Controversy*, NATIONAL GEOGRAPHIC NEWS (Jan. 25, 2005), http://news.nationalgeographic.com/news/2005/01/0125_050125_chimeras.html (last visited Nov. 20, 2010). 再者，科學家指出黑猩猩與人類的 DNA 有 95% 以上的相似度。Roy Britten, *Divergence Between Samples of Chimpanzee and Human DNA Sequences Is 5%, Counting Indels*, 99 PROPC. NAT'L ACAD. SCI. 13633, 13633 (2002), *available at* http://www.pnas.org/content/vol99/issue21 (last visited March 12, 2011). 另請參閱 Bratislaw Stankovic, *Patenting The Minotaur*, 12 RICH. J.L. & TECH. 5 ¶ 34 (2005). *at* http://law.richmond.edu/jolt/v12i2/article5.pdf (last visited Oct. 20, 2010). 足證前

勵暨保護該等研究之可行性暨因應措施。美國立法暨實務經驗足供我國借
鏡，是以，本文擬以美國法為主，探討其相關立法／法案、實務案例以及
論者見解，並予以評析；繼而比較我國與美國法制暨客觀環境之異同，期
冀能有助於釐清相關議題，更能對我國制度暨政策提出具體建議。

　　除前言、結語外，依序探討一、部分人類生物材料之概述，包括其分
類及定義，以及人體器官／組織於醫學上的重要性；二、相關專利法制；
三、部分人類生物材料之可專利性暨賦予專利之因應措施。

貳、部分人類生物材料之概述

　　部分人類生物材料因目前科學家從事之研究不一，而有不同的定義與
分類，此涉及應否賦予專利之考量。再者，人體器官／組織於醫學上之供
需情形亦關乎部分人類生物材料研究之重要性。

一、部分人類生物材料之定義暨分類

　　所謂部分人類生物材料，係指含有人類基因的生物材料。目前科學家
所研究的部分人類生物材料，主要可分㈠人畜嵌合體胚胎，㈡基因轉殖動
物及㈢人畜細胞質嵌合幹細胞。

㈠人畜嵌合體胚胎

　　人畜嵌合體，係指在細胞階段進行鑲嵌，將人類細胞材料——幹細胞
（如：複效性或多效性幹細胞）植入非人類的囊胚 (blastocyst) 或胚胎中，
使該生物個體之個別細胞全來自動物或人類❾。換言之，該生物體中將各

―――――――――――
　　揭認定標準均有疑義。

❾　作者 Robert 與 Baylis 舉例：2001 年哈佛研究人員將人類神經幹細胞植入發育
　　中的獼猴的前腦，以便觀察幹細胞在發育中的作用；2002 年以色列科學家將

含有一定比例的人類及動物細胞。

依行政院民國 97 年 7 月通過之「人類胚胎及胚胎幹細胞研究條例草案」第 3 條第 6 款，所謂嵌合，係指以「三種以上不同親源細胞及其基因之共生結合，且各細胞及基因仍保持原有特性者」。草案說明指出以該技術產生之嵌合體，係該動物體內具有二種以上源自不同「接合子」(zygote) 之遺傳特性相異細胞；亦即其體內具有二種以上不同遺傳訊息之細胞共存的動物❿。同條第 7 款所謂「雜交性」(hybrid) 則指「以人類和其他物種之生殖細胞結合產生之形體或個體」，亦即，為異種受精或融合 (fusion) 兩異種等量之遺傳物質產生之個體，亦屬嵌合體之一種⓫。

科學家希望藉此製造出人類所需要的器官或組織。例如：2003 年，大

人類胚胎幹細胞植入雛雞的胚胎中，分化成神經元；將人類基因植入兔子的卵子. Jason Robert & Francoise Baylis, *Crossing Species Boundaries*, 3 AM. J. BIOETHICS 1, 1 (2003). 另於 2005 年，內華達州與加州科學家分別將人類神經幹細胞植入羊的胎兒與老鼠胎兒腦部，前者藉以評估神經幹細胞發展的可能性；後者則培育功能的神經元。請參閱 Francoise Baylis & Jason Robert, *Primer on Ethics and Crossing Species Boundaries*, http://www.actionbioscience.org/biotech/baylis_robert.html (last visited Dec. 5, 2010). 依美國「2005 年禁止人類嵌合體法案」(U. S. Human Chimera Prohibition Act of 2005)（按：該法案並未通過立法）第 301 條，「人類嵌合體」有九種情事，主要如下㈠將單一或一部分非人類細胞植入人類胚胎；㈡人類胚胎中含有一個以上的人類胚胎細胞／胎兒細胞或成人細胞；㈢以非人類精子供人類卵子受精；㈣以人類精子供非人類卵子受精；㈤將非人類細胞核植入人類卵子；㈥將人類細胞核植入非人類卵子等。Human Chimera Prohibition Act of 2005, S.1373, 109th Cong. §301 (2005).

❿ 嵌合體細胞來源可分為四個親代之生殖細胞（即兩對父母之兩個受精卵）或三個親代細胞（一個受精卵及一個未受精的生殖細胞），各細胞於動物體內均保留其各自特性。草案頁 4 說明中，引用 ISSCR「人體胚胎幹細胞研究之行為規範」，將嵌合體分為㈠小量嵌合 (trace chimera)——將微量人體細胞植入發育階段的動物胚胎，因此產生的個體。㈡異種嵌合 (interspecies chimera)——具大幅異種細胞之嵌合體，包括早期嵌合、中樞神經系統及（或）生殖系列嵌合之胚胎。同註。

⓫ 同前註，頁 4～5。

陸上海第二醫科大學的科學家成功地將人類 DNA 植入兔子卵子，並令胚
胎成長數天後方予銷毀取其幹細胞❶。西元 2004 年，科學家 Platt 以人類
造血幹細胞植入四十天的豬胎兒體內，豬隻誕生後，其體內器官及血液系
統均存有人類細胞，約有 60% 的非豬細胞，係豬與人類的雜交細胞融合，
二者形成一新的細胞，亦即，核素中既含有細胞膜與細胞質，並含有核膜
及核質❸。西元 2005 年，幹細胞科學家 Irving Weissman 自人類胚胎幹細
胞取得神經元植入胚胎鼠的腦部，製造出含有人類腦細胞的老鼠。負責監
控的 Stanford 大學道德委員會指出，倘老鼠出現如同人類的行為時，將立
即結束其生命❹。西元 2006 年，Esmail Zanjani 便以同樣的技術將人類造
血幹細胞植入羊胎兒中。此人羊嵌合體的器官（如肝、心臟等）含有 25%
的人類細胞。然而，在此情況下，所有器官均須賴宿主的血管供血，也因
此使得該器官含有異種血管，以致成為宿主免疫系統攻擊的目標。科學家
期待此等器官植入人體時，縱令非人類部分會產生排斥，人類部分仍能為
受移植者所接受不致排斥。

㈡基因轉殖動物

　　基因轉殖生物僅含有一種遺傳特定的細胞，只是其基因序列因植入其
他生物而有所改變。例如：哈佛老鼠之具有人類致癌基因。此技術也是希
望操控該生物使具有一定的表型 (phenotype)❶，主要在使異種移植用的器
官更能與人類具免疫相容性，其中，以豬隻的研究為首選。相較於其他動
物，豬的飼養、供應及成本均占優勢，又較之其他較高等的動物，道德爭
議較低。再者，就特定程度而言，豬與人類具相同的生理、解剖及生物化

---

❶　上海第二醫科大學現已改名為上海交通大學醫學院。Mott, *supra* note 8.

❸　Gaia Vince, *Pig-human Chimeras Contain Cell Surprise*, NewScientist.com (Jan. 13, 2004), http://www.newscientist.com/article/dn4558 (last visited Nov. 20, 2010).

❹　Scientists create animals that are part-human, *at* http://www.msnbc.msn.com/id/ 7681252 (last visited Nov. 20, 2010).

❶　Hagen et al., *supra* note 5, ¶ 18. 如，山羊乳或雞蛋白表現人類蛋白質。

學的相同性。科學家可藉由遺傳工程操控豬的基因組❶。

(三)人畜細胞質嵌合幹細胞

此即人體細胞核轉殖（Somatic Cell Nuclear Transfer，簡稱 SCNT）技術，複製羊桃麗便以此技術複製而成。至於以人類體細胞核轉殖至另一枚人類卵子的研究，仍未見有實質的成果，再者，涉及卵子取得的道德爭議，科學家仍以動物卵子替代。亦即，利用非人類卵子去除其染色體 (chromosomes) 作為宿主，植入人類成體細胞核。西元 2008 年，先進細胞技術公司 (Advanced Cell Technology Co.) 便聲稱以該方法製成胚胎，稱之為「人畜細胞質混合胚胎」(cytoplasmic hybrid embryo)❶。此卵子及取自其早期胚胎中的細胞，可用以解決人類幹細胞研究的材料短缺問題。

西元 2006 年 12 月，英國議會修法授權「人類受精暨胚胎學管理局」(U.K. Humans Fertilization and Embryo Authority) 核准研究機構從事此等研究。現階段的研究係將人類細胞核植入動物去細胞核的卵子外層細胞 (trophoblast)，因此產生的胚胎為 1% 的動物及 99% 的人類❶。此等研究的目的不在移植該胚胎，而是取其胚胎幹細胞株 (cell lines)❶從事研究。倘體

---

❶　A. Ravelingien & J. Braeckman, *To the Core of Porcine Matter: Evaluating Arguments Against Producing Transgenic Pigs*, 11 XENOTRANSPLANTATION 371 (2004).

❶　參閱 Hagen et al., *supra* note 5, ¶ 20. ACT 指出其將人類成體細胞（皮膚細胞）之細胞核植入去細胞核之母牛卵子，製成人體幹細胞。惟，ACT 的研究成果並未經證實。Hagen et al., *id.* n.91.

❶　去核的動物卵子僅含有微量的 DNA 粒腺體 (mitochondrial DNA)，人類體細胞核與去核動物卵子融合，使得因此形成的胚胎含有人類 DNA 細胞核（約 23,000 個基因）與動物 DNA 粒腺體（約 13 個基因），因此，多數作者均謂此等胚胎係 99.9% 的人，0.1% 的動物。更正確的說法，應為 99.94% 的人，0.06% 的動物。Lori Knowles, *Ethics of Research Using Hybrids, Chimeras and Cytoplasmic Hybrids*, Stem Cell Network. http://www.stemcellnetwork.ca/uploads/File/whitepapers/Ethics-of%20Research-Using-Hybrids.pdf (last visited Nov. 20, 2010).

細胞核來自病患，更可用以研究病患的病症及治療方法，甚至依各病患的需要，提供所需與其具相同 DNA 的細胞、組織器官等 ❷。亦即所謂治療性複製。

二、人體器官／組織於醫學上之重要性

本文就人體器官／組織於醫學上的功能說明其重要性：㈠研究人類疾病及㈡供移植用的器官。

㈠研究人類疾病

人類生物材料 (human biological materials)，如：人體血液、DNA、組織甚至器官等，其重要性與日俱增。就醫學研究而言，科學家利用人類生物材料從事分子生物學、遺傳學及病理學研究，使更進一步瞭解疾病的致病原因、症狀，進而研究出更好的診斷、檢測、預防及治療方法。換言之，若非人類生物材料，許多疾病的診治與預防便屬不可能。醫學研究的成敗取決於人類生物材料的供給。然而，人類生物材料的取得（例如：研究需要而蒐集人體細胞、為診斷疾病而採集切片樣本、手術切除的器官／組織等）與應用，引起諸多倫理上的爭議，如：提供者（自願或非自願）的自主權、隱私權、告知後同意 (informed consent) 的程序等 ❹。

倘得以動物器官、組織等替代人類生物材料，當可避免前揭疑慮以及材料短缺的問題。尤其以帶有人類基因的動物生物材料，既與人類生物材料較為近似，其研究成果亦較穩定、準確。

---

❶⑨ 主要針對神經退化性疾病 (neurodegenerative diseases)，如阿茲海默氏症、帕金森氏症、杭丁頓氏症等。

❷⓿ Justin John & Robin Lovell-Badge, *Human-animal Cytoplasmic Hybrid Embryos, Mitochondria, and An Energetic Debate*, 9 NATURE CELL BIOLOGY 988, 988～989 (2007).

❹㉑ 除提供者的身分辨識資料，科學家亦常須查閱患者病歷等。

西元 1988 年，Irving Weissman 暨其研究團隊培育出具完整人類免疫系統的老鼠，藉以研究愛滋病的發展 ❷。同年，另一位科學家將鵪鶉的腦部組織植入雛雞腦部，該嵌合體的腦部因此具有鵪鶉與雞的細胞，此可供科學家觀察宿主細胞及植入細胞的位置。科學家觀察其胚胎成長及孵蛋後期，以瞭解腦部發育時細胞的活動情形 ❷。

西元 2003 年，中國科學家所製成的人兔嵌合體胚胎，目的亦在取出其幹細胞供研究之用。

科學家將人類幹細胞植入發育階段的綿羊胎兒中，植入時，綿羊胎兒雖已成形，但免疫系統尚未發育完成，故不對人類幹細胞產生排斥作用，因此，長成的羊與一般綿羊無異，惟，部分器官含有人類細胞，且其肝臟有 7%～15% 為人類細胞。前揭人鼠嵌合體，則將人類神經幹細胞植入鼠胎兒或新生鼠，使其長成後，腦部具有 1% 的人類細胞。科學家希望藉由研究腦細胞的成長，以及與腦部相關的病症——阿茲海默氏症 (Alzheimer's)、帕金森氏症 (Parkinson's disease) ❷，進而有助於再生醫學及醫藥的研發 ❷。

西元 2010 年加州大學爾灣分校 (Irvine) 將人類神經幹細胞植入脊椎

❷　請參閱 John Rennie, *Human-Animal Chimeras* (June, 2005), http://www. scientificamerican.com/article.cfm?id=human-animal-chimeras (last visited Nov. 20, 2010).

❷　Evan Balaban, Marie-Aimee Teillet & Nicole Le Douarin, *Application of the Quail-Chick Chimera System to the Study of Brain Development and Behavior*, 241 SCI. 1339, 1339 (1998). 部分小雞會發出如同鵪鶉的叫聲，致科學家質疑物種特定的轉移性。Rebecca Ballard, *Animal/Human Hybrids and Chimeras: What Are They? Why Are They Being Created? And What Attempts Have Been Made to Regulate Them?*, 12 MICH. ST. J. MED. & L. 297, 316 (2008). 另請參閱 Phillip Karpowicz, Cynthia Cohen & Derek Kooy, *It is Ethical to Transplant Human Stem Cells into Nonhuman Embryos*, 10 NATURE MED. 331, 334 (2004).

❷　Brian Handwerk, *Mice with Human Brain Cells Created* (Dec. 14, 2005), *at* http://news.nationalgeographic.com/news/pf/42720950.html (last visited Nov. 20, 2010).

❷　引自 Ballard, *supra* note 23, at 306～307.

癱瘓的老鼠使其恢復行走能力 ❷。其中，凡此研究所得的部分人類生物材料，可供科學家從事研究人類疾病及醫藥的研發。

㈡供移植用的器官

　　西元 1960 年代以降，器官移植每年醫治數以千計的病患使免於死亡，迄西元 2003 年，所謂移植不再限於器官，更包括細胞、組織等，施以移植的病症，或為致命或為非致命者 ❷。每年，因各種疾病亟待移植器官的病患遠超過捐贈器官的數目。

　　異體移植器官的短缺，使科學家轉而取自動物器官，因而開啟了異種移植療法 ❷。所謂異種移植，指不同物種間的移植。由於移植用人體組織的不足，細胞移植亦為另一項重要的異種移植，如胰腺或胰臟細胞治療糖尿病、以胎兒細胞進行神經中樞移植以治療杭丁頓氏症等。細胞異種移植的優點有：解決人體組織的不足、避免道德上的爭議（如：利用胎兒組織等）、其免疫系統排斥問題較器官移植易於克服、相較於器官移植，注入細胞較不具侵入性且較易操控 ❷。

　　依世界衛生組織（World Health Organization，簡稱 'WHO'）指動物移

---

❷　Human stem cells restore motor function in mice, UC Newsroom (Aug. 20, 2010), http://www.universityofcalifornia.edu/news/article/23905 (last visited Oct. 2, 2010).

❷　WHO, Human Organ Transplantation (1991), WHO, Human Organ and Tissue Transplantation (2003)，轉引自 SHEILA MCLEAN & LAURA WILLIAMSON, XENOTRANSPLANTATION—LAW AND ETHICS 1 (2005).

❷　異種移植最早見於西元 1628 年義大利帕度亞 (Padue)，醫生將綿羊的血輸入人體；西元 1682 年俄國士兵的頭殼以狗的頭殼修補；西元 1800 年代末期，以青蛙的皮膚進行皮膚移植。西元 1894 年以綿羊胰臟植入 15 歲男孩體內，可惜失敗，男孩死亡。之後又有數件腎臟移植的病例，分別採用兔子、豬、山羊、綿羊及靈長類動物，其中兩件失敗，其餘患者則於移植數天或十幾天後死亡。請參閱 McLean et al., *id.* at 44.

❷　McLean et al., *supra* note 27, at 61.

植至人類，包括源自動物存活的細胞組織或器官，或與異種材料進行體外 (ex vivo) 接觸的人類體液 (body fluid)、細胞組織或器官，可替代人體材料做器官移植之用 ❸。

　　臨床上，異種移植的兩大困境為免疫問題及感染疾病的風險。早期異種移植的研究係以「非人類之靈長類」(non-human primate) 動物為實驗對象，因其基因較接近人類，免疫排斥反應較小。然而，卻也因此，其較易將感染源傳染予人類。例如，研究顯示 NIV 即可能是由猴子的反轉錄病毒 (retrovirus) 傳給少數人，經由重組 (recombination) 轉換而成 ❸。再者，靈長類的人工繁殖不易，倘繁殖的目的，僅在供應人類移植用所需器官，亦被視為違反道德 ❸；又，非人類之靈長類器官太少 ❸。豬因此成了首要的選擇：㈠易於繁殖、飼養；㈡器官適於人類；㈢其構造及生理上均與人類相近；及㈣較無如靈長類動物般道德上的爭議 ❸。前揭人豬嵌合體，便在將人類造血細胞植入豬胎兒，使長成的豬具有人類血液。

　　然而，免疫學 (immunology) 仍是異種移植最首要的問題主要有：㈠超急性排斥 (hyperacute rejection)；㈡急性排斥 (acute rejection)；及㈢慢性排斥 (chronical rejection) ❸。所謂部分人類生物材料，便是希望藉由基因轉殖

---

❸　WHO, Xenotransplantation, http://www.who.int/transplantation/xeno/en (last visited Oct. 16, 2010).

❸　ANDERS PERSSON & STELLAN WELIN, CONTESTED TECHNOLOGIES—XENOTRANSPLANTATION AND HUMAN EMBRYONIC STEM CELLS 44 (2008). 許多感染源，尤其是病毒，在動物身上並無症狀，但透過異種移植，將會感染受移植者並發病。Id. at 43.

❸　Persson et al., id. at 44. 杜清富、戴浩治、楊天樹、李章銘、曾章麟、周迺寬、楊卿堯、莊景凱、翁仲男及李伯皇，豬隻基因改造在異種移植之應用，臺灣醫學，第 13 卷第 3 期，頁 298（民國 98 年）。

❸　杜清富等，同前註。

❸　Persson et al., supra note 31, at 44.

❸　超急性排斥，指移植後數秒至數分鐘內移入的器官壞死。此因人體血液中的自然抗體與移入的器官抗原結合，活化補體系統與凝血系統產生血栓，致移入的器官壞死而遭排斥。急性排斥，係於移植後數天後器官壞死。可分血管性排斥

或人畜嵌合以降低免疫排斥作用。

　　現階段，有關超急性排斥反應的研究，主要利用因轉殖技術及基因剔除技術 (knock-out) 於豬隻以克服超急性排斥反應 ❸❻。至於急性排斥反應，科學家亦以人類基因轉殖於豬細胞予以克服 ❸❼。

　　研究指出，未來基因改造豬 (genetic modification) 可能會同時具有數種轉基因，以解決人類器官移植的需求以及異種移植的各種排斥反應 ❸❽。

　　異種移植除有異體移植的排斥問題外，另有人畜傳染的風險，可能為已知或未知的傳染媒介，由動物至人類、由受移植者至其他接觸者，進而大眾均受到感染 ❸❾。如豬內源性反轉錄病毒 (porcine endogenous retrovirus,

---

　　　(vascular rejection) 與細胞性排斥 (cellular rejection)。前者指移植後，人體血液流入動物血管，人類血球活化豬血管內皮細胞，引起凝血反應與血管性阻塞，導致器官壞死。後者則為豬器官抗原活化人類 T-細胞與人類自然殺手 (nature killer) 細胞，T-細胞與自然殺手細胞破壞植入的器官。慢性排斥，則指人類體液性與細胞性免疫系統，與植入的豬器官抗原長期接觸的情況下，仍被活化，致器官遭到破壞，至於究竟透過何種機制，仍屬未知。McLean et al., *supra* note 27, at 62～64；杜清富等，同註 32，頁 298。

❸❻　有(一)利用基因轉殖豬克服補體活化反應——此係將人類和補體蛻變加速因子 CD55、CD46 及 CD59 轉殖於豬；或(二)以 α 1,3-GT 基因剔除豬 (knock-out pigs without the α 1,3 galactosyl transferase gene) 克服 α Gal-1,3-Gal 抗原引起的超急性排斥反應。杜清富等，同註 32，頁 299～300。

❸❼　針對血管性急性排斥採 HO-1 基因轉殖豬；對細胞性急性排斥採 HLA 基因轉殖豬。前者 HO-1 基因轉殖豬的器官移植後，損傷的組織與血管可藉由 HO-1 之保護作用減緩血管性排斥作用，並可產生抗血管栓塞之功能。後者 HLA 基因轉殖豬，再配合免疫抑制劑，可減緩細胞性急性排斥反應。杜清富等，同註 32，頁 300～302。

❸❽　杜清富等，同註 32，頁 303。

❸❾　西元 2008 年 11 月，WHO 於中國湖南長沙舉行異種移植臨床試驗要件全球會議 (WHO Global Consultation on Regulatory Requirements for Xenotransplantation Clinical Trials)，並發表長沙公報 (The Changsha Communiqué)，公報中提出十項原則，肯認異種移植有助於糖尿病、心臟、腎臟等嚴重疾病的治療，亦強調異種移植可能的排斥、功能不足、人畜傳染等問

簡稱 'PERV')，過往異種移植病例中未見有人類受豬感染之情事。惟，前揭 Platt 所製成的人豬嵌合體，卻發現人豬融合細胞亦帶有 PERV，顯見人類仍有感染 PERV 之風險❹。WHO 亦肯認，基因改變的動物有助於改善異種移植材料的功能。

參、相關專利法制

取得專利保護的先決條件有二：㈠須為專利保護客體；㈡具備專利要件。

一、我國與美國法制

美國專利法第 101 條❹規定專利保護客體可包括方法、機器、製造、組合物等新穎實用的發明或發現或改良等。此規定內容是否及於生物，迄西元 1980 年，*Diamond v. Chakrabarty* 乙案中始確定。聯邦最高法院指出，陽光下任何人為的動物均得為專利保護客體。聯邦專利商標局 (U.S. Patent and Trademark Office，簡稱 'PTO') 於 1987 年發布聲明指出，非人類之多細胞生物可為專利保護客體。嗣經國會決議令 PTO 須暫停核准動物專利，進行八個月的評估，確認動物專利的正負效應。PTO 於 1988 年核准首件基因轉殖鼠，該老鼠身上具有人類致癌基因 (onco gene)，該老鼠的培育，目的為供醫學研究之用，藉以瞭解，在何種情況下，會導致致癌基因的成長，

題，因而指出施行異種移植前應先檢測，確定動物不具感染源。據此，其臨床試驗必須有嚴謹的法規規範。WHO, The Changsha Communiqué (2008), http://www.who.int/transplantation/xeno/ChangshaCommunique.pdf. (last visited Nov. 20, 2010).

❹　Vince, *supra* note 13. 另請參閱 Ballard, *supra* note 23, at 313～314.

❹　35 U.S.C. §101.

形成腫瘤，進而研究可能的治療方法 **㊷**。

　　哈佛老鼠專利引發的爭議主要有：宗教界質疑人類企圖扮演上帝的角色，製造物種；動物保護團體擔心動物淪為無謂的發明實驗下的犧牲品；環境保護團體擔心生態受到破壞。西元 1998 年，Stuart Newman 及 Jeremy Rifkin 向 PTO 申請一件專利案，內容為具有 50% 人類的人畜嵌合體。Newman 與 Rifkin 的目的不在於取得專利權，而在藉此凸顯專利制度下可能的隱憂，促使決策者能就此制定一套規範。PTO 於西元 1998 年 4 月 1 日發布新聞稿 **㊸** 指出，法院已闡明實用性要件應排除有損及人類、社會的良好政策或道德之發明 **㊹**。PTO 並申明其立場：在特定情況下，人類與非人類嵌合體相關之發明應不予專利，因其無法達到實用性要件下之公共政策暨道德觀感 **㊺**。西元 1999 年 PTO 否准 Newman-Rifkin 的申請案，西元 2004 年最終處分中，PTO 核駁申請案的所有申請專利範圍。理由之一為：人不得為專利保護客體，申請案包含 (embrace) 人類，因此不予專利。Newman 與 Rifkin 已達到引起各界對人畜嵌合體重視的目的，故並未提起上訴。Newman 亦指出，PTO 的決定凸顯出其對於決定遺傳工程物體之人類化 (humanity) 乙節欠缺標準。倘若申請案能明確指出遺傳工程物 organism 中人類部分的百分比，PTO 或較能接受此等發明物。Newman 也預見，此案的核駁不致阻礙此領域的研究，蓋以在商業誘因的驅使下，此類生物的製成只是時間的問題。Newman 只希望本件申請案得以促成立法標準的制定 **㊻**。

㊷ 此老鼠稱為致癌基因鼠 (onco gene mouse)，又因專利權人為哈佛大學，故又常以哈佛老鼠稱之。

㊸ PTO, Facts on Patenting Life Forms Having A Relationship to Human, Media Advisory 98-6 (April 1, 1998), *available at* http://www.uspto.gw/news/pr/1998/98-06.jsp.

㊹ PTO 引用 Tol-O-Matic, Inc. v. Proma Produkt-und Marketing Gesellschaft m. B. H 乙案予以說明。945 F.2d 1546 (Fed. Cir. 1991). Tol-O-Matic, Inc. 則引用 Story 法官於 Lovell v. Lewis 乙案之見解。15 F. Cas. 1018 (C.C.D. Mass. 1817).

㊺ *Id.*

作者 Bratislav Stankovic 認為 PTO 的決定源於 Story 法官於 1817 年 *Lowell v. Lewis* ❼ 中所提出的「道德」實用性 (utility requirement) ❽。Stankovic 認為 PTO 的見解只是單方對專利法第 101 條的解釋，並無判決先例的支持，故而不具說服力。本文則以為，道德實用性正如同我國法的「公序良俗」條款，適足以為核駁人畜嵌合體之依據。

部分作者認為，PTO 之不准人畜嵌合體專利，係因聯邦憲法第 13 增修條文 ❾ 禁止奴役制度所致 ❿。然而，適用此增修條文，先決條件須客體為人，人畜嵌合體是否界定為人，仍有待商榷。再者，製造人畜嵌合體與奴役似難以相提並論。

Stankovic 建議，與其禁止嵌合體專利，國會應就遺傳工程制訂完善的規範（包括人畜嵌合體）❺。

作者 Margo Bagley 指出，有關專利保護客體應由國會立法規範，惟，依現況，PTO 與法院既已准微生物暨基因轉殖動物專利，國會便不可能嗣後立法禁止該等發明專利 ❺。是以，國會應處理的議題為：「人」得否為專

---

❹⑥ Editorial, *Hybrid too human to patent: case highlights back of criterion for genetically modified organisms*, 4 NATURE REVIEW DRUG DISCOVERY 270, 270 (April, 2005).

❹⑦ 15 F. Cas. 1018 (1817).

❹⑧ Stankovic, *supra* note 8, ¶ 23.

❹⑨ U.S. Const. amend. XIII, §1.

❺⓪ Stankovic, *supra* note 8, ¶ 19; Dan Burk, *Patenting Transgenic Human Embryos: A Nonuse Cost Perspective*, 30 HOUS. L. REV. 1597, 1647～1649 (1993); Rachel Fishman, *Patenting Human Beings: Do Sub-Human Creatives Deserve Constitutional Protection?*, 15 AM. J. L. & MED. 461, 462, 472～480 (1989); Ryan Hagglund, *Patentability of Human-Animal Chimeras*, 25 SANTA CLARA COMPUTER & HIGH TECH. L. J. 51, 56 (2008). 惟，作者均不認同美國憲法第 13 增修條文之適用於此。

❺① Stankovic, *supra* note 8, ¶ 73.

❺② Margo Bagley, *Stem Cells, Cloning and Patents: What's morality got to do with it?*, 39 NEW ENGLAND L. REV. 501, 508～509 (2004). 作者 Matthew Rimmer 亦同意

利保護客體。WTO/TRIPs 協定第 27 條第 2 項明定，各盟員基於維護公序、道德之必要（包括保護人類、動物或植物生命，或避免對環境的嚴重損害），必須排除特定發明之可專利性。Bagley 質疑道德議題之由 PTO 或法院決定的合理性，她認為宜由國會訂定之❺❸。

　　相對於美國法，我國專利法第 24 條明定不予專利之客體為動植物及生產動植物之主要生物學方法、人體或動物疾病之診斷、治療或手術方法，以及妨害公共秩序、善良風俗或衛生者。各基於不同之立法目的。

　　不予動植物專利，係因國內有關動物之發明技術及相關因應措施未臻完善，植物已另有他法保護，以及所謂主要生物學方法中，人為因素的介入有限，故不予其專利。

　　人體動物疾病之診斷、治療或手術方法，則因公共利益之考量，基於國民健康、動物福祉，不宜予新穎有效的診斷、治療及手術方法排他性的權利，致使部分患者無法接受新穎的治療，而失去健康甚且生命。換言之，不予其專利，目的不在箝制其研發。至於妨害公序良俗者，亦基於公共利益考量，目的則在消極地抑制其研發。此揆諸審查基準可知。

　　依我國專利專責機關經濟部智慧財產局（以下簡稱智財局）專利審查基準，專利法亦應「尊重、保護人性尊嚴，並維護社會秩序」❺❹。基於維護倫理道德、排除社會混亂、失序等違法行為，以及商業利用上涉及妨害公序良俗者，列為不予專利之事由❺❺。

　　審查基準中就現階段生物科技已有的技術，臚列了不予專利的項目，如：1.複製人及其複製方法，2.改變人類生殖系之遺傳特性的方法及其產

此見解。MATTHEW RIMMER, INTELLECTUAL PROPERTY AND BIOTECHNOLOGY 103～104 (2008).

❺❸ Margo Bagley, *Patent First, Ask Questions Later: Morality and Biotechnology in Patent Law*, 45 WM & MARY L. REV. 469, 546 (2003).

❺❹ 專利審查基準彙編第二篇「發明專利實體審查」第十一章「生物相關發明」，頁 2-11-2。

❺❺ 專利審查基準彙編第二篇「發明專利實體審查」第二章「何謂發明」，頁 2-2-15～2-2-16。

物，3.由人體及動物的生殖細胞或全能性細胞 (totipotent cell) 所製造的嵌合體及其製法，4.各種涉及人體形成和發育的物或方法，以及 5.有發展成人類個體潛能者（如人類全能性細胞及培養或增殖人類全能性細胞的方法）。

由前揭審查基準可知，是否因妨害公序良俗而不予專利，取決於是否有形成複製人或人畜嵌合體之可能。據此標準，凡利用 SCNT 技術所製成者便極可能無法取得專利之保護。本文所探討之「部分人體材料」——人畜嵌合體胚胎、基因轉殖材料及人畜細胞質嵌合胚胎幹細胞，除轉殖基因材料之取得無涉及人畜嵌合體之爭議外❺❻，人畜嵌合體胚胎與人畜細胞質嵌合胚胎各為含有人類幹細胞及人類細胞核之胚胎，倘令其繼續發育，便可形成人畜嵌合體。致不受專利制度之保護。

二、本文見解

無論美國法上之道德實用性，抑或我國法之妨害公序良俗，均係基於倫理道德，尤其我國法，審查基準中更指明應尊重、保護人性尊嚴及生命權。

設若研發的成果可增進人類健康，挽救生命，則應無妨害公序良俗之虞，以人畜嵌合體胚胎及人畜細胞質嵌合胚胎而言，倘其研究目的不在製成人畜嵌合體，而在取其細胞、組織、甚至器官，從事研究或移植之用，亦即符合公共利益之立法意旨，則是否仍以其施行過程涉及嵌合體之製成而不予其專利，以抑制其研發，便亟待商榷。

誠如 Henry Greely 教授指出，道德爭議不在於特定生物係嵌合體，而在於該嵌合體之具人類性質 (humanity)、是否自然產生 (naturalness) 以及擬訂的用途 (proposed uses)❺❼。Greely 舉例，製成帶有人類腦神經的老鼠，比

---

❺❻　基因轉殖係使動物身上帶有人類基因，雖亦有作者稱其屬廣義人畜嵌合體的範圍，但並無改變其物種的可能性，故較不具爭議性，如哈佛老鼠。

❺❼　Henry Greely, *Defining Chimeras...and Chimenic Concerns*, 3 AM. J. BIOETHICS

製成帶有人類腦部組織的靈長類動物，爭議較小。因後者更近於人類，換言之，倘生物的形成會造成人類與非人類特性的混淆，便會有道德上的疑慮❺❽。是以，本文以為，倘研究目的在取其含有人類基因的幹細胞、組織器官，或為僅含特定人類基因的動物，供做醫學研究、治療之用，復以並無人類性質之混淆，自不宜抑制研發。

　　法律的適用必須合乎時宜，然而，法律的制定遠不及科技發展的速度，是以，法律的適用與解釋，必要時應做適度的調整。同理，所謂倫理道德固有其一定的標準，惟，因應科技的發展，其施行上亦非一成不變，各國政策亦時有調整。以人體胚胎及胚胎幹細胞甚至複製技術之研究為例，過往，科學家須利用人類受精卵進行研究，引發戕害生命的疑慮，而複製技術亦因有「人類製造人類」的爭議而為多數國家所反對。迄今，科學家研究，利用 SCNT 技術❺❾將人類成體細胞核植入他種動物去核胚胎中。此舉不再有戕害人類生命之虞（至於人畜嵌合體疑義，容後討論）。

　　另如誘導性複效性幹細胞（induced pluripotent stem cells，簡稱'iPScells'）藉由特殊轉錄因子使動物體細胞轉變為複效性幹細胞，並與該動物具相同的 DNA❻❶，此技術倘施於人類更無戕害生命或製成人畜嵌合體之虞。

　　權衡胚胎幹細胞與幹細胞研究對人類健康之急迫性暨重要性，以及現階段生科技術衍生的道德上的疑慮，本文以為不應以可能衍生的道德爭議為由，抑制相關技術的研究。換言之，無論 SCNT 技術或 iPScells 技術本

17, 17 (2003). Greely 指出，人類體內含有許多腸道菌 (intestinal bacteria)，我們從未因此自以為人與細菌的嵌合體，而探討其道德議題。又縱令為人為方式，將豬的心臟瓣膜 (heart valve) 移植於病患，雖有免疫排斥反應及人畜傳染的疑慮，卻未見有任何道德上的爭議。

❺❽　*Id.* at 19.

❺❾　早期 SCNT 技術如複製羊桃麗，係屬同種動物間之複製——以成羊母羊細胞核植入另一枚去核羊胚胎中。南韓黃禹錫則提出以病患細胞核植入另一去核卵子中，嗣後雖證實黃氏之實驗結果係偽造，惟，確屬可行之方式。

❻❶　此技術有關人類的 iPScells 仍在研究階段。

身暨其完成的人類生物材料，均應為專利制度所保護。

　　至於人畜嵌合體之疑慮，蓋凡人類胚胎及胚胎幹細胞之研究，均應遵循衛生署公布之「人類胚胎及胚胎幹細胞研究倫理政策指引」❻。指引之宗旨亦在尊重、保障人性尊嚴、生命權及維護公序良俗，與專利法之不予妨害公序良俗之發明專利同義。依指引，可利用 SCNT 技術製造胚胎，但須為尚未出現原條（指胚胎形成後未逾十四日而言）者。指引第 3 條並臚列禁止研究的項目：㈠以 SCNT 技術製造胚胎並植入子宮。㈡以人工授精方式製造研究用胚胎。㈢製造雜交體。㈣體外培養已出現原條的胚胎。㈤將研究用胚胎植入人體或其他物種之子宮。㈥繁衍具人類生殖細胞的嵌合體。㈦以其他物種細胞核植入去核人類卵細胞。其中㈠㈢㈣㈥便有能形成人畜嵌合體之疑慮。換言之，在遵守指引的前提下所為之研究，即應無製成人畜嵌合體之疑慮，而應准予其專利之保護。行政院於民國 97 年通過並送交立法院審議之「人類胚胎及胚胎幹細胞研究條例草案」亦適度開放人類胚胎及胚胎幹細胞之研究，包括利用 SCNT 將人類體細胞核植入動物去核卵子中，惟，禁止將其植入子宮。指引及草案均規定，研究用胚胎必須為分裂未逾十四天且未出現原條之人類胚胎，是以，禁止對已發育逾十四天或已出現原條之胚胎進行研究❻。草案第 6 條亦將前揭指引第 3 條內容明定為禁止研究之方式及材料，並於草案第 21 條、第 24 條暨第 26 條明定，研究人員違反第 6 條各款之相關罰則。倘草案通過立法，更能有效抑制研究人員製成人畜嵌合體❻。

---

❻　民國 96 年 8 月 9 日衛署醫字第 0960223086 號公告。

❻　本文的疑問是，若係利用 SCNT 製成的胚胎發育逾十四天或原條已出現，又將如何處理？前揭限制係為尊重生命，然而，倘適用於 SCNT 的胚胎，是否又有形成複製人之疑義，有待進一步釐清。

❻　作者 Stankovic 贊成人畜嵌合體的研究，並指出該等研究可有下列貢獻： 1. 提供人體器官的需求；2. 代替人類作為醫藥研究的試驗對象；3. 供做研究疾病的對象（如遺傳性疾病）及基因治療研究的對象；4. 代替人類從事高度危險的工作，如暴露於輻射環境，進入礦坑等；5. 大量製造低廉的醫藥品，如利用基因轉殖動物的乳汁製造賀爾蒙及胰島素。Stankovic, *supra* note 8, ¶¶ 67～71.

正如草案總說明所揭櫫之立法目的：衡平科學發展及社會倫理公序，調和憲法所保障之講學自由（包括研究自由等）及生命權與人性尊嚴。本文以為，所謂生命權的保障，亦應顧及病患的生命權。為此，適度的開放「部分人類生物材料」之研究，並賦予其專利權以鼓勵其研究確有其必要性[64]。

肆、結　語

醫學的進步、人類疾病的醫治，常輔以器官移植，然而，無論同種異體或異種移植均有相當的風險，如免疫排斥反應、人畜疾病的傳染。科學家相信，倘移植的器官與受移植者有相同的基因，或能排除引發排斥的因素，當有助於移植的成功。再者，許多疾病的研究，在顧及人類生命權的前提下，只得以動物為研究對象，倘動物具有與人類相同的基因，亦可有利於研究的進行。此何以有「部分人類生物材料」之故。目前主要的部分人類生物材料有㈠人畜嵌合體胚胎，㈡基因轉殖材料及㈢人畜細胞質嵌合幹細胞。凡此，雖有下列預期的優點：㈠供做器官移植，㈡醫學研究，以及㈢醫藥研究暨試驗[65]；卻因涉及人畜嵌合體而向有道德上的爭議。縱令如此，應否以專利制度鼓勵或抑制該等研究，本文以為，權衡道德與病患權益，在配合其他相關法規的前提下，應可予以其專利之保護[66]。

---

[64] 正如 Stanford 教授 Irving Weissman 對於人畜嵌合體研究所引發的道德疑慮指出：科學家從事人畜嵌合體的研究，目的在製造適於人類移植用的器官，而非將其製成人畜嵌合體。Mott, *supra* note 8. Stanford 生物醫學倫理中心主任 David Magnus 亦持相同見解。*Id.*

[65] Hagglund, *supra* note 50, at 56.

[66] 如作者 Ballard 所言，過往，異種移植為大眾所排斥，現已為常見的治療方式。甚至美國總統生物倫理委員會 (The President's Council on Bioethics) 亦公開支持異種移植。現階段，多數人雖未能接受人畜嵌合體，或許於該等技術更臻成熟之際，各界便能認同人畜嵌合體的研究。Ballard, *supra* note 23, at 319.

 參考文獻

中文文獻：

1. 杜清富、戴浩治、楊天樹、李章銘、曾章麟、周迺寬、楊卿堯、莊景凱、翁仲男及李伯皇，豬隻基因改造在異種移植之應用，臺灣醫學，第13卷第3期，頁298（民國98年）。

2. 財團法人器官捐贈移植登錄中心 (Taiwan Organ Registry and Sharing Center)，http://www.torsc.org.tw.（上網日期：民國99年12月4日）。

3. 專利審查基準彙編第二篇「發明專利實體審查」第二章「何謂發明」。

4. 專利審查基準彙編第二篇「發明專利實體審查」第十一章「生物相關發明」。

外文文獻：

1. ANDERS PERSSON & STELLAN WELIN, CONTESTED TECHNOLOGIES—XENOTRANSPLANTATION AND HUMAN EMBRYONIC STEM CELLS (2008).

2. Bagley, Margo, *Patent First, Ask Questions Later: Morality and Biotechnology in Patent Law*, 45 WM & MARY L. REV. 469 (2003).

3. Bagley, Margo, *Stem Cells, Cloning and Patents: What's morality got to do with it?*, 39 NEW ENGLAND L. REV. 501 (2004).

4. Balaban, Evan, Marie-Aimee Teillet & Nicole Le Douarin, *Application of the Quail-Chick Chimera System to the Study of Brain Development and Behavior*, 241 SCI. 1339 (1998).

5. Ballard, Rebecca, *Animal/Human Hybrids and Chimeras: What Art They? Why Are They Being Created? And What Attempts Have Been Made to Regulate Them?*, 12 MICH. ST. J. MED. & L. 297 (2008).

6. Baylis, Francoise & Jason Robert, *Primer on Ethics and Crossing Species Boundaries*, http://www.actionbioscience.org/biotech/baylis_robert.html (last visited Dec. 5, 2010).

7. Bratislaw Stankovic, *Patenting The Minotaur*, 12 RICH. J. L. & TECH. 5 (2005). *at* http://law.richmond.edu/jolt/v12i2/article5.pdf (last visited Oct. 20, 2010).

8. Brian Handwerk, *Mice with Human Brain Cells Created* (Dec. 14, 2005), *at* http://news.nationalgeographic.com/news/pf/42720950.html (last visited Nov. 20, 2010).

9. Britten, Roy, *Divergence Between Samples of Chimpanzee and Human DNA Sequences Is 5%, Counting Indels*, 99 PROPC. NAT'L ACAD. SCI. 13633, 13633 (2002), *available at* http://www.pnas.org/content/vol99/issue21 (last visited March 12, 2011).

10. Burk, Dan, *Patenting Transgenic Human Embryos: A Nonuse Cost Perspective*, 30 HOUS. L. REV. 1597 (1993).

11. Editorial, *Hybrid too human to patent: case highlights back of criterion for genetically modified organisms*, 4 NATURE REVIEW DRUG DISCOVERY 270 (April, 2005).

12. Fishman, Rachel, *Patenting Human Beings: Do Sub-Human Creatives Deserve Constitutional Protection?*, 15 AM. J. L. & MED. 461 (1989).

13. Hagen, Gregory & Sebastien Gittens, *Patenting Part-Human Chimeras, Transgenics and Stem Cells for Transplantation in the United States, Canada, and Europe*, 14 RICH. J.L. & TECH. 11 (2008).

14. Hagglund, Ryan, *Patentability of Human-Animal Chimeras*, 25 SANTA CLARA COMPUTER & HIGH TECH. L. J. 51 (2008).

15. Henry Greely, *Defining Chimeras...and Chimenic Concerns*, 3 AM. J. BIOETHICS 17 (2003).

16. Human Chimera Prohibition Act of 2005, S. 659.

17. Human Chimera Prohibition Act of 2005, S.1373, 109th Cong. §301 (2005).

18. Human stem cells restore motor function in mice, UC Newsroom (Aug. 20, 2010), http://www.universityofcalifornia.edu/news/article/23905 (last visited Oct. 2, 2010).

19. John, Justin & Robin Lovell-Badge, *Human-animal Cytoplasmic Hybrid Embryos, Mitochondria, and An Energetic Debate*, 9 NATURE CELL BIOLOGY 988 (2007).

20. Joseph, Claudia, *Now scientists create a sheep that's 15% human* (March, 2007), http://www.mailonsunday.co.uk/news/article-444436/Now-scientists-create-sheep-thats-5-human.html (last visited Dec. 15, 2008).

21. Karpowicz, Phillip, Cynthia Cohen & Derek Kooy, *It is Ethical to Transplant Human Stem Cells into Nonhuman Embryos*, 10 NATURE MED. 331 (2004).

22. Knowles, Lori, *Ethics of Research Using Hybrids, Chimeras and Cytoplasmic Hybrids*, Stem Cell Network. http://www.stemcellnetwork. ca/uploads/File/whitepapers/Ethics-of%20Research-Using-Hybrids.pdf (last visited Nov. 20, 2010).

23. MCLEAN, SHEILA & LAURA WILLIAMSON, XENOTRANSPLANTATION─ LAW AND ETHICS (2005).

24. Mott, Maryann, *Animal-Human Hybrids Spark Controversy*, NATIONAL GEOGRAPHIC NEWS (Jan. 25, 2005), http://news.national geographic.com/ news/2005/01/0125_050125_chimeras.html (last visited Nov. 20, 2010).

25. Organ Procurement and Transplantation Network, http://optn.trans; pant.hrsa.org (last visited Dec. 4, 2010).

26. Phillip Karpowicz, Cynthia Cohen & Derek van der Kooy, *Developing Human-Nonhuman Chimeras in Human Stem Cell Research: Ethical Issues and Boundaries*, 15 KENNEDY INSTITUTE OF ETHICS J. 107 (2005).

27. PTO, Facts on Patenting Life Forms Having A Relationship to Human,

Media Advisory 98-6 (April 1, 1998), *available at* http://www.uspto.gov/news/pr/1998/98-06.jsp.

28. Ravelingien, A. & J. Braeckman, *To the Core of Porcine Matter: Evaluating Arguments Against Producing Transgenic Pigs*, 11 XENOTRANSPLANLATION 371 (2004).

29. Rennie, John, *Human-Animal Chimeras* (June, 2005), http://www.scientificamerican.com/article.cfm?id=human-animal-chimeras (last visited Nov. 20, 2010).

30. RIMMER, MATTHEW, INTELLECTUAL PROPERTY AND BIOTECHNOLOGY (2008).

31. Scientists create animals that are part-human, *at* http://www.msnbc.msn.com/id/7681252 (last visited Nov. 20, 2010).

32. Stanford Encyclopedia of Philosophy, http://plato.stanford.edu/entries/chimeras (last visited; Oct. 2, 2010).

33. Vince, Gaia, *Pig-human Chimeras Contain Cell Surprise*, NewScientist.com (Jan. 13, 2004), http://www.newscientist.com/article/dn4558 (last visited Nov. 20, 2010).

34. WHO, The Changsha Communiqué (2008), http://www.who.int/transplantation/xeno/ChangshaCommunique.pdf. (last visited Nov. 20, 2010).

35. WHO, *WHO Proposes Global Agenda on Transplantation* (2007), *available at* http://www.who.int/mediacentr/news/releases/2007/pr12/en/index.html (last visited Dec. 15, 2008).

36. WHO, Xenotransplantation, http://www.who.int/transplantation/xeno/en (last visited Oct.16, 2010).

八、探討修改「進步性」專利要件以因應生物科技發展的必要性——以美國法為主[*]

[*]　探討修改「進步性」要件以因應生物科技發展的必要性——以美國法為主，原載於華岡法粹，第 27 期，頁 271～299，民國 88 年 12 月。

摘　要

　　專利法賦予專利權人於特定期間內排除他人未經其同意實施其專利權。是以，對於取得專利權應備要件須嚴加規範，俾免一般性或習見技術仍得到專利制度保護，既有違鼓勵發明創作之立法原意，亦因其壟斷而造成產業科技水準的停滯不前，致使專利制度之制定宗旨蕩然無存。專利要件之重要性，由此可見諸般。而無論發明創作之技術內容為何，均須具備新穎性、進步性暨實用性方得准予專利。生物科技的發明亦如此。

　　生物科技在現今產業科技中扮演非常重要的角色，對人類生活品質暨醫療設施等有相當卓越的貢獻；已開發國家均陸續以專利制度鼓勵生物科技的發展。然而，基於生物科技的本質，使得其於專利制度下，常因不符合專利要件而無法取得專利，尤其是進步性要件。如何兼顧專利制度的立法宗旨與鼓勵基因技術的研發，自有重新檢視進步性要件的必要。美國生物科技的發展已有些許時日，其於審查實務上的經驗足供借鏡；美國於西元 1995 年訂定 §103(b) 規範生物科技方法之進步性。我國則於民國 86 年訂定生物相發明之審查基準。惟二者規範之內容與效力並不同。

　　為鼓勵業者發展生物科技，可將生物科技審查之原則訂定於專利法，然而，在強調生物科技的重要性及著眼於如何藉專利制度鼓勵保護生物科技的同時，仍應切記專利制度的最終目的在於提昇產業科技水準、造福人類社會，而非僅是保護發明人或專利權人。是以進步性固可因應實際需要予以調整，惟不得造成權利的浮濫，致阻礙科技的發展。

關鍵詞：進步性、非顯而易見性、生物科技、先前技術、次要因素、方法專利、專利制度、審查基準

ABSTRACT

Biotechnology is one of the most important technology in our industrial society. It improves human health, creating jobs, promoting economy...etc.

Developed countries promote biotechnology by providing patent protection, so does our country. However, the traditional patent requirements may not be applicable for biotechnology due to its character, many patent applications of biotechnic inventions are rejected because they don't meet "inventive step" requirement. U.S. amended Patent Law and established new provision of non-obviousness for biotechnology process invention. We did provide new examination guideline for biotechnology, but only for microorganism.

The conclusion of this article suggests we may establish a new standard of inventive step for biotechnology in our patent law. In the meantime, we shall keep in mind the balance of patent protection of biotechnology and promotion of industrial technology.

Keywords: Inventive Step, Non obviousness, Biotechnology, Prior Art, Secondary Considerations, Process Patent, Patent System, Examination Guideline.

🔬 壹、前　言

　　專利法賦予專利權人於特定期間內排除他人未經其同意實施其專利權。是以，對於取得專利權應備要件須嚴加規範，俾免一般性或習見技術仍得到專利制度保護，既有違鼓勵發明創作之立法原意，亦因其壟斷而造成產業科技水準的停滯不前，致使專利制度之制定宗旨蕩然無存。專利要件之重要性，由此可見諸般。而無論發明創作之技術內容為何，均須具備新穎性、進步性暨實用性方得准予專利。生物科技的發明亦如此。

　　生物科技在現今產業科技中扮演非常重要的角色，對人類生活品質暨醫療設施等有相當卓越的貢獻❶；已開發國家均陸續以專利制度鼓勵生物科技的發展❷。然而，與生物科技有關的發明，卻常因不符進步性而面臨否准專利的命運，如何兼顧專利制度的立法宗旨與鼓勵基因技術的研發，自有重新檢視進步性要件的必要。

　　美國生物科技的發展已有些許時日，其於審查實務上的經驗足供借鏡，是以，本文擬以美國文獻暨實務為主，探討進步性之於生物科技的重要性。本文將依次討論下列部分：壹、前言；貳、美國法上之非顯而易見性；參、美國法暨實務上生物科技之非顯而易見性；肆、我國專利法上的進步性要件；、伍、結語。其中，貳、參部分以美國法為主，第肆部分則探討我國法，並比較美國法與我國法之差異，暨我國法之缺失及為提昇生物科技發展之

---

❶　有關生物科技的重要性，請參閱陳文吟，從美國核准動物專利之影響評估動物專利之利與弊，臺大法學論叢，第 26 卷 4 期，頁 173～231, 186～199（民國 86 年 7 月）已收錄於本書第二篇。。

❷　如歐盟 (European Union) 於西元 1998 年通過之 Biotechnology Patent Directive（按：歐洲專利組織 (European Patent Organization) 於西元 2001 年採行該指令，制定於歐洲專利公約（European Patent Convention，簡稱 'EPC'）的規則 (Regulation) 第 23b 條～第 23e 條。復由各會員國據以制定於本國法中。），將於 2000 年底前由各國實行之。

因應措施等。

 **貳、美國法上之非顯而易見性**

　　美國專利法明定，取得專利之發明必須具備新穎性、實用性暨非顯而易見性 (non-obviousness)。所謂「非顯而易見」即其他國家立法例之「進步性」(inventive step)，係於西元 1952 年明文規範於專利法中，並於西元 1984 年暨 1995 年予以修正，後者係配合生物科技發展之必要所為的修正。本部分將就其緣由、1952 年之立法規範暨實務分別探討之。

一、緣　由

　　美國實務上早於西元 1850 年便有進步性要件的案例發生，部分案例對 1952 年之立法有關鍵性的影響，且為現今法院所援用。茲就重要案例舉例如下。

　　西元 1850 年之 *Hotchkiss v. Greenwood*❸可謂首件進步性要件之案例。該案中，Hotchkiss 與 Davenport、Quincy 等三人共同完成門把 (knob) 的發明，於西元 1841 年取得專利權。發明專利內容為，以陶瓷為材料製造門把，並以金屬製螺絲固定其底部。西元 1845 年，Hotchkiss 等專利權人以被告 Greenwood 暨 Wood 之公司侵害其專利權為由，對其提起告訴。被告 Greenwood 主張門把之製造，以及類似陶瓷門把之製造、販賣等早於原告取得專利之前即為各地，甚至國外所採行，故該專利應為無效。聯邦下級法院判決專利無效❹，原告提起上訴。聯邦最高法院維持原判決，理由為：

---

❸　52 U.S. 248, 13 L.Ed. 683 (1850).

❹　聯邦地院認為此係「事實之爭議」(matter of fact)，故應由陪審團決定。地院遂對陪審團提出下列指示 (instruction)：㈠倘於原告發明之前，已有以金屬或其他材料製成之門把或相同形態暨功能之物品存在；㈡倘原告所使用之轉軸與柄在

系爭門把之製造,只需一般的機械技術 (ordinary mechanic),毋庸特殊技術,充其量為技術的改良,而非發明❺。聯邦最高法院並未否定原告發明的實用與新穎,惟以其技術層次的欠缺為由,認定其專利權無效。

　　聯邦最高法院於往後的案例中,便一再重申進步性的重要❻;若僅係一般技術的運用,均不予專利❼。不過,西元 1944 年 *Goodyear Tire & Rubber Co. v. Ray-O-Vac Co.*❽中,聯邦最高法院則認為專利技術雖為顯而

其發明前已為國內所公知,則以熔化金屬結合轉軸,柄及金屬門把與原告之以其結合陶瓷門把無異;㈢倘陶瓷材料僅係替代金屬材料而無其他功能;㈣倘陶瓷等材料業經普遍使用;則㈤系爭專利應為無效,原告不得要求賠償。52 U.S. at 264～265, 13 L.Ed. at 690.

❺　52 U.S. at 266, 13 L.Ed. at 691.

❻　如：Winans v. Denmead, 56 U.S. 330, 14 L.Ed. 717 (1853); Hill Wooster, 132 U.S. 693, 10 S.Ct. 228, 33 L.Ed. 502 (1889); Mast, Foos Co. v. Stover Manufacturing Co., 177 U.S. 485, 20 S.Ct. 708, 44 L.Ed. 856 (1899); Permutit Co. v. Graver Corp., 284 U.S. 52, 52 S.Ct. 53, 76 L.Ed. 163 (1931), Keystone Driller Co. v. Northwest Engineering Corp., 294 U.S. 42, 55 S.Ct. 262, 79 L.Ed. 747 (1934); Great Atlantic & Pacific Tea Co. v. Supermarket Equipment Corp., 340 U.S. 147, 71 S.Ct. 127, 95 L.Ed. 162 (1950).

❼　如 Hollister v. Benedict & Burnham Manufacturing Co., 113 U.S. 59, 5 S.Ct. 717, 28 L.Ed. 901 (1885). 被告（即上訴人）係財政官員,原告（被上訴人）則為受讓取得系爭發明專利之人。系爭發明技術內容為辨識稅收標識技術的改良,主要使用於酒精飲料產品。被告未經原告同意逕行使用該技術,原告遂提起訴訟禁止其繼續使用,聯邦地院判決原告勝訴。被告上訴主張該技術之專利應為無效。聯邦最高法院廢棄原判決,指出：系爭技術僅係一般技術的運用 (the exercise of the ordinary faculties) 而非發明技能的創作成果 (creative work of inventive faculty),故該專利為無效,被告之行為自不構成侵害。113 U.S. at 73, 5 S.Ct. at 724, 28 L.Ed. at 905. 又如：Mandel Bros. v. Wallace, 335 U.S. 291, 69 S.Ct. 73, 93 L.Ed. 12 (1948); Jungersen v. Ostby & Barton Co., 335 U.S. 560, 69 S.Ct. 269, 93 L.Ed. 235 (1949).

❽　321 U.S. 275, 64 S.Ct. 593, 88 L.Ed. 721 (1944). 本案原告以被告侵害其專利權為由提起告訴,被告則主張系爭專利應為無效。原告（被上訴人）持有之發明

易見者，仍不排除取得專利之可能。聯邦最高法院於該案中指出，系爭專利技術雖為該技術領域之人所顯而易見者❾，惟，仍應一併考量下列因素方可決定專利是否無效：㈠系爭專利所解決之問題，係存在已久為業者所無法解決者；㈡專利產品在市場上所創造的成功佳績 (commercial success)❿。法院認為，前揭因素既為肯定的結果，系爭專利應為有效⓫。

　　聯邦最高法院於西元 1950 年 *Great Atlantic & Pacific Tea Co. v. Supermarket Equipment Corp.*⓬中則又認為，市場上的成功銷售，不足以使不具創作之技術因此取得專利；理由為：專利內容雖較以往具效率，是不錯的構想，但其所有成分（除櫃臺延長部分）均為原有的技術；將原有的技術加以組合，在未見創作技術的情況下，充其量只是技術的改進，而不具專利性；至於市場銷售的熱絡，亦不足以使其因此可取得專利⓭。

專利係乾電池的改良發明，乾電池雖早已存在市場一段時間，惟，在過去，乾電池均有滲透，漏出內部液體的問題，致使使用乾電池的手電筒常因此而損壞，業者對此均束手無策。原告的專利係防止滲透 (leakproof)，正可解決該問題，故在市場上有相當好的銷售業績。下級法院判決原告勝訴，聯邦最高法院亦維持原判決。

❾　321 U.S. at 279, 64 S.Ct. at 594, 88 L.Ed. at 724.

❿　321 U.S. at 279, 64 S.Ct. at 595, 88 L.Ed. at 724. 不過，聯邦最高法院亦曾先後於不同案例中否定「市場成功」為可專利的見解。Tolerbo Pressed Steel Co. v. Standard Parts, Inc., 307 U.S. 350, 59 S. Ct. 897, 83 L. Ed. 1334 (1939); Great Atlantic & Pacific Tea Co. v. Supermarket Equipment Corp. 340 U.S. 147, 71 S Ct. 127, 95 L. Ed. 162 (1950)（此案請參閱註 12 暨其本文）.

⓫　*Id.*

⓬　340 U.S. 147, 71 S Ct. 127, 95 L. Ed. 162 *reh. denied*, 340 U.S. 918, 71 S Ct. 349, 95 L. Ed. 663 (1950). 該案中，原告的專利係商店（如雜貨店等）收費員櫃臺的裝備，當顧客將商品放在裝備上時，收費員可拉動該裝置，便於核計放在上面的商品，結帳後，將其推回原位，供下一位顧客將商品放置其上，改善了過去收費員與顧客須一一移動商品之耗時耗力的人工方式。此項專利在市場上的銷售十分成功。本案原告係以被告侵害其專利為由提起訴訟，後者主張專利應為無效。聯邦地院暨上訴法院均認定專利有效，判決被告敗訴，聯邦最高法院廢棄原判決，認定專利無效。

由以上案例可知，進步性要件在納入美國專利法之前，已為聯邦法院所援用，並有百年的歷史。只是，或以 genius, invention, inventive genius, obviousness 等等不同名詞稱之。

二、專利法第 103 條

西元 1952 年，國會首次將進步性要件列入專利法中，即第 103 條**⓮**，此舉除將行之多年的司法實務成文法化外，亦符合美國聯邦憲法第 1 條第 8 項第 8 款之「提昇實用的技術」(...to promote...useful arts)**⓯**。西元 1952 年之第 103 條（以下以 35 U.S.C. §103 稱之）明定，倘發明與先前技術 (prior art) 比較結果，發明內容就該領域中具一般技術之人 (a person with ordinary skill in the art) 而言，係顯而易見者，該項發明應不予專利**⓰**。

西元 1952 年後，首件聯邦最高法院的判決為 *Graham v. John Deere Company of Kansas City* **⓱**乙案，聯邦最高法院探討立法背景暨目的，指出

⓭　340 U.S. at 153, 71 S Ct. at 130～131, 95 L. Ed. at 167.

⓮　35 U.S.C. §103.

⓯　發明之具備新穎性、實用性暨非顯而易見性者，便可謂技術的提昇。60 AM JUR. 2D *Patents* §151.

⓰　該條文歷經兩次修法，分別為 1984 年暨 1995 年，1984 年修正條文增訂第 2 項，將原條文第二句移列第 2 項，並增訂同一人所有之再發明的先前技術雖符合第 102 條之 (f) 或 (g)，仍得取得專利；1995 年又增訂第 2 項，將原第 2 項移列第 3 項，增訂之第 2 項係為因應生物科技而制定。

⓱　383 U.S.1, 86 S.Ct. 684, 15 L.Ed.2d 545 (1966). 該案為專利侵害案件，系爭專利為有關犁柄夾鉗的發明，與過去的夾鉗不同者為，其夾鉗部分置有彈簧，可使其於犁到石頭等堅硬土質時會自動伸縮，減免其因撞擊石頭等可能造成的毀損。該專利先後於第五及第八巡迴法院被認定為「有效」及「無效」之專利：第五巡迴法院以該專利可以較經濟且有利的方式達到舊有的效果 (...old result in a cheaper...and advantageous way)，故可予以專利。Jeoffroy Manufacturing Inc. v. Graham, 219 F.2d 511 (5th Cir. 1955). 相反地，第八巡迴法院則以該組合專利欠缺新穎的效果，判決為無效。Graham v. John Deere Company of Kansas City,

國會不會容許因專利的給予造成公眾所有的知識受到剝奪或是現存資訊的取得受到限制；再者，由憲法所謂「促進實用技術的發展」可知，專利制度所保護的發明必須是創新、進步的實用技術⓲。法院進而指出，35 U.S.C. §103 目的在使已有上百年歷史之司法判決成文法化，只是，不若 Hotchkiss⓳乙案之採較廣義的「發明」(invention) 乙詞，而以較明確之「非顯而易見性」稱之；至於認定之標準，則未必須為「創作天賦的表現」(flash of creative genius)⓴。法院並提出用以檢視發明是否具非顯而易見性的四個步驟：㈠先前技術的內容 (the scope and content of the prior art)；㈡先前技術與系爭申請專利範圍的差異 (difference between the prior art and the claims at issue)；㈢相關技術之通常標準 (the level of ordinary skill in the pertinent art)；㈣在㈠㈡㈢之前提下，比較其差異之是否為顯而易見；此即所謂「四階法」，又因源自本案，故稱 "Graham test"㉑。此外，如：商業佳績等次要因素，亦得引以為發明具非顯而易見性之佐證㉒。法院最後以系爭專利與先前技術之差異係屬顯而易見為由，維持第八巡迴法院「專利無效」之判決。

　　Graham 案後，法院多遵循其所確立之四階法，進而釐清其中疑義。如：何謂「先前技術」的範圍暨內容、「相關技術」、「通常技術」或「一般技術」

---

333 F.2d 529 (8th Cir. 1964). 聯邦最高法院遂以確立「非顯而易見性」之標準為由，受理後者上訴之申請。383 U.S. at 4, 86 S.Ct. at 687, 15 L.Ed.2d. at 549.

⓲　383 U.S. at 6, 86 S.Ct. at 688, 15 L.Ed.2d. at 550.

⓳　383 U.S. at 14, 86 S.Ct. at 692, 15 L.Ed.2d. at 554. Hotchkiss 係首件司法上之專利案件。請參閱本文貳、一、緣由。

⓴　383 U.S. at 15, 86 S.Ct. at 692, 15 L.Ed.2d. at 555.「創作天賦的表現」乙詞首見於 Cuno Engineering Corp. v. Automatic Devices Corp., 314 U.S. 84, 62 S.Ct. 37, 86 L.Ed. 58 (1941) 乙案，本案請參閱本文註 61。

㉑　60 Am Jur 2d., §144, n.59; 2 DONALD CHISUM, PATENTS §5.03 (rev. 2003). 另有作者認為 Graham test 的第四步驟應為「次要因素」(secondary consideration). 2 PETER ROSENBERG, PATENT LAW FUNDAMENTALS §9.02[2] (2d ed. 1997).

㉒　383 U.S. at 17～18, 86 S.Ct. at 694, 15 L.Ed.2d. at 556.

……等等。

先前技術的範圍暨內容與「相關技術」可謂一體的兩面，換言之，探討先前技術的範圍，勢必以其與發明有關之先前技術為範圍。

聯邦最高法院在審理 *Graham* 案的同時，亦就 *Calmar, Inc. v. Cook Chemical Co.* 暨 *Colgate-Palmolive Co. v. Cook Chemical Co.*❷❸做成判決。原告主張本案係殺蟲劑之噴灑用容器，而該專利屬液體容器之傾倒用噴嘴，故不得引為本案之先前技術。聯邦最高法院指出：系爭專利之爭議，不在殺蟲劑，而在於容器開關之機械上的問題，是以，Livingstone 之關閉暨傾倒裝置，理當屬與本案有關之先前技術❷❹。系爭專利與 Livingstone 專利，均採用在瓶頸位置拴緊容器的設計，且前者就該部分之功能尚不如後者，故系爭專利無效。

因此，所謂「相關之先前技術」，係指一般人於解決特定問題時，所能考慮到的技術範疇。如：*Burgess Cellulose Co. v. Wood Flong Corp.*❷❺，案中據以否定專利效力之先前技術係造紙工業之採用合成矽酸鹽技術。原告主張造紙非屬印刷業之相關技術。聯邦上訴法院指出，當造紙業者擬解決材料上的問題時，勢必考慮到印刷業者就類似問題的解決技術，同理，印刷

---

❷❸ 383 U.S. 1, 86 S.Ct. 684, 15 L.Ed.2d. 545 (1966). 二者之原告 Cook Chemical Co. 係家庭用除蟲劑之製造業者，其容器暨噴灑工具供應商為被告 Calmar Co.。消費者使用時，須先卸下容器瓶蓋，再將噴灑用的充氣裝置裝在瓶頸位置，費用昂貴又不經濟。Cook 最後研發出一種噴劑容器，係一體成型，使用者打開瓶蓋並鬆開瓶頸開關後，按下裝於瓶口的裝置，產生氣壓，使得容器內的液體呈氣體狀噴出，在緊鄰容器部位有墊片及關閉的裝置，簡單又經濟。嗣後，Calmar 亦研發出類似產品。Cook 取得專利後，對 Calmar 提起訴訟，主張其侵害專利權。被告反訴主張原告之專利無效。被告並引用其他核准在先之專利案，其中之一為西元 1953 年之 Livingstone 美國專利，其內容為利用帽螺釘拴緊容器，並以舌狀及凹溝之設計，使傾倒時，液體不致濺灑。

❷❹ 383 U.S. at 35, 86 S.Ct. at 702～703, 15 L.Ed.2d. at 566.

❷❺ 431 F.2d 505 (2d Cir. 1970). 此一專利侵害案件中，原告專利內容為有關鉛版印刷字模技術中，以合成矽酸鹽為填料，取代過去乾性字模。

業者亦應考慮到造紙業者的解決技術，是以，造紙係系爭專利之相關技術 (pertinent art) ❷⁶。

又 *Geo. Meyer Manufacturing v. San Marino Electronic Corp.* ❷⁷，聯邦上訴法院以本案之相關技術係所有偵測異物的技術，而非限於瓶子的偵測，且電場光學技術早已被使用於偵測容器內部及空氣中的物質等。系爭專利技術與先前技術之差異係屬顯而易見，故其專利無效 ❷⁸。

再者，相關之先前技術，應著眼於發明人所面臨之問題的本質，例如 *Republic Industries, Inc. v. Schlage Lock Co.* ❷⁹案中，聯邦法院維持地方法院的判決指出，與系爭專利有關之先前技術為活門技術，及液體控制技術，經由比較，其差異為顯而易見者 ❸⁰。

是以，發明專利本身之產品、技術類別，則非決定相關先前技術的因素 ❸¹。例如，前揭 Schlage Lock 案中，控門技術並非該案之相關先前技術；又如 Calmer 案中，系爭專利所擬解決的問題，是除蟲劑容器的開關問題，故除蟲劑本身並非其相關之先前技術 ❸²。

---

❷⁶　431 F.2d at 509.

❷⁷　422 F.2d 1285 (9th Cir. 1970). 本案係專利權利濫用及專利侵害案件，Geo Marino 所有之系爭專利，係偵測瓶內異物之電場光學技術 (electro-optical)，該專利解決當時市場上的迫切需求，而有相當好的商業成果.

❷⁸　422 F.2d at 1288～1289.

❷⁹　592 F.2d 963 (7th Cir. 1979). 此亦為專利侵害案件，被告 Schlag Lock Co. 反訴系爭專利無效。有關防火門 (fire door) 的開啟技術，目的在改良門控的活門裝置。系爭專利係利用水壓活門的技術，使防火門在以人工開啟後，俟液體流經，便自動關上，不需以人工方式關閉.

❸⁰　592 F.2d at 975.

❸¹　General Motors Corp. v. Toyota Motor Co., Ltd., 467 F. Supp. 1142, 1154 (1979) *aff'd in part on other grounds*, 667 F.2d 504 (6th Cir. 1981), *cert. denied*, Toyota Motor Co. v. General Motors Corp., 456 U.S. 937, 102 S. Ct. 1994, 72 L. Ed. 2d 457 (1982).

❸²　Calmar, Inc. v. Cook Chemical Co., 383 U.S. at 35, 86 U.S. at 703, 15 L. Ed. 2d at 566.

　　反之，即使技術物品本身構成近似，倘其功用、目的不同，則非相關先前技術。例如：*Mott Corp. v. Sunflower Industries, Inc.* ❸。聯邦上訴法院指出二者雖均為刀葉，後者僅供切甘蔗之用，並無「自行清除」的問題或功能存在；換言之，二者之功能、目的不同，故英國專利並非系爭專利之相關先前技術 ❹。

　　先前技術的資料來源 (sources) 為何，亦攸關發明技術是否為顯而易見。聯邦地方法院於 *Innovative Scuba Concepts, Inc. v. Feder Industries, Inc.* ❺乙案中指出：35 U.S.C. §103 雖未規範先前技術的來源，惟揆諸同法第 102 條可知其檢索資料可包括：㈠先前知識或使用、先前專利暨先前之刊物 ❻；㈡他人先前申請取得專利之專利申請的說明 ❼；㈢由他人處取得之技術 ❽；㈣先前之發明 ❾。倘前揭資訊均未揭露與發明專利有關之先前技術，則應就發明當時所存在之學說，探討發明技術是否為當時從事該項技術之業者所知悉 ⑩。倘與發明有關的技術僅揭露於政府機密文件中，非

---

❸　314 F.2d 872 (10th Cir. 1963). 此案亦為專利侵害案件，被告主張原告之專利應屬無效。314 F.2d at 874. 系爭發明專利內容為除草機刀葉尖端部分呈彎曲形狀，使在割草過程中，得自行清除留在刀葉上的雜草。本案主要之相關先前技術為英國專利，其係一固定式的機器，置有刀葉，用來切甘蔗之用。

❹　314 F.2d at 880.

❺　819 F.Supp. 1487, 1504 (1993). 該案係有關潛水面罩的綁帶專利侵害案件，被告 Feder Industries, Inc. 反訴主張原告之專利無效。

❻　35 U.S.C. §102(a): ...prior knowledge or use, prior patents, and prior publications.

❼　35 U.S.C. §102(e): ...description in prior patent application by another that ultimately is granted a patent...

❽　35 U.S.C. §102(f): ...derivation from another...

❾　35 U.S.C. §102(g): ...prior invention...

⑩　W. L. Gore & Associates, Inc. v. Garlock, Inc., 721 F.2d 1540 (Fed. Cir. 1983). 發明專利技術內容之一為以快速拉緊的方式製造含有鐵弗龍的膠布（用以封緊管線防止外漏），可使其不易斷裂，柔軟且富彈性。當時的學說則為須以緩慢的速度拉扯方可防止斷裂。法院指出，依該學說，一般人所會從事的是緩慢的拉扯或以加溫方式製造等，而不若本案發明之採取與學說相反的方式。故就此項

一般人所能取得，則不視為「先前技術」**❹**。又如：博士論文中所揭露之技術縱非業者所知悉，對其指導教授而言，則構成「先前技術」**❷**。

　　在檢索發明之先前技術後，須進一步確認「顯而易見」的標準，係以在該技術領域具有一般技術之人定之 (a person having ordinary skill in the art)，此為客觀標準下，所假設之人 (hypothetical person)，既不包括不具該技術之普通人**❸**，亦非針對發明人本身之特定程度的技術予以認定。亦即，對於所假設之人在瞭解先前技術的前提下，為解決特定問題（指發明技術所擬解決之問題）所得思及的技術，或顯而易見的技術**❹**，申請專利或已

　　而言，發明技術係屬非顯而易見者。721 F.2d at 1551～1553.

❹　Globe Linings, Inc. v. Corvallis, 555 F.2d 727 (9th Cir. 1977), *cert denied*, 434 U.S. 985, 98 S.Ct. 611, 54 L.Ed.2d 479 (1977). 該案之技術係揭露於軍方報告中，僅政府部分部門得閱覽。

❷　Baxter Diagnostics v. AVL Scientific Corp., 924 F.Supp. 994 (1996). 該案之先前技術，係發明人所指導的學生五年前之博士論文中的內容。

❸　60 Am Jur 2d, §196; Rosenberg, *supra* note 21, §9.02[2][a][iii]; PAUL GOLDSTEIN, COPYRIGHT, PATENT, TRADEMARK AND RELATED STATE DOCTRINES 376 (3d ed. 1990). 例如：Austin Power Co. v. Atlas Powder Co. 568 F.Supp. 1294 (1983); Standard Oil Co. v. American Cyanamid Co., 774 F.2d 448 (Fed. Cir. 1985). 不過，發明與先前技術的差異，倘對一般人而言已為顯而易見者，則不須再就該領域具一般技術之人予以確認。Lee Blacksmith, Inc. v. Lindsay Bros., Inc. 605 F.2d 341 (7th Cir. 1979). 該案系爭專利為農耕用的耙子，其勾爪在耕作時可呈 45° 角，勾爪下方另有一排勾爪，解決單排時，勾爪間無法耕到的情形。聯邦上訴法院指出系爭專利與核准在先之另件專利比較，普通人亦得看出其差異，是以不需另行探討，其對所謂特定領域中具一般技術之人是否顯而易見。605 F.2d at 344.

❹　Fosmal Fashions, Inc. v. Braiman Bows, Inc. 369 F.2d 536 (2d Cir. 1966). 該案之發明專利係兩邊可調整長度的外衣腰帶，可適合不同身材之使用者的需求，解決了當時店商須隨時準備兩條不同尺寸腰帶的困擾，該專利產品推出後，締造相當好的銷售成績。本案被告 Braiman 被控侵害該專利，而反訴主張專利無效。聯邦上訴法院以類似技術早於西元 1902 年便已存在，係一可調整長度的皮帶，嗣後陸續有可調整的領帶等專利。是以，任何假設的工作者，在瞭解該些前揭

准專利之發明技術內容若屬前揭得思及或顯而易見之技術，則欠缺進步性，應不予專利或判決其無效。

聯邦上訴法院在 *Environmental Designs v. Union Oil Co. of Cal.* ❹乙案中指出，決定技術領域中一般技術的標準，應考量的因素有❻：㈠發明人的教育程度；㈡技術所面臨的問題；㈢解決該些問題的先前技術；㈣技術完成的速度；㈤技術的複雜性；㈥該領域中一般工作者的教育程度❼。嗣後，聯邦法院於認定一般技術之標準時，多依據前揭考量因素為之❽。惟，基於案情的不同，聯邦法院於各個案例中，未必考量所有的因素❾。

顯而易見與否，係以發明完成之時為準❺，而非以申請專利之時定之。

舊有零件、步驟等的組合，極有可能因其欠缺新的功能為該領域中一般人所顯而易見致否准其專利，而縱使有功能上的增進，亦有可能不准專

技術後，必能輕易地想出如本案的技術，以解決腰帶長短的問題。369 F.2d at 538～539. 法院並指出，倘發明確係顯而易見之技術的，有關市場上的銷售成功並不足以使其成為非顯而易見之技術。369 F.2d at 539.

❹　713 F.2d. 693 (Fed. Cir. 1983).

❻　713 F.2d. at 696. 其中㈡、㈣、㈤暨㈥項，於西元 1975 年便已提出。Jacobson Brothers, Inc. v. United States, 512 F.2d 1065, 1071 (U.S.C.C. 1975).

❼　所謂特定技術領域之一般人的教育程度，係指其對該特定技術所受的教育與訓練，在部分案例中，法院以具有學士學位以上之教育程度暨有實驗、研究經驗者為標準。如：Union Carbide Corp. v. Dow Chemical Co., 682 F.2d 1136 (5th Cir. 1982). 相反地，亦有採較低標準者，或因其係新的技術，USM Corp. v. Detroit Plastic Molding Co. 536 F.Supp. 902 (1982)；或因其技術本身較不複雜。Farmhand, Inc. v. Lahman Manufacturing Co., 192 U.S.P.Q 749 (1976) *aff'd*, 568 F.2d 112 (8th Cir. 1978).

❽　例如：Rite-Hite Corp. v. Kelley Co., Inc., 629 F.Supp. 1042 (1986); Sun Products Group, Inc. v. B & E Sales Co., Inc., 700 F. Supp. 366 (1988); Pall Corp. v. Micron Separations, Inc., 792 F. Supp. 1298 (1992); E.I. Du Pont De Nemours & Co. v. Monsanto Co., 903 F. Supp. 680 (1995); In re GPAC Inc., 57 F.3d 1573 (Fed. Cir. 1995)……等等。

❾　Rosenberg, *supra* note 21, §9.02[2][a][iii]; In re GPAC Inc., 57 F.3d at 1579.

❺　60 Am Jur 2d, §163; Rosenberg, *supra* note 21, §9.02[2][a][i].

利，如：*Sakraida v. AG PRO, Inc.* ❺，聯邦最高法院指出，系爭專利所採用之技術，由來已久，其唯一的特點在於大量的水沖入牛棚時一併洗淨地面，將牛糞沖入排水道中，既經濟、迅速又省人力，然而該技術㈠僅係舊有技術的組合；㈡其組合僅係機械式改變，而非發明 ❺。除此，聯邦法院亦考量下列因素：㈠組合過程的難易程度；㈡組合成果的特點暨功能係已知的；㈢組合的功能雖較進步但並無太大差異；㈣組合的成分均為先前技術……等等 ❺。

在專利申請案之審查程序中，專利商標局（Patent and Trademark Office，以下簡稱 'PTO'）得以申請案具「顯而易見之表現證據」(prima facie obviousness) ❺為由否准其專利，PTO 須就其認定，負舉證責任，而申請人須於 PTO 證明其係顯而易見後提出反證，否則將無法取得專利 ❺。此類案例首見於化學案件，*In re Papesch* ❺，目前則多為與分子有關的發明 ❺。

發明內容的審查，應以整體為之，此為條文所明定，因此，審查其申

---

❺　425 U.S. 273, 96 S.Ct. 1532, 47 L. Ed.2d 784 (1976), *reh. denied* 426 U.S. 955, 96 S.Ct. 3182, 49 L.Ed.2d 1194 (1976). 該案為專利侵害案件，被告 Sakraida 反訴主張系爭專利——沖洗設備（用以沖洗乳牛棚內的牛糞）為無效。

❺　425 U.S. at 282, 96 S.Ct. at 1537, 47 L.Ed.2d at 791.

❺　60 Am Jur. 2d, §215.

❺　所謂 prima facie obviousness 係指在對造未提出抗辯的情況下，系爭案件應可成立 (The case is good in the absence of defense).

❺　60 Am Jur. 2d, §235; Phillippe Ducor, *The Federal Circuit and In re Deuel: Does §103 Apply Naturally Occurring DNA?* 77 J. PAT. & TRADEMARK OFF. SOC'Y 871, 875 (1995).

❺　315 F.2d 381 (C.C.P.A. 1963). 該案之發明為「三乙胺雜環組化合物」(triethyl-substituted heterocylic compound)，PTO 以其與先前技術「三甲胺化合物」(triemthyl-substituted compound) 之差異係「顯而易見」為由否准其專利。聯邦上訴法院則以申請案之具有抗發炎的生物活性係就先前技術所無法知悉者，故非屬顯而易見。

❺　請參閱 Phillippe Ducor, *Recombinant Products and Nonobviousness: A Typology*, 13 SANTA CLARA COMPUTER & HIGH TECH. L.J. 1, 35 n.128 (1997).

請專利範圍 (claims)，縱使部分內容敘述不明確，仍應一併考量，而不得將其排除在技術範圍之外 **❺⑧**。至於前後技術之構思上的差異、發明所提供之效能甚或產品之材質等，則非考量因素。任何錯誤的判斷，均將因違反四階法而被推翻 **❺⑨**。

　　至於發明成果究係以何種方式完成，則在所不問 **❻⓪**。因此，所謂發明過程的創作性，係用以認定其技術是否為一般人所知悉，而非為「非顯而易見性」之要件 **❻①**。而即使是例行性實驗過程中意外的發現，亦有可能取得專利 **❻②**。

---

❺⑧　60 Am Jur. 2d, §145; Chisum, *supra* note 21, §5.05.

❺⑨　*Id.*

❻⓪　此規定自西元 1952 年即已明定於條文中，現為第 103 條第 c 項。35 U.S.C. §103(c).

❻①　*Graham*, 383 U.S. at 15, 86 S.Ct. at 692, 15 L.Ed.2d at 555. 聯邦最高法院指明，該規定係為推翻過去實務上發明過程須為創造性表現的見解。如 Cuno Engineering Corp. v. Automatic Devices Corp. 314 U.S. 84, 62 S.Ct. 37, 86 L. Ed. 58 (1941)，該案中，原告的發明專利為將「控溫裝置」置於汽車點煙器中，成為無線點煙器，有別於過去的有線點煙器的複雜，且較具安全性。在侵害訴訟中，被告主張原告之專利無效。聯邦最高法院以控溫裝置暨汽車點煙器係市面上原有之產品，且為一般性技術，發明人僅將數件已知技術予以合併，欠缺「創作性」(flash of creative genius)，故系爭專利應為無效。314 U.S. at 91, 62 S. Ct. at 41, 86 L. Ed. at 63.

❻②　在西元 1952 年以前，例行實驗過程中意外發現之技術成果，非屬發明。如 Mandel Bros., Inc. v. Wallace, 335 U.S. 291, 69 S. Ct. 73, 93 L. Ed. 12 (1948). 該案中，原告之專利為防止流汗的化妝品，其主要將 urea 加入舊有產品之酸鹽中，既可達到預期效果，又可防止對皮膚或衣服的傷害。在此侵害事件中，聯邦最高法院認為，urea 的使用及其效果，係化學界人士所熟悉並經常使用者，法院進而引用聯邦第二巡迴法院的見解：倘實驗工作所採用之原理係眾所周知，且其成果僅係例行的工作而不需想像力 (imagination) 者，則非屬發明。"...skillful experiments in a laboratory, achivement of the desired end requires routine work rather than imagination, do not involve invention." 335 U.S. at 295, 69 S. Ct. at 75, 93 L. Ed. at 15～16. 而在立法後，類似案例中，聯邦法院卻採截

決定發明是否為顯而易見須考量其技術上的因素 (technical factors) 以及其他背景因素等，如經濟或所謂「次要因素」(secondary consideration) ❻ ，Judge Learned Hand 稱為「技術的沿革」(the history of the art) ❻ ，包括長久需要的技術 (long-felt need) ❻ 、市場的成功、甚至專利的侵害等等 ❻ 。除了技術內容的認定外，發明於市場上的銷售成果，亦可用來認定其是否具「非顯而易見性」，此為立法前即已存在之認定標準，舉凡銷售業績的成功，專利製法之原料市場的提昇，甚至專利產品受侵害之嚴重性，均足以證其「市場成功」，而佐證其發明之非顯而易見性 ❻ 。但僅限於次要輔助性之考量因素，倘發明技術確係不具創作性，為顯而易見的技術，則不問其市場銷售為何，均應不予專利。而縱使確有「市場成功」的事實，惟係因發明技術以外的原因所致者，如：大量的廣告或促銷活動，產品類別原本便極具市場需求，則因此取得專利者，應為無效 ❻ 。

然不同的見解，Carter-Wallace, Inc. v. Gillette Co., 675 F.2d 10 (1982). 該案亦為專利侵害案件，原告之專利為腋下噴劑，不同於舊式產品，它利用防汗氣態液體噴霧劑達到止汗及防止凝結於衣物的效果。聯邦上訴法院探求立法原意——發明是否可專利，無關乎其係因冗長的實驗或因創意 (flash of genius) 所致。故廢棄部分判決，要求聯邦地院更改此適用原則重新審議。675 F.2d at 13～15.

❻ 60 Am Jur. 2d, §148; Chisum, *supra* note 21, §5.05.

❻ Chisum, *supra* note 21, 5.05.

❻ 如：Alco Standard Corp. v. Tennessee Valley Authority, 808 F.2d 1490 (Fed. Cir. 1986).

❻ Chisum, *supra* note 21, §5.05[1]～[7].

❻ 60 Am Jur. 2d, §172. 如：Saturn Manufacturing Inc. v. Williams Patent Crusher & Pulverizer Co. 713 F.2d 1347 (Fed. Cir. 1983); W. L. Gore & Associates, Inc. v. Garlock, Inc. 721 F.2d 1540 (Fed. Cir. 1983); Fromson v. Advance Offset Plate, Inc., 755 F.2d 1549 (Fed Cir. 1985).

❻ 60 Am Jur. 2d §173; Rosenberg, *supra* note 21, §9.05[1]. 如：Ashland Oil, Inc. v. Delta Resins & Refractories, Inc. 587 F. Supp. 1406 (1984); Demaco Corp. v. F. Von Langsdorff Licensing, Ltd. 851 F.2d 1387 (Fed. Cir. 1988).

參、美國法暨實務上生物科技之非顯而易見性

　　DNA 的發現及 DNA 雙螺旋構造的確立，使科學家逐步瞭解 DNA 與生物遺傳的密切關連；西元 1974 年 DNA 重組技術的發明，至西元 1980 年首件微生物發明專利的核准，更推動了生物科技的發展。生物科技的發展，不僅提昇產業水準，也改善人類生活品質與經濟能力，增加就業機會，並帶動其他技術領域，如醫學、農業等等。而較之其他科技領域，生物科技更迫切需要專利制度的保護，俾為其發展之動力 [69]。蓋以生物科技的研發需大量的經費、人力暨時間的投入，專利制度賦予專利權人於特定期間內享有排他性權利、藉此牟利以彌補其成本，進而鼓勵其繼續研發並公開其研發成果。

　　生物科技的運用主要有三種方式 [70]：㈠生物學的活性分子 (biologically active molecule)，此係利用細菌繁殖，生產人類所需的抗體、激素或藥物等，

---

[69]　請參閱 Speech by Mr. Hatch, Biotechnology Process Patent, Congressional Record, S.15220 (Oct. 17, 1995); Speech by Mr. Rohrabacher, Biotechnology Process Patent, Congressional Record, H.10094 (Oct. 17, 1995); Speech by Mr. Boucher, Biotechnology Process Patent, Congressional Record, H.10097 (Oct. 17, 1995); Karen Boyd, *Nonobviousness and the Biotechnology Industry: A Proposal for a Doctrine of Economic Nonobviousness*, 12 BERKELEY TECH. L.J. 311, 322 (1997).

[70]　Boyd, *id.* at 329. 作者 Iver Cooper 將生物科技發明的案例區分為：㈠製法 (process)；㈡微生物與細胞生物學 (microbiology and cell biology)；㈢免疫學 (immunology)；㈣分子生物學 (molecular biology)；㈤分子免疫學 (molecular immunology)；㈥其他生物科技，如：自然產物的純化，動物，非 DNA 轉殖技術所製成的植物等。1 IVER COOPER, 1 BIOTECHNOLOGY AND THE LAW §4.03 (rev. 1997).

如胰島素的製造以供糖尿病患者使用；㈡基因治療 (gene therapy)，將好的基因植入人體以替代有缺陷的基因；㈢基因轉殖的動物，將人類特有的基因轉殖動物胚胎，使其下一代具有該基因，可供藥物的製造，人類疾病暨療法等醫學上的研究實驗等。在前揭技術的運用下所產生的發明，得否申請專利，便有待商榷。蓋以生物科技所研發的產品，多與利用 DNA 轉殖技術所製成之自然界已存在的物質（如蛋白質）有關，是以，屢因該些物質已揭示於相關文獻而否准專利❼。發明人只得就其製造方法或使用方法申請專利，惟在西元 1995 年前仍常因不符非顯而易見性而否准專利。美國聯邦國會在數個重要案例的判決之後，重新檢視 35 U.S.C. §103，而增訂了現行第 b 項（35 U.S.C. §103(b)，以下以 §103(b) 簡稱之）。本部分將就其立法前後之適用及增訂之 §103(b) 予以探討。

一、西元 1995 年前之適用

專利申請案除了新穎性與實用性，另須具備非顯而易見性，PTO 常以發明係顯而易見為由否准其專利，即 "prima facie obviousness"。此又以與化學有關之發明及生物科技案例最為常見。*In re Papesch*❼乙案便為首件適用 prima facie obviousness 之化合物專利申請案。

PTO 決定發明是否為顯而易見時，應考量下列因素：㈠先前技術的範圍暨內容；㈡先前技術的組合是否足以表現出與發明技術相同的改良；以及㈢比較發明技術所達到的功效與先前技術的功效的差異❼。在此前提下，又須進而考量下列因素：㈠化學成分結構上的相似性；㈡發明的動機與功

---

❼　Mr. Hatch, *supra* note 69, at S.15221.

❼　請參閱註 56。

❼　第㈡、㈢項係聯邦上訴法院於 In re Sernaker 乙案之見解。702 F.2d 989 (Fed. Cir. 1983) 並為後案所援用，如：In re Geiger, 815 F.2d 686 (Fed. Cir. 1987); In re Fine, 837 F.2d 1071 (Fed. Cir. 1988). Cooper 視其為目前決定非顯而易見性的考量因素。Cooper, *supra* note 70, §4.03[I].

效；㈢問題的發現；㈣達成功效的方法；㈤功效的預期……等 **❼④**。

　　發明與先前技術之化學成分結構上相近似時，便可能使前者之技術成為顯而易見，如：*In re Papesch* 案中 PTO 之見解。

　　發明的動機與功效，係指在系爭發明之前有無其他可取代先前技術的技術存在，此又以二者是否具有相同的功能為斷。如：*In re Dillon* **❼⑤**。發明技術雖為顯而易見，惟其係用以解決一項業者所無法知悉之問題的癥結時，仍得視為具非顯而易見性 **❼⑥**。如 *In re Sponnoble* **❼⑦**，聯邦上訴法院以該案問題癥結的探討並非該領域具通常技術之人所得易於瞭解，故發明技術具非顯而易見性。

　　而對於某項技術成果雖為通常技術之人所預測可能達成，卻無具體技術可達到該項成果之情事，倘有發明技術可達到該成果，則不失為非顯而易見性 **❼⑧**，如：*In re Irani* **❼⑨**，雖於西元 1960 年便有作者 Petrov 討論近於玻璃般硬度的 ATMP，使具有通常技術之人聯想到製造無水的透明 ATMP。惟迄發明人提出本項發明專利之前，並無任何技術確可達到製成無水的透明 ATMP，故發明技術仍具非顯而易見性 **❽⓪**。

---

❼④　Cooper, *supra* note 70, §4.03[I][a].

❼⑤　919 F.2d 688 (Fed. Cir. 1990). 其發明內容為將四 orthoester（酯）加入碳氫化合物燃料中，可使燃料氧化時減少粒狀物體的排出。其先前技術三 orthoester 原已使用於燃料中以除去油中水分，而無論三或四 orthoester 均曾使用於含水 (hydraulic) 的液體中作為淨化劑。因此，具有該領域一般技術之人都會利用 orthoester 作為淨化劑，至於減少廢氣的排出，只是附帶的功能。換言之，係可由先前技術預期者。

❼⑥　Cooper, *supra* note 70, §4.03[I][a][iii].

❼⑦　405 F.2d 578 (C.C.P.A. 1969). 間隔式藥用玻璃瓶其間以天然橡膠為栓塞間隔之，而其常有液狀稀釋劑滲入乾燥部分的情形，過去均認為其係因稀釋劑經由栓塞周圍的空隙滲入，Sopnnoble 發現癥結所在為橡膠栓塞本身係可滲透的，故於製造栓塞時，改採丁基合成橡膠 (butyl) 並覆以矽製薄膜。丁基合成橡膠及矽並非新的物質，亦屢被使用於防濕等用途。

❼⑧　Cooper, *supra* note 70, §4.03[I][a][iv].

❼⑨　427 F.2d 806 (C.C.P.A. 1970).

生物科技中常見的案例，多與製法 (process) 有關。備受矚目的案件為 *In re Durden* 及 *In re Pleuddemann*，國會更因此修訂 35 U.S.C. §103。西元 1993 年至 1995 年，另有三件代表性的案例：*In re Bell*, *In re Baird* 以及 *In re Deuel*。茲分別探討如下。

In re Durden ❽中，聯邦上訴法院維持 PTO 及專利訴願暨衝突委員會（Board of Patent Appeals and Interferences，以下簡稱 'BPAI'）的決定，指出以舊有的技術、新穎的原料製成具有新效能的物品，其製法雖因此成為新的製法，卻未必具有非顯而易見性，換言之，新的製法仍可能是顯而易見的技術 ❽。此案引起業者譁然，咸認該判決必將不利於生物科技的發展 ❽。

In re Pleuddemann ❽乙案，聯邦上訴法院指出，當任何人發明或發現一項新穎實用的化合物具有特定用途時，該發明人可以下列三種方式之一申請專利：㈠化合物本身；㈡製成化合物的方法或步驟；以及㈢使用化合物的方法或步驟。法院進而區別 *Durden case* 為製造化合物的方法，而本案為使用新穎媒介的方法，發明形態不同，故本案不適用 *Durden* 之判決。而製法本身縱使為顯而易見，亦不影響其化合物或其使用方法的非顯而易見性 ❽。是以，本案之發明並非顯而易見。

---

❽　427 F.2d at 807 & 809.

❽　763 F.2d 1406 (Fed. Cir. 1985). 案中，在 Durden 申請專利前，西元 1980 年已有發明專利為胺基甲酸鹽之化合物 (carbamate compound products)，及另一專利為甲基氧化物 (oxime) 之原料 (starting materials) 的存在；Durden 的發明為利用新的甲基氧化物原料製造新的胺基甲酸鹽化合物的製法。

❽　763 F.2d at 1410.

❽　參閱 Tamsen Valoir, *The Obviousness of Cloning*, 9 INTELL. PROP. J. 349, 366～367 (1995).

❽　910 F.2d 823 (Fed. Cir. 1990). Pleuddemann 的發明為以矽烷化合物 (silane compounds) 結合聚合樹脂 (polyester resins) 與玻璃纖維填料 (fiberglass filling material)，可增加其機械上的特性 (mechanical properties)。其先前技術為另一件專利，係以有機矽烷 (organosilane) 為結合的媒介 (agent)。

　　Durden 與 *Pleuddemann* 判決結果的不一致，促使國會增訂 35 U.S.C. §103(b) [86]。

　　In re Bell [87]，PTO 認為任何在該項領域中具有通常技術之人在知悉 IGF-I 及 IGF-II 之序列後，均可利用前揭已知之方法製造出本案之發明內容，故其係顯而易見的技術 [88]。聯邦上訴法院則持不同的見解：Bell 的發明僅係針對人類之 IGF 的核酸序列，而依據 Rinderknecht 之文獻所揭示者，排列出人類 IGF 核酸序列的可能序列有 10^{36} 種；再者，Weissman 所發明的基因複製方式不同，明顯地排除了 Bell 所使用的方式。因此，Bell 的發明應屬非顯而易見 [89]。

　　In re Baird [90] 中，Baird 所提出申請專利的發明為含有二碳酸 A 多元脂及脂防二羧基酸的迅速易熔樹脂。PTO 以先前技術係含有二羧基酸及二碳酸之聚合酯化物的顯像劑，該技術已使具有通常技術之人利用該技術完成如 Baird 之發明成果，故後者係顯而易見之技術 [91]。聯邦上訴法院則持不同見解：先前技術必須足以明白地提供其技術並適度地顯示其所預期的效果。縱使先前技術已揭示億種化合物，其並不當然使得可包含於其中之數種化合物因此成為顯而易見的技術；法院進而指出：先前技術並未明確提供本案之技術，故本案之技術並非顯而易見 [92]。

　　In re Deuel [93] 乙案，Deuel 申請專利之發明為 DNA 與 CDNA 之肝素結

---

[85]　910 F.2d at 825～827.

[86]　請參閱參、二、「西元 1995 年增訂之 35 U.S.C. §103(b)」。

[87]　991 F.2d 781 (Fed. Cir. 1993). 該案之發明技術內容為包含胰島素成長因子 I 暨 II (IGF) 之人體基因序列的核酸，其先前技術包括 Rinder Knecht 於其著作中所揭示 IGF-I 及 IGF-II 之「胺基酸序列」以及 Weissman 之「複製基因的方法」專利。

[88]　991 F.2d at 783.

[89]　991 F.2d at 784～785.

[90]　16 F.3d 380 (Fed. Cir. 1994).

[91]　16 F.3d at 382.

[92]　16 F.3d at 382～383.

合生長因子的編碼蛋白質 (encoding heparin-binding growth factors)，肝素結合生長因子可促進細胞分裂的蛋白質，使用於修補或替代受損的組織。PTO以先前技術業已揭示基因複製的方式以及可促進細胞分裂之蛋白質的部分胺基酸序列，故 Deuel 之發明係屬顯而易見。聯邦上訴法院則持相反見解：㈠基於遺傳密碼的繁複，前揭先前技術足以令人揣測大量的蛋白質的 DNA 序列，而非僅如本案之特定的 DNA；㈡在缺乏其他先前技術的情況下，隔離 CDNA 或 DNA 分子的一般方法，並不足以使特定分子的隔離成為顯而易見的技術；㈢普通探索基因的動機，不應使得特定基因的取得成為顯而易見 ❹；是以，Deuel 之發明應具非顯而易見性。

　　PTO 於 *In re Bell*, *In re Baird* 以及 *In re Deuel* 中均認定已於先前技術中揭示之胺基酸序列，將使其 DNA 序列因此成為顯而易見；該見解一旦成立，勢必對生物科技之發展產生負面的影響 ❺。所幸聯邦上訴法院（之聯邦巡迴法院）均否定 PTO 的見解，並指出：發明技術雖涵蓋於先前技術中，惟後者並未明確界定或顯示該發明技術時，仍應核准其專利。聯邦巡迴法院確立了日後生物科技領域中類似發明技術的審查原則。該原則不同於一般技術既有的審查基準，故有作者主張應以立法訂定之 ❻。

---

❾❸　51 F.3d 1552 (Fed. Cir. 1995).

❾❹　51 F.3d at 1558～1560.

❾❺　請參閱 Stephen Maebius, *Patenting DNA Claims After In re Bell: How Much Better Off Are We?* 76 J. PAT. & TRADEMARK OFF. SOC'Y 508, 510 (1994).

❾❻　Ducor, *supra* note 55, at 898.

二、西元 1995 年增訂之 35 U.S.C. §103(b)❼

　　為配合生物科技的發展，美國國會意識到專利審查制度的不明確對生物科技發展所構成的障礙❽。聯邦上訴法院雖試圖釐清 *In re Durden* 與 *In re Pleuddemann* 之差異以解釋其先後判決不同的理由；然而國會並不認同其區別的必要性，而仍以判決不一致為由 ❾，於西元 1995 年增訂 §103(b)❿，該項並於同年 11 月 1 日施行。依 §103(b)，其適用之要件，可

---

❼　35 U.S.C. §103(b)：(1) 除 (a) 項外，經專利申請人適時選擇依本項進行其程序者，倘生物科技方法所使用或製成之組合物係符合 §102 之新穎性暨前項之「非顯而易見性」者，且該生物科技方法，符合下列要件者，應視為非顯而易見：(A) 該方法與組合物係屬於同一申請案中或屬具有同一有效申請日之不同申請案中；且 (B) 方法與組合物於發明時係屬同一人所有或應移轉予同一人所有。(2) 依前款核准專利之方法：(A) 應包含由該方法使用或製造之組合物；或 (2) 倘方法與組合物屬不同專利，則前者之專利期間應與後者相同。(3) 依第 (1) 款，所謂「生物科技方法」係指：(A) 遺傳學上的方法以改變或使單細胞或多細胞生物 (i) 表現外源核苷序列；(ii) 抑制、消除、擴大或改變其內源核苷序列的表現；或 (iii) 表現非該生物自然存在的特定生理特質；(B) 細胞融合程序使產生細胞系以表現特定蛋白質，例如單一同源細胞抗體；以及 (C) 使用方法、使用之物品為以前揭 (A) 或 (B) 或 (A) 與 (B) 組合之方法所製成者。

❽　Mr. Hatch, *supra* note 69, at S.15221. 依據 Graham test，生物科技的發明不易符合非顯而易見性，惟有就次要因的認定較為有利。Michael Greenfield, *Recombinant DNA Technology: A Science Struggling with the Patent Law*, 44 STAN. L. REV. 1051, 1081 (1992).

❾　Mr. Hatch, *supra* note 69, at S.15221.

❿　此為參議院所提之 S.1111 法案，此外，眾議院亦針對 *Durden* 提出相關法案，如 H.R.760 法案 (H.R.760, 103d Cong., 1st Sess. (1993))、H.R. 4307 法案 (H.R.4307, 103d Cong., 1st Sess. (1994)) 等，目的亦均在廢除 Durden 案之判決，賦予方法發明在適當條件下得視為具備非顯而易見性。Jeremy Cubert, *U.S. Patent Policy and Biotechnology Growing Pains on the Cutting Edge*, 76 J. PAT. & TRADEMARK OFF. SOC'Y 151, 164 (1995). 此外，相關法案尚有 H.R.3957,

就程序與實體兩方面探討之。

就程序上而言，申請人於申請專利時，須主張其擬適用 §103(b) 審查其非顯而易見性，亦即，本項之適用，非由 PTO 自行決定採行，而須待申請人之主張，此揆諸 §103(b)(1) 之「……適時地選擇……」(...timely election...) 甚明，惟，所謂「適時」究係指何時？ (1)申請專利之時？ (2)申請之日起特定期間內？ 或(3)審查程序完成之前？ 法無明定。若考量申請人之權益，則以(3)為恰當；惟若兼顧審查之效率及生物科技的應用，則宜採(2)，本文亦較贊同此種方式，蓋以其係 §103(a) 之例外規定，在兼顧多方權益的前提下，此方式較為妥適。惟，作者 Cooper 則認為其主張無時間上的限制，甚至，可以申請再審查的方式，於該程序中主張 §103(b) 之適用[101]。惟若如此，所謂「適時地選擇」便不具任何意義。

就實體上而言，可分兩部分：㈠生物科技方法的定義；㈡生物科技方法應備的要件。

生物科技方法，係指㈠遺傳學上的方法；㈡細胞融合程序；㈢使用組合物的方法。前揭㈠包含核苷序列的表現或非自然存在的特定生理特質。而㈢之使用方法，係指使用以 (A) 或 (B) 之方法所製成之物或以 (A) 與 (B) 組合之方法所製成之物。依此定義，許多新近研發的方法無法涵蓋於其中，如 DNA 的組合或純化方法，DNA 內容的檢視方法、篩選及栽培類群的方法……等等[102]。

至於生物科技方法應具備之要件：㈠與該方法有關之組合物必須符合新穎性與非顯而易見性；㈡方法與組合物之發明，應包含於同一申請案或具相同有效申請日之不同申請案，若屬後者，二者之專利期間應同時屆滿；㈢方法與組合物之發明，於發明時屬同一人所有或應移轉予同一人。

H.R.5664 等。請參閱 Isabelle McAndrews, *Removing the Burden of Durden Through Legislation: H.R.3957 and H.R.5664*, 71 J. PAT. & TRADEMARK OFF. SOC'Y 1188 (1990).

[101] Cooper, *supra* note 70, §4.03[2].

[102] *Id.*

　　Cooper 認為，依前揭㈡申請人為配合所謂「專利期間同時屆滿之規定，申請人於申請方法專利時，須拋棄其部分專利期間，俾使其與物品專利同時屆滿 [103]。本文則以為 §103(b) 既已規定不同申請案之申請日應為同一天，專利期間依法又為自申請日起二十年，二者之專利期間理應於同日屆滿，自無申請人須拋棄其專利期間之必要。

　　至於㈢，方法與組合物須屬同一人所有或移轉予同一人之規定，所謂「同一人」係指同一「個人」、同一群人或同一公司、組織等。因此，倘方法發明屬甲、乙、丙所有，而物品發明屬甲、乙、丙、丁所有，則仍無該規定之適用 [104]。

　　生物科技之方法發明符合 §103(b) 之規定時，即應視為具備「非顯而易見性」 (...shall be considered nonobvious)，亦即具擬制的效果 (per se non-obviousness) [105]。至於不符合前揭規定之生物科技的方法發明或物品發明等，並非當然不具備非顯而易見性，只是須依 §103(a) 之規定審查之。

　　聯邦上訴法院（聯邦巡迴法院）於 *In re Bell, In re Baird* 以及 *In re Deuel* 中所確立之原則顯然擴張了 Graham test 的適用標準，然而國會在制定 §103(b) 時並未考慮將其納入法規中，應可視為國會認同法院以判決所確立之原則。

肆、我國專利法上的進步性要件

　　我國專利法第 20 條亦明定發明之專利要件，惟並未就特定技術領域予

---

[103]　*Id.*

[104]　*Id.*

[105]　"per se" 為拉丁文，即 "in itself" 「本身的」、「本質的」之意。不待任何證據證明之。"per se" 雖未揭示於 §103(b) 或 S.1111 法案之理由中，惟，揆諸條文 "...shall be considered..." 及其他類似法案之說明理由甚明。如：H.R.760, H.R.4307 等等。請參閱註 100。

以規範，僅於審查基準中增訂有關生物科技之審查基準。茲探討我國法之相關規範並比較我國與美國法規之差異。

一、專利法第 20 條第 2 項暨審查基準

我國專利法第 20 條第 2 項明定進步性之消極要件：「發明係運用申請前既有之技術或知識，而為熟習該項技術者所能輕易完成時，雖無前項所列情事，仍不得依本法申請取得專利。」亦即，「利用申請前既有之技術或知識所完成之發明，為熟習該項技術之一般技術、知識所能輕易完成者」[106] 是也。審查基準中進而釐清前揭內容之定義 [107]：其中「既有之技術或知識」，係指申請前已見於國內外刊物或公開使用者；「熟習該項技術」係指虛擬一具有技術或知識之人利用一般技術性手段，並發揮一般創作能力；「輕易完成」，係指不能超越熟習該項技術者所可預期之技術上的一般發展，可由先前技術推論完成者。

審查基準中亦臚列判斷進步性的方式，茲列舉一、二如下 [108]：

㈠先前技術的組合——須(1)具「突出的技術特徵」，不易由邏輯分析、推理或試驗所得者；或(2)具「顯然的進步」，主要指功效方面而言。

㈡轉用發明——將特定領域之既有技術轉用另一技術領域，倘兩技術領域為相近或類似，且能產生明顯的進步或技術特徵，則不具進步性。

㈢選擇發明——以已知上位概念發明下位概念作為構成要件之發明。此常見於化學之發明。倘發明之技術內容非已知發明所具體記載且的確有顯著的功效或用途者，則為具有進步性。

---

[106] 經濟部中央標準局，專利審查基準，頁 1-2-19（民國 83 年）。按，經濟部中央標準局業於民國 88 年 1 月 26 日改制為經濟部智慧財產局。又，專利法第 20 條第 2 項為現行法第 22 條第 4 項。

[107] 同上。

[108] 專利審查基準，同註 106，頁 1-2-20～1-2-27。

　　此外，發明的過程（不問係意外發現或苦心研究）不影響其進步性的認定，而市場上的成功倘係技術特徵所致，則可為進步性之有利事證，反之，若係因促銷手法所致，則不得為其具有進步性的憑證⑩。

　　揆諸前揭審查基準，可見其訂定頗多參酌美國實務之處，包括對專利法第 20 條第 2 項的說明與定義、進步性的基準，甚至發明過程、市場狀況的考量等。我國於民國 83 年 1 月開放微生物發明專利之保護，並於 86 年 9 月增訂第八章「特定技術領域之審查基準」第一節即為「生物相關發明」，希冀藉此提昇我國生物科技的水準。

　　依據審查基準，生物相關發明分為微生物與遺傳工程，前者涵蓋微生物本身、微生物學方法及其產物之發明；後者則指藉由重組基因等人為操作之基因技術；另如基因、載體、重組載體及融合細胞亦包含在內⑩。

　　就微生物本身的發明，倘與習知菌種有顯著差異，或雖無顯著差異但有獨特功效者，為具有進步性，而於微生物學方法或其產物之發明，倘所利用之微生物為新的菌種，則即使產生相同目的的物質，亦可視為具進步性，反之，利用習知的菌種，惟所產生的物質或其他同屬微生物所製造之物質較具獨特功效時，亦為具有進步性⑪。

　　至於遺傳工程之進步性，審查基準則僅以例示方式為之⑫。

㈠蛋白質 A 具新穎性及進步性，則編碼合成該蛋白質之核苷酸序列之發明亦具有進步性。

㈡蛋白質 A 為習知而胺基酸序列未知，惟後者係易於決定者，不具進步性，倘較其他核苷酸序列所編碼者較具特別優異效果，則仍具進步性。

㈢蛋白質 A 之胺基酸序列為習知，而與編碼合成該蛋白質 A 之核苷酸序列有關之發明，倘二者相較，確達顯著功效，則具進步性。

---

⑩　專利審查基準，同註 106，頁 1–2–28。
⑩　經濟部中央標準局，特定技術之審查基準，頁 1–8–1, 1–8–13（民國 86 年）。
⑪　審查基準，同註 110，頁 1–8–12。
⑫　審查基準，同註 110，頁 1–8–17。

比較一般技術之審查基準即第二章第四節之「進步性」與「特定領域之審查基準」可知，倘發明係利用先前技術所完成者，且為熟習該項技術者所得輕易完成，則不符進步性要件，惟倘該發明係屬生物科技領域，且具有功能上增進者，仍視為具進步性❶❸。至於遺傳工程之進步性的認定，則係本於其技術本身的特質訂定，且限於編碼合成核苷酸序列及與其有關之發明❶❹。是否當然包括所有與生物有關的組合物暨製法等，有待釐清，倘結論為否定，則意指必要時仍需依前揭一般技術之審查基準為之。

二、美國法與我國法之比較

美國將有關生物科技的進步性要件增列於專利法之一般進步性要件中，並採擬制之效力，足見其保護及促進生物科技發展的意圖。

我國將其訂定於專利審查之「特定技術領域」專章之第一節。其效力亦僅為供專利審查人員審查時之參考標準，顯然不如其於美國法上之效力，遑論促進生物科技發展之意圖。

美國法所規範者，限於生物科技方法，包括使用方法與製法，使用或製造之標的須為新穎、進步的組合物，且方法與組合物須屬同一人所有或須移轉予同一人所有。此外，就生物科技方法之定義為與遺傳工程有關之製造或使用方法。我國之基準中，係以「生物相關發明」為節名，另分微生物與遺傳工程兩部分。將其與遺傳工程予以區隔，易致誤會，以為微生

---

❶❸ 依專利法第 98 條第 2 項新型創作具有功能上增進者，雖為熟習該項技術所得輕易完成，仍符合進步性要件；反之，依同法第 20 條第 2 項，發明為熟習該項技術所得輕易完成，則縱令有功能之增進，仍不予專利。（按：第 98 條第 2 項為現行專利法第 94 條第 4 項，第 20 條第 2 項為現行專利法第 22 條第 4 項。）

❶❹ 依一般技術之審查基準，不問發明技術有無功能之增進，倘蛋白質為已知，則其胺基酸序列暨相關發明均不具進步性；同理，胺基酸序列為已知，則其核苷酸序列暨相關發明亦不具進步性。此結果與適用生物科技之審查基準截然不同。

物與遺傳工程無關。惟揆諸其「生物相關發明」之定義可知，其僅係指應用微生物之相關發明，其範圍即包括微生物與遺傳工程之融合細胞、轉形細胞及載體等❶，換言之，遺傳工程僅限於應用微生物之情形。而以生物科技的定義是否當然限於微生物與遺傳工程技術，恐有待商榷。再者，遺傳工程是否包括使用、製造方法，揆諸其定義，似可涵蓋於其「基因技術」中，惟是否涵蓋於「……有關之發明」，則有待進一步的解釋、釐清。

　　比較我國基準與美國法，其異同如下：

　㈠適用之標的──我國基準適用於微生物及其遺傳工程之發明，美國法適用於與遺傳工程有關之製造或使用方法發明。前者限於微生物；後者未作此限制，換言之，凡屬於生物科技領域均適用之，惟限於製造或使用方法而不包括物品。

　㈡適用要件──我國基準強調微生物本身或遺傳工程之發明須具備獨特顯著之功效；美國法則規範適用該方法發明之組合物本身須符合新穎暨進步性要件，且組合物與方法發明須屬同一人所有或須移轉予同一人之情形。

　㈢法律上之效果──我國基準係專利審查委員審查發明技術之參考標準，不具法律上之效果；而美國 §103(b) 則具法律上之效力。

　　至於美國聯邦巡迴法院於 *In re Bell, In re Baird* 以及 *In re Deuel* 中所確立之原則，與我國一般技術審查基準之「選擇發明」相當近似。

伍、結　語

　　生物科技已蔚為現今產業科技的主軸，擬提昇一國的產業科技水準，自須提昇其生物科技水準，而專利制度無疑是首要的措施。

　　生物科技的本質，使得其於專利制度下，常因不符合專利要件而無法取得專利，尤其是進步性要件。美國遂於西元 1995 年訂定 §103(b) 規範生

❶　審查基準，同註 110，頁 1–8–1。

物科技方法之進步性。我國則於民國 86 年訂定生物相關發明之審查基準。惟二者規範之內容與效力並不同。

　　不可諱言，美國生物科技水準的確高於我國，是以其所規範之相關內容未必合於我國之科技，惟，本文以為，為鼓勵業者發展生物科技，可將生物科技審查之原則訂定於專利法，該些原則雖係有關審查基準，本未必適宜制定於專利法（恐日後面臨基準變更需修法的問題）。然而將審查的原則制定於專利法的情形，早見於第 31 條有關「單一性」的認定。本文以為可將進步性單獨訂定乙條：

「（第 1 項）發明係運用申請前既有之技術或知識，而為熟習該項技術者
　所能輕易完成時，不具進步性。

（第 2 項）生物科技之發明係運用申請前既有之技術或知識，且為熟習
該項技術者所能輕易完成，惟具顯著功效者，具有進步性。」

　　筆者曾於另文[116]中提出另行訂定單行法或於專利法中制定「生物科技」專章的必要性，本文仍維持前揭立場，如此可免同一法規無法同時適用於一般科技與生物科技之窘境。然而，在強調生物科技的重要性及著眼於如何藉專利制度鼓勵保護生物科技的同時，仍應切記專利制度的最終目的在於提昇產業科技水準、造福人類社會，而非僅是保護發明人或專利權人[117]。是以，決定進步性固可因應實際需要予以調整，惟不得造成權利的浮濫，而阻礙科技的發展。

---

[116]　陳文吟，從美國 NIH 申請人體基因組序列專利探討我國專利制度對生物科技
　　　發展的因應之道，中正大學法學集刊，第 1 期，頁 111～140, 133（民國 87 年
　　　7 月）。已收錄於本書第三篇。

[117]　*Draft World Health Organization Guidelines on Bioethics, Draft Guiding Principle
　　　Item 11, at.* http://helix.nature.com/wes/b23a.html (last visited May 24, 1999).

參考文獻

中文文獻:

1. 經濟部中央標準局，專利審查基準（民國83年）。
2. 經濟部中央標準局，特定技術之審查基準（民國86年）。
3. 陳文吟，從美國核准動物專利之影響評估動物專利之利與弊，臺大法學論叢，第26卷4期，頁173～231，臺北（民國86年7月）。
4. 陳文吟，從美國NIH申請人體基因組序列專利探討我國專利制度對生物科技發展的因應之道，中正大學法學集刊，第1期，頁111～140，嘉義（民國87年7月）。

外文文獻:

1. Boyd, Karen, *Nonobviousness and the Biotechnology Industry: A Proposal for a Doctrine of Economic Nonobviousness*, 12 BERKELEY TECH.L.J. 311 (1997).
2. CHISUM, DONALD, PATENTS, VOL. 2 (rev. 2003).
3. COOPER, IVER, BIOTECHNOLOGY AND THE LAW, VOL. 1 (rev. 1997).
4. Cubert, Jeremy, *U.S. Patent Policy and Biotechnology Growing Pains on the Cutting Edge*, 76 J. PAT. & TRADEMARK OFF. SOC'Y 151 (1995).
5. Ducor, Phillippe, *The Federal Circuit and In re Deuel: Does §103 Apply Naturally Occurring DNA?* 77 J. PAT. & TRADEMARK OFF. SOC'Y 871 (1995).
6. Ducor, Phillippe, *Recombinant Products and Nonobviousness: A Typology*, 13 SANTA CLARA COMPUTER & HIGH TECH. L.J. 1 (1997).
7. GOLDSTEIN, PAUL, COPYRIGHT, PATENT, TRADEMARK AND RELATED DOCTRINES (3d ed. 1990).

8. Greenfield, Michael, *Recombinant DNA Technology: A Science Struggling with the Patent Law*, 44 STAN L. REV. 1051 (1992).

9. Maebius, Stephen, *Patenting DNA Claims After In re Bell: How Much Better Off Are We?* 76 J. PAT. & TRADEMARK OFF. SOC'Y 508 (1994).

10. McAndrews, Isabelle, *Removing the Burden of Durden Through Legislation: H.R.3957 and H.R.5664*, 71 J. PAT. & TRADEMARK OFF. SOC'Y 1188 (1990).

11. ROSENBERG, PETER, PATENT LAW FUNDAMENTALS, VOL. 2 (2d ed. 1997).

12. Valoir, Tamsen, *The Obviousness of Cloning*, 9 INTELL. PROP. J. 349 (1995).

13. 35 U.S.C. §§102～103.

14. 60 AM JUR. 2d *Patents* §§144～235.

15. Speech by Mr. Boucher, Biotechnology Process Patent, Congressional Record, H.10097 (Oct. 17, 1995).

16. Speech by Mr. Hatch, Biotechnology Process Patent, Congressional Record, S.15220 (Oct. 17, 1995).

17. Speech by Mr. Rohrabacher, Biotechnology Process Patent, Congressional Record, H.10094 (Oct. 17, 1995).

18. D*raft World Health Organization Guidelines on Bioethics, Draft Guiding Principle Item 11, at* http://helix.nature.com/wes/b23a.html (last visited May 24, 1999)

19. Baxter Diagnostics v. AVL Scientific Corp., 924 F.Supp. 994 (1996).

20. Burgess Cellulose Co. v. Wood Flong Corp., 431 F.2d 505 (2d Cir. 1970).

21. Carter-Wallace, Inc. v. Gillette Co., 675 F.2d 10 (1982).

22. Cuno Engineering Corp. v. Automatic Devices Corp. 314 U.S. 84, 62 S.Ct. 37, 86 L.Ed. 58 (1941).

23. Environmental Designs v. Union Oil Co. of Cal., 713 F.2d. 693 (Fed. Cir.

1983).

24. Fosmal Fashions, Inc. v. Braiman Bows, Inc. 369 F.2d 536 (2d Cir. 1966).

25. Geo. Meyer Manufacturing v. San Marino Electronic Corp., 422 F.2d 1285 (9th Cir. 1970).

26. Globe Linings, Inc. v. Corvallis, 555 F.2d 727 (9th Cir.1977), *cert. denied*, 434 U.S. 985, 98 S.Ct. 611, 54 L.Ed.2d 479 (1977).

27. Goodyear Tire & Rubber Co. v. Ray-O-Vac Co., 321 U.S. 275, 64 S.Ct. 593, 88 L.Ed. 721 (1944).

28. Graham v. John Deere Company of Kansas City, 383 U.S. 1, 86 S.Ct. 684, 15 L.Ed.2d 545 (1966).

29. Great Atlantic & Pacific Tea Co. v. Supermarket Equipment Corp. 340 U.S. 147, 71 S Ct. 127, 95 L. Ed. 162 (1950) *reh. denied*, 340 U.S. 918, 71 S Ct. 349, 95 L. Ed. 663 (1950).

30. Hollister v. Benedict & Burnham Manufacturing Co., 113 U.S. 59, 5 S.Ct. 717, 28 L.Ed. 901 (1885).

31. Hotchkiss v. Greenwood, 52 U.S. 248, 13 L.Ed. 683 (1850).

32. Innovative Scuba Concepts, Inc. v. Feder Industries, Inc., 819 F.Supp. 1487 (1993).

33. In re Baird, 16 F.3d 380 (Fed. Cir. 1994).

34. In re Bell, 991 F.2d 781 (Fed. Cir. 1993).

35. In re Deuel, 51 F.3d 1552 (Fed. Cir. 1995).

36. In re Dillon, 919 F.2d 688 (Fed. Cir. 1990).

37. In re Durden, 763 F.2d 1406 (Fed. Cir. 1985).

38. In re GPAC Inc., 57 F.3d 1573 (Fed. Cir. 1995).

39. In re Irani, 427 F.2d 806 (C.C.P.A. 1970).

40. In re Papesch, 315 F.2d 381 (C.C.P.A. 1963).

41. In re Pleuddemann, 910 F.2d 823 (Fed. Cir. 1990).

42. In re Sernaker, 702 F.2d 989 (Fed. Cir. 1983).

43. In re Sponnoble, 405 F.2d 578 (C.C.P.A. 1969).

44. Lee Blacksmith, Inc. v. Lindsay Bros., Inc. 605 F.2d 341 (7th Cir. 1979)。

45. Mandel Bros., Inc. v. Wallace, 335 U.S. 291, 69 S. Ct. 73, 93 L. Ed. 12 (1948).

46. Mott Corp. v. Sunflower Industries, Inc., 314 F.2d 872 (10th Cir. 1963).

47. Republic Industries, Inc. v. Schlage Lock Co., 592 F.2d 963 (7th Cir. 1979).

48. Sakraida v. AG PRO, Inc., 425 U.S. 273, 96 S.Ct. 1532, 47 L. Ed. 2d 784 (1976), *reh. denied*, 426 U.S. 955, 96 S.Ct. 3182, 49 L.Ed. 2d 1194 (1976).

49. W. L. Gore & Associates, Inc. v. Garlock, Inc., 721 F.2d 1540, (Fed. Cir. 1983).

名詞索引

英　文

中　文

二　劃

四　劃

五　劃

法學啟蒙叢書
——帶領您認識重要法學概念之全貌

　　在學習法律的過程中，常常因為對基本觀念似懂非懂，且忽略了法學思維的邏輯性，進而影響往後的學習。本叢書跳脫傳統法學教科書的撰寫模式，將各法領域中重要的概念，以一主題即一專書的方式呈現。希望透過淺顯易懂的說明及例題的練習與解析，幫助初學者或一般大眾理解抽象的法學觀念。

最新出版：

民法系列

- 物權基本原則　　　　　陳月端／著
- 論共有　　　　　　　　溫豐文／著
- 保　證　　　　　　　　林廷機／著
- 法律行為　　　　　　　陳榮傳／著
- 不當得利　　　　　　　楊芳賢／著

刑法系列

- 刑法構成要件解析　　　柯耀程／著

行政法系列

- 行政命令　　　　　　　黃舒芃／著
- 地方自治法　　　　　　蔡秀卿／著
- 行政罰法釋義與運用解說　蔡志方／著

本系列叢書陸續出版中……

法學啟蒙叢書

◎ 物權基本原則　陳月端／著

　　本書主要係就民法物權編的共通性原理原則及其運用，加以完整介紹。民國96年、98年及99年三次的物權編修正及歷年來物權編考題，舉凡與通則章有關者，均是本書強調的重點。本書更將重點延伸至通則章的運用，以期讀者能將通則章的概括性規定，具體運用於其他各章的規定。本書包含基本概念的闡述、學說的介紹及實務見解的補充，讓讀者能見樹又見林；更透過實例，讓讀者在基本觀念建立後，再悠遊於條文、學說及實務的法學世界中。

◎ 行政命令　黃舒芃／著

　　本書旨在說明行政命令於整個國家法秩序體系中扮演的角色，協助建立讀者對行政命令的基本概念，並特別著眼於行政命令發展的來龍去脈，藉此凸顯當前行政命令相關爭議的問題核心與解決途徑。本書先介紹行政命令在德國憲法與行政法秩序中的發展脈絡，並在此基礎上，回歸探討我國對德國行政命令概念體系的繼受，以及這些繼受引發的種種問題。最後，本書針對我國行政命令規範體制進行檢討，從中歸納出解析行政命令爭議核心、以及成功發展行政命令體系的關鍵。

◎ 法律行為　陳榮傳／著

　　法律行為撐起了民商法的半邊天，並且已成為現代民商法的重要核心。本書討論法律行為的基本問題，筆者儘量以接近白話的語法寫作，希望能貼近目前法律系學生的閱讀習慣，並降低各種法學理論的爭辯評斷，以方便初學者入門。此外並參考了數百則實務的裁判，在內文中儘可能納入最高法院的相關判例及較新的裁判，希望藉由不同時期的案例事實介紹，能描繪出圍繞著這些條文的社會動態及法律發展。

法學啟蒙叢書

◎ **不當得利** 楊芳賢／著

　　本書主要區分為不當得利之構成要件與法律效果二部分，其中構成要件之說明，包括民法第179及180條之規定；法律效果部分，則包括民法第181、182及183條之規定。本書撰寫方式，於各章節開始處，以相關實例問題作為引導，簡介該章節之法律概念，儘量以實務及學說上之見解詳做解析；其次，則進入進階部分，即最高法院相關判決之歸納、整理、分析與評論；最末，簡要總結相關說明。期能讓欲學習不當得利規定及從事相關實務工作之讀者，更加掌握學習與運用法律規定之鑰。